U0149637

数字信号处理

原理及应用

潘矜矜 主编

崔艳玲 辛以利 副主编

Digital Signal Processing
Principles and Applications

化学工业出版社

·北京·

内容简介

本书在讲解数字信号处理相关理论的基础上，精选典型案例进行详细阐述，以"讲透理论＋讲懂案例"的形式，帮助读者尽快掌握数字信号处理的方法与要点。

主要内容包括：离散时间信号与系统的时域分析、离散时间信号与系统的变换域分析、离散傅里叶变换（DFT）、快速傅里叶变换（FFT）、无限脉冲响应IIR滤波器、有限脉冲响应FIR滤波器、数字滤波器的网络结构、实用数字信号处理分析与设计。

本书可作为通信、电子信息、计算机等相关专业本科学生的教材，也可作为相关行业工程技术人员的参考书，还可供交叉学科如人工智能、医学工程等专业的师生和技术人员学习参考。

图书在版编目（CIP）数据

数字信号处理：原理及应用/潘矜矜主编；崔艳玲，
辛以利副主编. —北京：化学工业出版社，2024.1
ISBN 978-7-122-44771-5

Ⅰ.①数… Ⅱ.①潘…②崔…③辛… Ⅲ.①数字信
号处理 Ⅳ.①TN911.72

中国国家版本馆 CIP 数据核字（2024）第 021547 号

责任编辑：贾　娜
文字编辑：陈　锦　袁　宁
责任校对：宋　玮
装帧设计：史利平

出版发行：化学工业出版社
　　　　　（北京市东城区青年湖南街 13 号　邮政编码 100011）
印　　装：河北鑫兆源印刷有限公司
787mm×1092mm　1/16　印张 13¾　字数 330 千字
2024 年 3 月北京第 1 版第 1 次印刷

购书咨询：010-64518888
售后服务：010-64518899
网　　址：http://www.cip.com.cn
凡购买本书，如有缺损质量问题，本社销售中心负责调换。

定　　价：69.00 元

前言

　　数字信号处理是一门与工程实践密切结合的专业基础课，它的内容主要有离散信号与系统基本原理及相关理论、离散傅里叶变换（DFT）、快速傅里叶变换（FFT）、无限脉冲响应 IIR 滤波器、有限脉冲响应 FIR 滤波器设计原理以及滤波器的结构等。

　　本书的特点主要有三个方面。一是离散信号的基本原理及相关理论部分详细而基础，充分考虑了普通本科低年级学生的数学基础，尽可能精练地选择教材内容，删减了与后续课程交叉的部分知识，有利于初学的学生理解和掌握数字信号处理最基本的理论知识框架，适合普通高等学校本科层次的学生学习，也适合未开设"信号与系统"课程，或者说该课程学时较少，无法详细学习离散信号部分内容的相关专业作为教材；二是结合数字信号处理与医学、人工智能、大数据等交叉融合的新兴学科发展特点，除了利用例题融入部分计算实例外，还在第8章给出典型解决方案，力求深入浅出，坚持思想性、系统性、科学性、先进性相统一；三是在章节后加入课程思政阅读材料，以介绍我国古代数学成就、"两弹一星"功勋科学家事迹、中外科学家故事等内容为载体，突出数字信号处理技术相关产业发展的中国特色，树立和践行社会主义核心价值观，明确个人作为社会主义建设者和接班人的责任和使命，内容可供学生阅读，也可作为教师开展课程思政的素材。

　　本书由潘矜矜主编，崔艳玲、辛以利副主编，赵长青、杨娟参与编写。其中，第1、2章由辛以利编写，第3、4章由崔艳玲编写，第5、6章由潘矜矜编写，第7章由赵长青编写，第8章由杨娟编写。部分章节提供了相应的例题及课后习题。为了方便教学，提供授课 PPT 和思维导图。本书编者均为桂林航天工业学院老师。

　　本教材编写得到了广西区级教改项目"一流专业建设背景下通信工程专业信息处理类课程融入课程思政的改革与实践"（项目编号：2022JGA360）、桂林航天工业学院通信工程教学团队建设项目（编号：2020JXTD05），以及桂林航天工业学院教材建设项目资金支持。

　　由于水平有限，书中难免存在不妥之处，敬请读者批评指正。

编者

本书内容思维导图

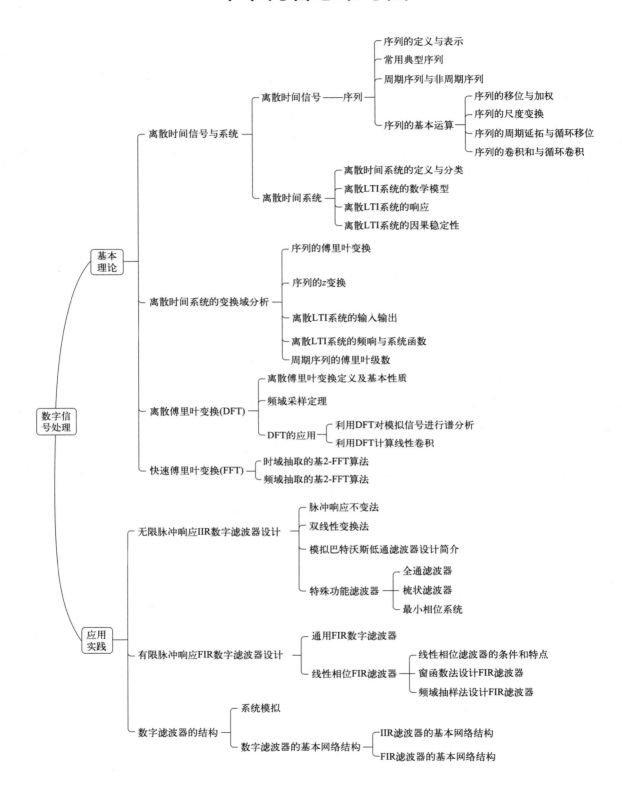

目录

绪论 ··· 1

第1章 离散时间信号与系统的时域分析 3

  1.1 离散时间信号——序列 ··· 3
    1.1.1 采样——从模拟信号到离散序列 ································· 3
    1.1.2 序列的定义与表示 ··· 6
    1.1.3 常用典型序列 ·· 7
    1.1.4 周期序列与非周期序列 ·· 10
  1.2 序列的基本运算 ··· 12
    1.2.1 序列的加减法和乘法 ··· 12
    1.2.2 序列的移位与反折 ·· 13
    1.2.3 序列的抽取与插值 ·· 13
    1.2.4 序列的周期延拓与循环移位 ······································ 14
  1.3 序列的卷积 ·· 17
    1.3.1 卷积和 ··· 17
    1.3.2 卷积和的性质 ·· 18
    1.3.3 卷积和的计算 ·· 19
    1.3.4 循环卷积 ·· 21
    1.3.5 循环卷积的计算 ·· 22
  1.4 离散时间系统 ·· 24
    1.4.1 离散时间系统的表示 ·· 24
    1.4.2 系统的线性与时不变性 ·· 24
    1.4.3 离散 LTI 系统的定义与表示 ····································· 25
    1.4.4 离散 LTI 系统的时域响应 ··· 28
    1.4.5 复合系统的单位脉冲响应 ·· 30
    1.4.6 离散 LTI 系统的因果性与稳定性 ······························ 31
  拓展阅读 中国古代数学经典著作《九章算术》 ························· 32
  习题 ··· 34

2.1   序列的 z 变换 ·· 36
　　2.1.1   z 变换的定义 ·· 36
　　2.1.2   z 变换的收敛域 ·· 39
　　2.1.3   z 变换的性质 ·· 42
　　2.1.4   z 反变换 ·· 45
　　2.1.5   离散 LTI 系统的 z 域分析 ·· 49
2.2   序列傅里叶变换（DTFT）·· 51
　　2.2.1   序列傅里叶变换（DTFT）的定义 ·· 51
　　2.2.2   序列傅里叶变换（DTFT）的性质 ·· 53
　　2.2.3   序列傅里叶反变换（IDTFT）··· 56
　　2.2.4   采样序列的傅里叶变换 ··· 56
2.3   离散 LTI 系统的变换域分析 ·· 60
　　2.3.1   系统函数与系统零极点 ··· 60
　　2.3.2   因果性与稳定性的零极点分析 ·· 61
　　2.3.3   系统的频率响应函数 ·· 65
　　2.3.4   系统频响的几何分析法 ··· 70
拓展阅读   傅里叶与傅里叶级数 ·· 73
习题 ··· 74

3.1   离散傅里叶变换（DFT）基础 ·· 76
　　3.1.1   离散傅里叶变换（DFT）的定义 ·· 76
　　3.1.2   旋转因子 ·· 79
3.2   离散傅里叶变换（DFT）的性质 ··· 81
3.3   离散傅里叶反变换（IDFT）与频域抽样定理 ··· 85
　　3.3.1   离散傅里叶反变换（IDFT）与原序列的关系 ······································ 85
　　3.3.2   用 DFT 实现 IDFT 算法 ··· 86
　　3.3.3   频域抽样定理 ··· 87
　　3.3.4   频域插值重构 ··· 88
3.4   DFT 的应用 ··· 89
　　3.4.1   利用 DFT 实现循环卷积 ··· 89
　　3.4.2   利用 DFT 对模拟信号进行谱分析 ·· 91
3.5   离散周期序列的傅里叶级数 ·· 98
　　3.5.1   离散傅里叶级数（DFS）··· 98
　　3.5.2   从离散傅里叶级数到离散傅里叶变换 ··· 99
拓展阅读   两个诺贝尔奖支撑起的 CT ·· 99
习题 ·· 101

第 4 章　快速傅里叶变换（FFT）　104

4.1　FFT 的基本思想 104
　4.1.1　DFT 的计算量 104
　4.1.2　DFT 变换的计算复杂度 105
　4.1.3　减少 DFT 运算量的基本思路 105
4.2　基 2- FFT 算法 106
　4.2.1　时域抽取的基 2-FFT 算法 106
　4.2.2　频域抽取的基 2-FFT 算法 112
　4.2.3　基 2-FFT 算法的计算量分析 114
4.3　其他快速算法简介 115
4.4　利用基 2-FFT 实现快速卷积 116
　4.4.1　分段卷积的原理 116
　4.4.2　快速卷积 119
拓展阅读　二进制——信息时代的基础 121
习题 122

第 5 章　无限脉冲响应 IIR 滤波器　123

5.1　IIR 滤波器的设计指标 124
　5.1.1　数字滤波器设计参数的定义 124
　5.1.2　表征数字滤波器频率响应特性的三个参量 126
5.2　间接法设计 IIR 滤波器 128
　5.2.1　脉冲响应不变法 128
　5.2.2　双线性变换法 132
5.3　模拟原型滤波器设计 135
　5.3.1　模拟巴特沃斯低通滤波器设计原理 135
　5.3.2　模拟切比雪夫低通滤波器简介 142
5.4　频率变换法设计高通、带通、带阻数字滤波器 147
5.5　特殊功能滤波器 150
　5.5.1　全通滤波器 150
　5.5.2　梳状滤波器 151
　5.5.3　最小相位滤波器 152
拓展阅读　郭永怀——用生命守护国家机密 152
习题 153

第 6 章　有限脉冲响应 FIR 滤波器　155

6.1　FIR 滤波器的基本特征 155

6. 2　线性相位 FIR 滤波器 ──────────────────────── 157
　　6. 2. 1　线性相位 FIR 滤波器的条件与分类───────────── 157
　　6. 2. 2　线性相位 FIR 滤波器的特点 ───────────────── 161
6. 3　窗函数法设计 FIR 滤波器 ──────────────────── 165
　　6. 3. 1　窗函数法设计 FIR 滤波器的基本思路───────────── 165
　　6. 3. 2　加窗对滤波器频率特性的影响 ─────────────── 167
　　6. 3. 3　窗函数设计法设计线性相位滤波器的步骤 ────────── 170
6. 4　频域抽样法设计 FIR 滤波器 ─────────────────── 174
　　6. 4. 1　频域抽样法的基本思想 ──────────────────── 175
　　6. 4. 2　频域抽样法的设计步骤 ──────────────────── 179
6. 5　IIR 滤波器和 FIR 滤波器的比较 ─────────────────── 181
拓展阅读　戈壁滩上的"马兰花" ──────────────────── 182
习题 ──────────────────────────────────── 183

第7章　数字滤波器的网络结构　　　　　　　　　　　　　185

7. 1　系统模拟 ─────────────────────────────── 185
　　7. 1. 1　系统的模拟框图 ──────────────────────── 186
　　7. 1. 2　用信号流图表示网络结构 ──────────────────── 188
7. 2　数字滤波器的基本网络结构 ──────────────────── 188
　　7. 2. 1　IIR 滤波器的基本网络结构 ──────────────────── 189
　　7. 2. 2　FIR 滤波器的基本网络结构 ──────────────────── 192
7. 3　数字信号处理的实现 ──────────────────────── 200
习题 ──────────────────────────────────── 203

第8章　实用数字信号处理分析与设计　　　　　　　　　204

8. 1　LMS 自适应滤波器消除心电信号中的工频干扰 ──────────── 204
　　8. 1. 1　LMS 自适应滤波器的设计原理 ─────────────── 204
　　8. 1. 2　LMS 自适应滤波算法消除工频干扰 ────────────── 205
8. 2　数字信号处理在双音拨号系统中的应用 ─────────────── 207
　　8. 2. 1　双音多频信号（DTMF）的产生 ────────────── 207
　　8. 2. 2　DTFM 信号的检测和 DFT 参数选择 ───────────── 208
　　8. 2. 3　双音多频信号产生和检测的仿真实验 ──────────── 209

参考文献　　　　　　　　　　　　　　　　　　　　　　　　212

绪　论

数字信号处理（DSP，Digital Signal Processing）可以简单描述为用数值计算的方法对信号进行处理。随着计算机技术和电子技术的飞速发展和广泛使用，数字信号处理成为通信、计算机、雷达、测控、生物医学等众多学科和领域的重要理论基础。信号作为信息的载体，几乎涉及所有的工程技术领域。信号处理一般包括变换、滤波、检测、频谱分析、调制解调和编码解码等。数值计算则是指对信号（观测数据的数值）进行变换所用的数学运算，如加减、微分积分及积分变换等，或者抽象其数学模型，使之便于分析、识别并加以应用。

（1）数值的来源

① 计算机输入输出信号；

② 数码设备的信号；

③ 模拟信号通过时间离散转换成离散时间信号。

第③个来源是通信技术中较常见的，即通过采样、量化得到离散的时间信号，是整个数字信号处理中最基础的部分，也是最关键的部分。

（2）数字信号处理的实现

数字信号处理的实现有两种方式，一种是基于软件处理的数值运算，一种是基于软硬件结合的数字信号处理。

基于软件处理的数值运算，就是设计各种系统的模拟、仿真，比如移动通信的信道，我们可以用一些数学模型来对它进行仿真，也可以对一些传统的参数进行修正，经过实验，不断地改进参数，所以一般会更注重基于数字信号处理的算法设计。

基于软硬件结合的数字信号处理，即采用专用数字信号处理器（DSP，Digital Signal Processor）及相应的电路芯片，在硬件环境下运行软件实现某种算法，就可以成为实际使用的设备，比如 TMS32 系列、ARM、FPGA 等芯片都可以完成软硬件结合的数字信号处理。

（3）数字信号处理的特点

相对于传统模拟信号处理，数字信号处理具有以下优点：

第一是灵活性强。数据存放在存储器中，往往几个参数的改变就可以改变算法的结果，或者说对系统有决定性的改进，甚至得到不同的系统。以深度学习为例，这个领域的算法很成熟，可以应用于任意的场合，图像处理、语音处理、机器智能等不同的应用场景参数是不同的，通过实验测试参数及调整，可以得到很多领域的不同应用。

第二是高精度和高稳定性。模拟系统的精度依赖于电容、电感等电路元件的精度，这些元件的精度很难达到 10^{-3} 以上，模拟系统的精度也因此受到很大的限制。而数字系统的高精度主要决定于计算的位数，只要 16 位字长就可以接近 10^{-5} 的精度，如果想要提高精度，还可以采用更高位数，例如 32 位、64 位，精度可以越来越高。高稳定性则与芯片制造技术有关，随着芯片制造技术的不断提高，半导体器件的性能会越来越稳定。

第三是数字电路的元件都具有高规范性，便于大规模集成、大规模生产。

当然，从目前来看，数字信号处理也有一定的局限性。比如其系统复杂性高，成本高。数字信号处理器需要采用特殊功能的微处理器芯片，且两端还需要配备额外的 ADC 和 DAC 组件及控制电路，对于仅仅实现一个一般功能的低通高通滤波器，采用传统的电容、电感元件实现相同性能的 LC 模拟滤波器所用的电路要简单得多，成本也低。数字信号处理器工作的功率损耗也比相同性能的 LC 模拟器件高，还有在处理高频信号时受 ADC 和 DAC 的影响，动态范围也会受到很多限制。此外，数字信号处理速度与精度的矛盾也是数字信号处理系统设计的一个重要问题，精度越高，处理的位数就越多，计算量也会大大增加，从而影响处理速度。

第 1 章

离散时间信号与系统的时域分析

本章是全书的理论基础，主要阐述离散时间信号基本概念、表示方法、典型序列和序列的运算，以及离散时间系统的表示与 LTI 系统的时域分析等。

1.1 离散时间信号——序列

信号在数学上定义为一个函数，这个函数表示一种信息，如果函数的自变量为时间上连续的变量，则称信号为连续时间信号；如果函数的自变量为时间的离散点取值，则称信号为离散时间信号或时域离散信号。

1.1.1 采样——从模拟信号到离散序列

（1）理想采样模型及采样信号的表示

理想采样的原理就是将连续时间信号 $x_a(t)$ 与一个理想采样信号 $p(t)$ 相乘。相乘用乘法器实现，所以理想采样模型如图 1-1(a) 所示，理想采样信号 $p(t)$ 的波形如图 1-1(b) 所示。

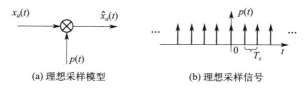

(a) 理想采样模型　　　　　　(b) 理想采样信号

图 1-1　理想采样模型与理想采样信号波形

则由图 1-1 所示写出理想采样信号的数学解析式为：

$$p(t) = \sum_{n=-\infty}^{+\infty} \delta(t - nT_s) \qquad (1.1.1)$$

采样信号 $\hat{x}_a(t)$ 为：

$$\begin{aligned}
\hat{x}_a(t) &= x_a(t)p(t) \\
&= x_a(t)\sum_{n=-\infty}^{+\infty}\delta(t-nT_s) \\
&= \sum_{n=-\infty}^{+\infty}x_a(nT_s)\delta(t-nT_s)
\end{aligned}$$

则理想采样后输出信号为：

$$\hat{x}_a(t) = \sum_{n=-\infty}^{+\infty}x_a(nT_s)\delta(t-nT_s) \tag{1.1.2}$$

（2）采样的数学过程

在离散时间系统中，自变量只取整数 n，以采样信号 $\hat{x}_a(t)$ 的每项系数 $x_a(nT_s)$ 为函数得到的离散时间函数称为序列，并且简化地表示为 $x(n)$。即采样后得到的序列为：

$$x(n) = x_a(nT_s) \tag{1.1.3}$$

这样，通过采样，完成了连续信号到离散序列的转换。采样信号和其他来源的离散信号（如计算机输入输出信号、数码设备的信号）一样，统一用序列来表示。

【例 1.1.1】 已知任意连续时间信号 $x_a(t)$，用图 1-1(b) 所示的理想采样信号 $p(t)$ 对 $x_a(t)$ 采样，理想采样模型如图 1-1(a) 所示。回答下列问题：

① 写出理想采样信号 $p(t)$ 的表达式；

② 写出理想采样系统输出的采样信号 $\hat{x}_a(t)$；

③ 假设输入信号 $x_a(t)=\sin(16\pi t)$，当采样频率分别为 $f_{s1}=160\,\mathrm{Hz}$、$f_{s2}=320\,\mathrm{Hz}$ 时，写出采样后离散样值序列 $x(n)$ 的表达式，并画出波形图。

解： ① 由图 1-1 可知，采样间隔为 T_s，则理想采样信号

$$p(t) = \sum_{n=-\infty}^{+\infty}\delta(t-nT_s)$$

② 根据理想采样系统结构可得：

$$\hat{x}_a(t) = \sum_{n=-\infty}^{+\infty}x_a(nT_s)\delta(t-nT_s)$$

③ 当采样频率分别为 $f_{s1}=160\,\mathrm{Hz}$、$f_{s2}=320\,\mathrm{Hz}$ 时，其采样间隔分别为：

$$T_{s1} = \frac{1}{f_{s1}} = \frac{1}{160} = 0.00625(\mathrm{s})$$

$$T_{s2} = \frac{1}{f_{s2}} = \frac{1}{320} = 0.003125(\mathrm{s})$$

将输入信号、实际采样间隔代入式(1.1.3)得到采样序列为：

$$x_1(n) = x_a(nT_{s1}) = \sin(16\pi nT_{s1}) = \sin(16\pi \times 0.00625n) = \sin(0.1\pi n)$$

$$x_2(n) = x_a(nT_{s2}) = \sin(16\pi nT_{s2}) = \sin(16\pi \times 0.003125n) = \sin(0.05\pi n)$$

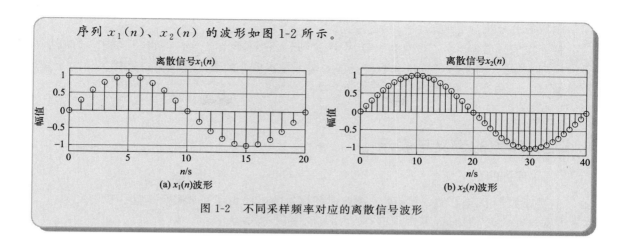

序列 $x_1(n)$、$x_2(n)$ 的波形如图 1-2 所示。

图 1-2   不同采样频率对应的离散信号波形

（3）采样定理

采样并不是信号处理的最终目的，我们还必须考虑采样后信号是否可以恢复的问题。

采样信号恢复示意图如图 1-3 所示。通过低通滤波器可以将模拟信号 $x(t)$ 的采样序列 $x(nT)$ 的高频信号成分滤除，从而得到恢复信号 $x'(t)$。

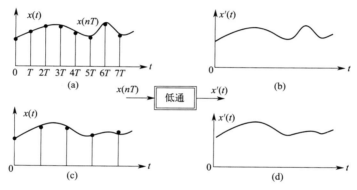

图 1-3   采样信号恢复示意图

在图 1-3(a) 所示的采样间隔 T 下，恢复的 $x'(t)$ 如图 1-3(b) 所示，可以看出与 $x(t)$ 完全相同，这种情况下可恢复该信号；图 1-3(c) 所示的采样间隔明显比图 1-3(a) 大，恢复的 $x'(t)$ 经过恢复滤波器输出的波形如图 1-3(d) 所示，与图 1-3(b) 的波形就有差别。可以认为图 1-3(d) 是失真的波形。

因为采样间隔 $T = \dfrac{1}{f_s}$，采样频率 f_s 可以用采样定理来确定，完整表述为：设带限信号 $x(t)$ 的最高角频率为 Ω_m，则当采样频率为 $\Omega_s \geqslant 2\Omega_m$ 时，信号可以由采样序列无失真恢复。

采样定理也称为奈奎斯特定理。在实际应用中，也可以用单位为 Hz 的频率来表示采样定理，即：

$$f_s \geqslant 2f_m \tag{1.1.4}$$

$f_s = 2f_m$ 时，f_s 为奈奎斯特频率。当采样频率 f_s 高于奈奎斯特频率时，称为过采样，而 f_s 低于奈奎斯特频率时，称为欠采样，一般欠采样会使信号频谱混叠失真，这个结论如果从频域角度分析会更明显。

将采样信号值 $x_a(nT_s)$ 中的采样周期 T_s 归一化，即令 $T_s=1$，将 $x_a(nT_s)$ 简化成采样序列 $x(n)$，与来自计算机和数码设备的输入输出信号的表示相统一。这样表示的 $x(n)$ 仅是整数 n 的函数，所以又称为离散时间序列。

1.1.2 序列的定义与表示

（1）序列的定义

信号在数学上定义为一个函数，离散时间信号的函数用序列来表示，其一般定义为：

$$\{x(n)\}, n=0, \pm 1, \pm 2, \cdots \tag{1.1.5}$$

式中，$x(n)$ 表示第 n 个时刻的离散时间信号 $\{x(n)\}$ 的值，$\{x(n)\}$ 仅在整数 n 时刻有定义（在非整数点上无定义，但并不表示信号值为零）。从数学的角度看，序列的定义是一种集合形式的表示方法，$\{\ \}$ 中的 $x(n)$ 表示集合中的第 n 个值，为了表示方便，也用 $x(n)$ 表示整个离散时间信号。

（2）序列的表示

① 公式表示法　对于一个确定的连续时间信号，可以通过采样转换成序列，连续时间信号的函数表示形式可以继续应用于离散域。比如 $x(n)=\sin(\omega_0 n)$，这是一个数字频率为 ω_0 的正弦序列；$x(n)=\mathrm{e}^{-an}$，是实指数序列，正弦序列和实指数序列的波形如图 1-4 所示。这些信号的特点是它们的自变量 n 是整数，序列 $x(n)$ 关注样值的大小和顺序，序列的波形包络具有与采样前连续信号的曲线变化类似的特点。

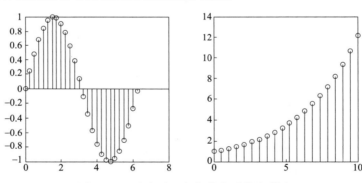

图 1-4　正弦序列和实指数序列的波形图

② 集合表示法　数字信号处理中，数值不仅仅是从采样确定的连续时间信号得到的，有些信号是随机信号，有些信号直接来自计算机和数码设备。这些样值不一定能用确定的函数形式来表示，只能将样值按 n 的顺序排列起来存储，这时序列可以用集合的形式来表示，这与序列的定义是一致的。比如序列 $x(n)=\{\underline{1},2,3,4,5,\cdots\}$，在集合描述的序列形式中，对应原点 $n=0$ 处的样值，加一条下划线来表示。

③ 图形表示法　序列还可以用更直观的形式表示，就是用图形来表示其波形。序列中的每个值称为样值。样值用顶端有一小黑点或者空心圆圈的竖线来表示。

图形表示法可以很直观地在离散时间域把序列样值幅度的大小（纵轴）和 n 值（横轴）

的对应关系表示出来，如图 1-5 所示。

离散时间信号的幅度大小定义为连续的，可以在值域内取任意值，包括无穷小量。而为了计算机存储和处理的需要，也要对值域进行有限化离散化处理（值域的有限化处理称为量化），把值域也是离散的序列称为数字信号，实际数字信号处理中的信号是数字信号。

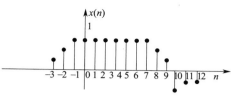

图 1-5 离散时间信号的图形表示

本课程中只研究自变量离散化的信号特性，对值域是否离散化没有严格要求，在数学表示和推导时会比较方便和容易。

④ 序列表示方法的互换　这三种表示方法可以相互转换。

【例 1.1.2】 已知序列 $x(n)=\{1,2,3,4,5,\cdots\}$，试用公式法和图形法表示该序列。

解： 由序列样值的规律可知，其公式表示法为：

$$x(n)=\{1,2,3,4,5,\cdots\}=n+1,n\geqslant 0$$

同时可以画出其波形，如图 1-6 所示。

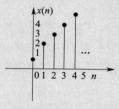

图 1-6 【例 1.1.2】图

1.1.3　常用典型序列

（1）单位脉冲序列

1）定义

单位脉冲序列的符号是 $\delta(n)$，这个符号和信号与系统中的单位冲激函数的符号 $\delta(t)$ 很相近。其公式定义及集合表示形式如下：

$$\delta(n)=\begin{cases} 1 & n=0 \\ 0 & n\neq 0 \end{cases} \quad\quad (1.1.6)$$

$$\delta(n)=\{\cdots 0,1,0,0,\cdots\} \quad\quad (1.1.7)$$

单位脉冲序列 $\delta(n)$ 的波形如图 1-7 所示。

$\delta(n)$ 序列是一种最基本的序列，可以用于构造其他任意序列，其幅度为单位 1，因此也称为单位样值序列。

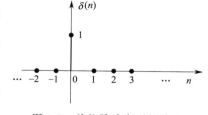

图 1-7 单位脉冲序列的波形

2）单位脉冲序列的性质

① 单位脉冲序列与任意序列 $x(n)$ 相乘　由于单位脉冲序列只在原点处有一个单位长度的样值，其他 n 值对应的都是零，所以有：

$$x(n)\delta(n)=x(0)\delta(n)=x(0) \tag{1.1.8}$$

$$x(n)\delta(n-n_0)=x(n_0)\delta(n-n_0)=x(n_0) \tag{1.1.9}$$

② 用单位脉冲序列的移位和幅度加权表示任意序列　单位脉冲序列的移位是指当原序列为 $\delta(n)$ 时，$\delta(n+n_0)$，$(n_0>0)$ 表示单位脉冲序列左移，$\delta(n-n_0)$，$(n_0>0)$ 表示单位脉冲序列右移。任意序列都可以用单位脉冲序列的移位加权和表示，权值 $x(m)$ 为序列在 m 时刻的取值，即：

$$x(n)=\sum_{m=-\infty}^{\infty} x(m)\delta(n-m) \tag{1.1.10}$$

【例 1.1.3】 已知序列

$$x(n)=\begin{cases}2n+5 & -4\leqslant n\leqslant -1 \\ 5 & 0\leqslant n\leqslant 1 \\ 0 & \text{其他}\end{cases}$$

① 画出序列 $x(n)$ 的波形，标出各样值的大小；
② 用单位脉冲序列的移位及其加权表示序列 $x(n)$；
③ 用集合法表示序列 $x(n)$。

解： ① 根据序列公式，画出序列波形如图 1-8 所示。
② 序列一共有 6 个样值，每个样值可以看成是一个单位脉冲序列的移位，样值的幅度则可用单位脉冲序列的倍数来表示。得：

$$\begin{aligned}x(n)=&-3\delta(n+4)-\delta(n+3)+\delta(n+2)\\&+3\delta(n+1)+5[\delta(n)+\delta(n-1)]\end{aligned}$$

③ 用集合形式表示只需要将每个 $\delta(n\pm n_0)$ 的幅度按顺序表示出来，即：

$$x(n)=\{-3,-1,1,3,\underline{5},5\}$$

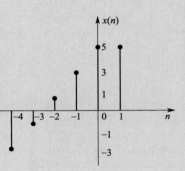

图 1-8　【例 1.1.3】图

（2）单位阶跃序列

单位阶跃序列的表示符号是 $u(n)$，定义为：

$$u(n)=\begin{cases}1 & n\geqslant 0 \\ 0 & n<0\end{cases} \tag{1.1.11}$$

单位阶跃序列 $u(n)$ 从原点开始，每个样值的大小都是 1，如图 1-9 所示，在原点处样值也等于 1。

单位阶跃序列与单位脉冲序列可以相互表示如下：

$$u(n)=\sum_{m=0}^{+\infty}\delta(n-m) \tag{1.1.12}$$

$$\delta(n)=u(n)-u(n-1) \tag{1.1.13}$$

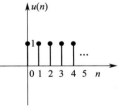

图 1-9　单位阶跃序列波形图

（3）单位矩形序列

定义

$$R_N(n) = \begin{cases} 1 & 0 \leqslant n \leqslant N-1 \\ 0 & \text{其他} \end{cases} \tag{1.1.14}$$

这是一个序列样值数量为 N，每个样值大小都是 1 的有限长序列，也叫矩形窗函数。

矩形窗函数也可以用单位阶跃序列和单位脉冲序列来表示。

$$R_N(n) = u(n) - u(n-N) \tag{1.1.15}$$

$$R_N(n) = \sum_{m=0}^{N-1} \delta(n-m) \tag{1.1.16}$$

（4）单边实指数序列

单边实指数序列可以看成连续域函数 $x(t) = a^t$ 在采样间隔 $T_s = 1$ 时得到，即：

$$x(n) = a^n, n \geqslant 0$$

也可以表示为：

$$x(n) = a^n u(n) \tag{1.1.17}$$

（5）正弦和余弦序列

单频正弦序列定义为：

$$x(n) = A\sin(\omega_0 n + \theta), -\infty < n < +\infty \tag{1.1.18}$$

对于任意正弦信号 $x(t) = A\sin(2\pi f t)$，采样频率为 f_s，则采样间隔为 $T_s = \dfrac{1}{f_s}$，采样后得到采样序列：

$$x(n) = A\sin(2\pi f \times nT_s) = A\sin\left(2\pi \frac{f}{f_s} \times n\right) \tag{1.1.19}$$

定义数字频率

$$\omega_0 = 2\pi \frac{f}{f_s} \tag{1.1.20}$$

数字频率是离散时间序列中很重要的一个新定义，它具有如下性质：

① 数字频率 ω_0 是连续取值的相对频率，可以理解为以 2π 为周期的角度，当 $|\omega_0| > \pi$ 时，可通过 $\omega_0 = \omega_0' \pm 2k\pi$，$|\omega_0'| \leqslant \pi$ 转换成 $[-\pi, \pi]$ 的 ω_0' 来表示。

② 数字频率 ω_0 虽然没有频率的单位，但是它表示序列在采样间隔 T_s 内正弦信号变化的角度，也可以表示信号相对变化的一种快慢程度，仍具有类似频率的概念。

（6）虚指数序列

虚指数序列定义为：

$$x(n) = e^{j\omega_0 n} \tag{1.1.21}$$

用欧拉公式将虚指数函数展开得到：

$$e^{j\omega_0 n} = \cos(\omega_0 n) + j\sin(\omega_0 n) \tag{1.1.22}$$

可知，虚指数序列的实部是余弦序列，虚部是正弦序列，所以也叫复正弦序列。ω_0 是虚指数序列的数字频率，它与正弦序列的周期性一致。虚指数序列在数学表示和分析上可以方便地表示一些公式和运算，因此也是常用的序列之一。虚指数序列波形如图 1-10 所示。

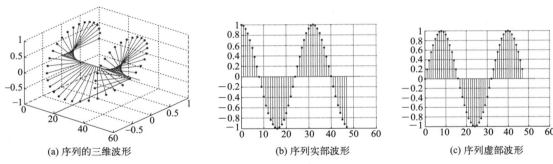

(a) 序列的三维波形 (b) 序列实部波形 (c) 序列虚部波形

图 1-10 虚指数序列 $e^{j\omega_0 n}$ 的波形

1.1.4 周期序列与非周期序列

如果对所有 n 存在一个最小正整数 N，使下面等式成立：

$$x(n)=x(n+N)\qquad\qquad(1.1.23)$$

则称序列 $x(n)$ 为周期序列，其周期为 N。

（1）正弦序列的周期

对于任意正弦序列

$$x(n)=A\sin(\omega_0 n+\varphi)$$

则：

$$x(n+N)=A\sin[\omega_0(n+N)+\varphi]=A\sin(\omega_0 n+\omega_0 N+\varphi)$$

如果 $x(n)=x(n+N)$，则要求 $\omega_0 N=2k\pi$，k 为任意整数，则正弦序列的周期公式为：

$$N=\frac{2\pi}{\omega_0}k\qquad\qquad(1.1.24)$$

由于 N 应为正整数，正弦序列周期计算有三种情形：

① 当 $N=\dfrac{2\pi}{\omega_0}$ 为正整数时，令 $k=1$ 或 $k=-1$，则序列的周期为 $\left|\dfrac{2\pi}{\omega_0}\right|$；

② 当 $N=\dfrac{2\pi}{\omega_0}$ 为有理数，可化简为最小正整数比 $\dfrac{P}{Q}$，其中 P、Q 是非零值且是互为素数的整数，令 $k=Q(\omega_0>0)$ 或 $k=-Q(\omega_0<0)$，则序列的周期为 $N=P$；

③ 当 $N=\dfrac{2\pi}{\omega_0}$ 为无理数，则任何 k 都不能使 N 为正整数，此时序列为非周期序列。

【例 1.1.4】 判断下列序列是否为周期序列，若是周期的，确定其周期。

① $x_1(n)=A\sin\left(24n-\dfrac{\pi}{8}\right)$ ② $x_2(n)=0.8\cos\left(\dfrac{\pi}{7}n\right)$

③ $x_3(n)=\sin(3\pi n)+\cos(15n)$ ④ $x_4(n)=0.5\cos\left(\dfrac{4}{5}\pi n\right)+\sin\left(\pi n-\dfrac{\pi}{2}\right)$

解： ① $\because \omega_0 = 24$，$\dfrac{2\pi}{\omega_0} = \dfrac{2\pi}{24} = \dfrac{\pi}{12}$，$\dfrac{\pi}{12}$ 是无理数，序列 $x_1(n)$ 无周期。

② 本质上正弦和余弦都是 ω_0 的单频信号，序列周期的求解方法相同，只需要关注 $\dfrac{2\pi}{\omega_0}$ 的情况即可计算出周期：

$\because \omega_0 = \dfrac{\pi}{7}$，$\dfrac{2\pi}{\omega_0} = \dfrac{2\pi}{\dfrac{\pi}{7}} = 14$，所以 $x_2(n)$ 的周期为 $N = 14$。

③ $x_3(n)$ 有两个部分，应分别求出两个序列的周期，再根据具体情况求公共周期：

$\omega_1 = 3\pi$，$\dfrac{2\pi}{\omega_1} = \dfrac{2\pi}{3\pi} = \dfrac{2}{3}$，是有理数，令 $\dfrac{P}{Q} = \dfrac{2}{3}$ 可知，周期 $N_1 = 2$。

$\omega_2 = 15$，$\dfrac{2\pi}{\omega_2} = \dfrac{2\pi}{15}$，是无理数，可知该序列无周期，则两个序列无公共周期。

④ $x_4(n)$ 有两个部分，分别求出其周期：

$\omega_1 = \dfrac{4}{5}\pi$，$\dfrac{2\pi}{\omega_1} = \dfrac{2\pi}{\dfrac{4\pi}{5}} = \dfrac{5}{2}$，是有理数，令 $\dfrac{P}{Q} = \dfrac{5}{2}$ 可知，周期 $N_1 = 5$；

$\omega_2 = \pi$，$\dfrac{2\pi}{\omega_2} = \dfrac{2\pi}{\pi} = 2$，是正整数，周期 $N_2 = 2$；

所以 $x_4(n)$ 的周期是两个序列周期的最小公倍数 $N = 10$。

由上例可以看出，正弦信号在连续域是典型的周期信号，而正弦序列不一定是周期序列。因为数字频率是一种相对频率，当数字频率 ω_0 为有理数时，比值 $\dfrac{2\pi}{\omega_0}$ 是无理数，序列没有周期。说明连续时间信号与离散时间序列对周期的定义是不同的。

（2）虚指数信号 $e^{j\omega_0 n}$ 的周期

由欧拉公式并令 $\theta = \omega_0 n$ 得到：

$$e^{j\omega_0 n} = \cos(\omega_0 n) + j\sin(\omega_0 n) \tag{1.1.25}$$

由上式可知，$e^{j\omega_0 n}$ 是频率为 ω_0 的单频复序列，所以虚指数序列周期的求解方法与正弦序列相同。

【例 1.1.5】 证明只有在 $\dfrac{2\pi}{\omega_0}$ 为有理数时，虚指数函数 $x(n) = e^{j\omega_0 n}$ 才是一个周期信号。

证明： 根据周期序列的定义，若 $x(n)$ 为周期序列，则应满足 $x(n+N) = x(n)$，即：

$$e^{j(\omega_0 n + N)} = e^{j\omega_0 n} e^{j\omega_0 N}$$

若要求：

$$e^{j\omega_0 n} e^{j\omega_0 N} = e^{j\omega_0 n}$$

应有：

$$e^{j\omega_0 N} = 1$$

即应有：

$$\omega_0 N = 2k\pi \rightarrow N = \frac{2k\pi}{\omega_0}$$

则只有在 $\frac{2\pi}{\omega_0}$ 为有理数时，才能保证 N 为正整数，虚指数函数为周期信号。

1.2 序列的基本运算

序列的基本运算有加减法、乘法、移位、反折和尺度变换等。

1.2.1 序列的加减法和乘法

序列之间的加减法和乘法，是指具有同序号的序列值逐项对应进行相加减和相乘。

【例 1.2.1】 已知序列 $x_1(n) = \{\underline{2}, 1, 1.5, -1, 1\}$、$x_2(n) = \{\underline{1.5}, 2, 1, 0, -1\}$，求 $y_1(n) = x_1(n) + x_2(n)$ 和 $y_2(n) = x_1(n)x_2(n)$，并画出各序列波形。

解： $y_1(n) = x_1(n) + x_2(n)$

$\qquad = \{\underline{2+1.5}, 1+2, 1.5+1, -1+0, 1+(-1)\}$

$\qquad = \{\underline{3.5}, 3, 2.5, -1, 0\}$

$\qquad y_2(n) = x_1(n)x_2(n)$

$\qquad = \{\underline{2\times1.5}, 1\times2, 1.5\times1, (-1)\times0, 1\times(-1)\}$

$\qquad = \{\underline{3}, 2, 1.5, 0, -1\}$

图 1-11 为各序列波形图。

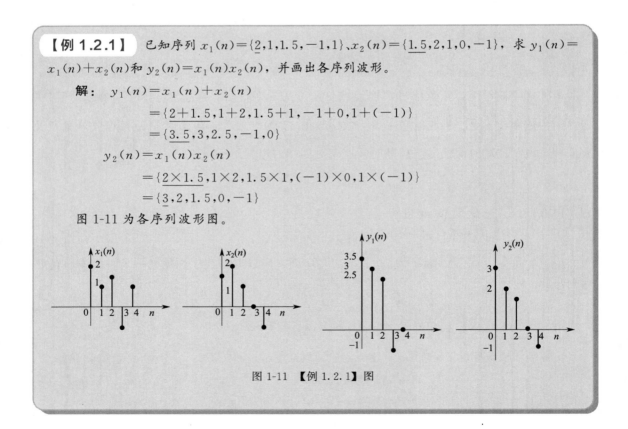

图 1-11 【例 1.2.1】图

1.2.2 序列的移位与反折

（1）序列移位、反折的定义

序列的移位运算与连续时间的规则是相同的，只是序列移位是以整数为单位移动的。

① 设序列 $x(n)$，则其移位序列记为 $x(n \pm n_0)$，$n_0 > 0$。$x(n - n_0)$ 序列右移 n_0，也称为序列延迟 n_0；$x(n + n_0)$ 表示序列左移 n_0，也称为序列超前 n_0。

② 序列 $x(n)$ 反折记为 $x(-n)$，是序列 $x(n)$ 波形以纵轴为对称轴旋转 $180°$ 得到的序列。

【例 1.2.2】 已知有限长序列 $x(n) = \{\underline{3}, 2, 1, -1\}$，求序列 $x_1(n) = x(n-2)$、$x_2(n) = x(-n)$、$x_3(n) = x(-n-2)$，并画出波形。

解： $x_1(n) = x(n-2) = \{\underline{0}, 0, 3, 2, 1, -1\}$

$x_2(n) = x(-n) = \{-1, 1, 2, \underline{3}\}$

$x_3(n) = x(-n-2) = \{-1, 1, 2, 3, \underline{0}, 0\}$

图 1-12 为各序列波形图。

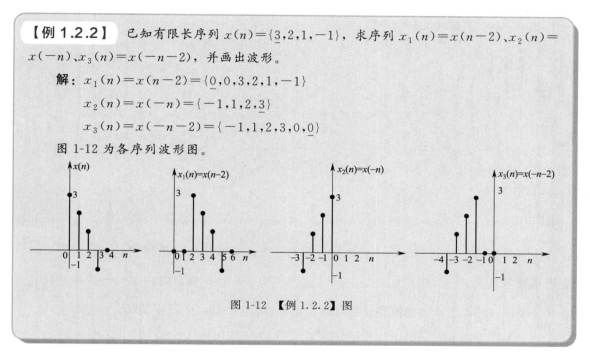

图 1-12 【例 1.2.2】图

（2）序列移位的性质

① 序列移位会改变序列的长度，但是有效值长度不变。

假设有限长序列 $x(n)$ 的长度为 N，序列的第 1 个非零值从原点 $n = 0$ 开始，当序列右移时即 $x(n - n_0)$，序列从原点处补进 n_0 个零，此时实际序列长度增加 n_0 位；当序列左移时，原点位置右移 n_0 位，有效长度虽然不变，但是序列中 $n \geqslant 0$ 的位数会减少。

② 序列移位的值不变。

假设 $x(n) = D$，序列移位不改变序列的值，即 $x(n \pm n_0) = D$。

1.2.3 序列的抽取与插值

抽取是将离散时间变量 n 变为 Mn，且定义 M 为正整数，此时原序列 $x(n)$ 变为 $x(Mn)$。这意味着将序列沿时间轴压缩为原来的 $\dfrac{1}{M}$，即每隔 $M-1$ 点取一个样点值，这种变换称为抽取（Decimation），抽取只保留原序列在 M 的整数倍时刻点的序列值。

插值是指序列每个样值中间插 $M-1$ 个零，序列取值时间轴扩展为原来的 M 倍，记为 $x\left(\dfrac{n}{M}\right)$。

【例 1.2.3】已知序列 $x(n)=\{\underline{2},1,1.5,-1,1\}$，求 $x_1(n)=x(2n)$ 和 $x_2(n)=x\left(\dfrac{n}{2}\right)$，并画出各序列波形。

解： $x_1(n)=x(2n)=\{\underline{2},1.5,1\}$

$x_2(n)=x\left(\dfrac{n}{2}\right)=\{\underline{2},0,1,0,1.5,0,-1,0,1\}$

图 1-13 为各序列波形图。

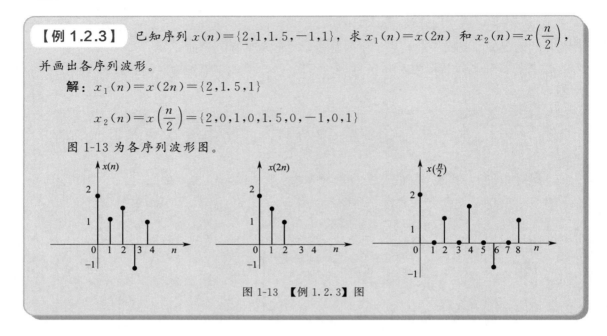

图 1-13 【例 1.2.3】图

由例题及图 1-13 可以看出，抽取时，序列在 2 的整数倍点的值保留，并且新序列的自变量值变为原来的 $\dfrac{n}{2}$（比如原来是 $n=2$，新序列是 $n=1$）；插值时相邻两个样值之间加入了 1 个零值，所以也称为内插零，插值后序列中增加了一些零，长度变长。

1.2.4　序列的周期延拓与循环移位

长度为 N 的有限长序列 $x(n)$，可以由 N 个独立值来定义。基于 DSP 系统的数据存储功能，在离散域要获得周期序列会容易得多，只要不断重复读出该段序列的样值，就可以实现序列的周期性。这种将有限长序列转变为周期序列的方法称为周期延拓。

（1）周期延拓的定义

假设有限长序列 $x(n)$，以 N 为周期对 $x(n)$ 进行周期延拓，记为：

$$\widetilde{x}(n)=x((n))_N=\sum_{r=-\infty}^{+\infty}x(n+rN) \tag{1.2.1}$$

式中，$\widetilde{x}(n)$ 表示一个周期序列；$x((n))_N$ 是以 N 为周期的周期延拓符号；几何级数公式则表示了周期延拓的具体计算过程；r 为整数。

运算符号 $((n))_N$ 表示模 N 对 n 求余，即若存在 $n=kN+n_1$，（$0\leqslant n_1\leqslant N-1$，$k$ 为整数），则：

$$x((kN+n_1))_N = x(n_1) \tag{1.2.2}$$

【例 1.2.4】 已知序列 $x(n) = \{\underline{1}, 2, 3, 4, 5\}$，序列长度为 5，将其以 5 为周期进行周期延拓，求 $\tilde{x}(n)$ 并计算 $x((7))_5$、$x((15))_5$ 的值。

解： 由周期延拓的定义可知，将 $x(n)$ 以 $N=5$ 为周期延拓，即将序列不断重复得到：

$$\tilde{x}(n) = x((n))_N = \{\underline{1}, 2, 3, 4, 5, 1, 2, 3, 4, 5, 1, 2, \cdots\}$$

根据周期延拓运算规则：

$$x((7))_5 = x((1 \times 5 + 2))_5 = x(2) = 3$$
$$x((15))_5 = x((3 \times 5 + 0))_5 = x(0) = 1$$

$x(2)$、$x(0)$ 对应原序列 $x(n)$ 中 $n=2$ 和 $n=0$ 的值。

由于 $\tilde{x}(n)$ 是 $x(n)$ 周期延拓得到的，$x(n)$ 称为 $\tilde{x}(n)$ 的主值序列，记为：

$$x(n) = \tilde{x}(n)R_N(n) = \sum_{n=0}^{N-1} x(n+rN) \tag{1.2.3}$$

其中：

$$\sum_{n=0}^{N-1} x(n+rN) = \left[\sum_{n=-\infty}^{+\infty} x(n+rN) \right] R_N(n) \tag{1.2.4}$$

（2）周期延拓的运算规则

周期延拓是数字信号处理中一种特有的运算。设序列的长度为 M，即 $x(n)$ 只在 $0 \le n \le M-1$ 时有值，则延拓周期 N 与序列长度 M 存在以下关系时，周期延拓的运算规则如下：

① 当 $N=M$ 时，即序列长度与延拓周期相同，则 $\tilde{x}(n)$ 是 $x(n)$ 的简单重复；

② 当 $N>M$ 时，要先在 $x(n)$ 后补 $N-M$ 个 0，得到 $x_N(n)$，再由 $x_N(n)$ 重复得到 $\tilde{x}(n)$，此时参加周期延拓的序列是 $x_N(n)$，也可以表示为 $\tilde{x}_N(n)$；

③ 当 $N<M$ 时，需要将 $x(n)$ 按 N 位截断，剩余的 $M-N$ 位序列补 $2N-M$ 个 0，形成新序列与截断序列相加，得到 $x_N(n)$，再用 $x_N(n)$ 以 N 为周期延拓。

【例 1.2.5】 已知序列 $x(n) = \{\underline{1}, 2, 3, 3, 2, 1\}$，序列长度 $M=6$，求延拓周期分别为 $N_1=6$、$N_2=8$、$N_3=4$ 的周期延拓序列，并写出其主值序列 $\tilde{x}_6(n)R_6(n)$、$\tilde{x}_8(n)R_8(n)$、$\tilde{x}_4(n)R_4(n)$。

解： 各序列波形图如图 1-14 所示，由周期延拓的规则可知：

如图 1-14(b) 所示，当 $N_1=6$ 时，$N=M$，$\tilde{x}(n)$ 是 $x(n)$ 的简单重复，即 $\tilde{x}_6(n) = \{\underline{1}, 2, 3, 3, 2, 1, 1, 2, 3, 3, 2, 1, 1, 2, 3, \cdots\}$。

如图 1-14(c) 所示，当 $N_2=8$ 时，$N>M$，要先在 $x(n)$ 后补 $N-M$ 个 0，得到 $x_N(n)$，即 $x_8(n) = \{\underline{1}, 2, 3, 3, 2, 1, 0, 0\}$，则 $\tilde{x}_8(n) = \{\underline{1}, 2, 3, 3, 2, 1, 0, 0, 1, 2, 3, 3, 2, 1, 0, 0, 1, 2, 3, \cdots\}$。

如图 1-14(d) 所示，当 $N_3 = 4$ 时，$N < M$，需要将 $x(n)$ 按 N 位截断，剩余的 $M -$ N 位序列补 $2N - M$ 个 0，形成新序列与截断序列相加，即：$x_4(n) = \{\underline{1}, 2, 3, 3\} + \{2, 1, 0, 0\} = \{\underline{3}, 3, 3, 3\}$，则 $\tilde{x}_4(n) = \{3, 3, 3, 3, 3, 3, 3, 3, 3, 3, 3, \cdots\}$。

主值序列：

如图 1-14(e) 所示，$\tilde{x}_6(n) R_6(n) = x(n) = \{\underline{1}, 2, 3, 3, 2, 1\}$。

如图 1-14(f) 所示，$\tilde{x}_8(n) R_8(n) = x_8(n) = \{\underline{1}, 2, 3, 3, 2, 1, 0, 0\}$。

如图 1-14(g) 所示，$\tilde{x}_4(n) R_4(n) = x_4(n) = \{\underline{3}, 3, 3, 3\}$。

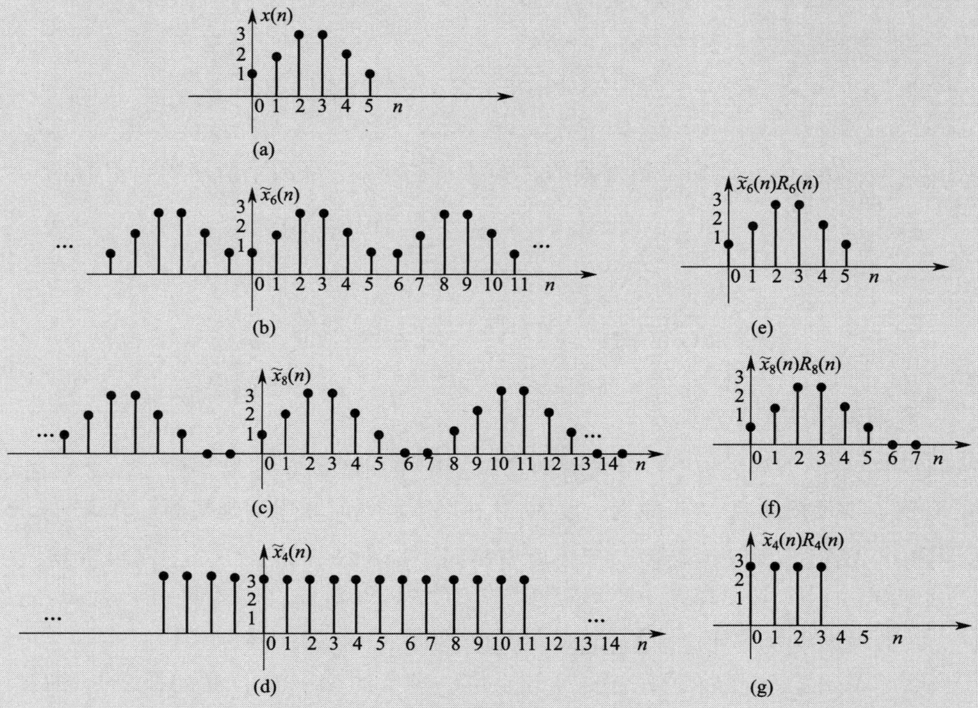

图 1-14 【例 1.2.5】图

（3）有限长序列的循环移位

有限长序列循环移位的技术背景是基于固定长度设计的计算机应用程序或者由固定长度的移位寄存器组成的系统，这些系统对数据长度的定义是固定的。当同一数据移入寄存器或进行读入时，受到寄存器位数或算法的限制，发生的移位遵循循环移位规则，也叫圆周移位，取该移位相当于序列首尾相连形成圆周，在一个圆周内移位之意。

设有限长序列 $x(n)$ 的长度为 M，$M \leqslant N$，则 $x(n)$ 循环移位定义为：

$$y(n) = x((n+m))_N R_N(n) \tag{1.2.5}$$

上式表明，将 $x(n)$ 以 N 为周期进行周期延拓得到 $\tilde{x}(n) = x((n))_N$，再将 $\tilde{x}(n)$ 左移 m $(m > 0)$ 位得到 $\tilde{x}(n+m)$，最后取 $\tilde{x}(n+m)$ 的主值序列得到 $y(n)$，称为 $x(n)$ 循环移位。

【例 1.2.6】 已知序列 $x(n)=\{\underline{1},2,3,3,2,1\}$，将 $x(n)$ 以 $N=8$ 周期延拓，求 $x((n+2))_8$ 及循环移位序列 $y(n)=x((n+2))_8 R_8(n)$。

解： 由循环移位规则可知，应先将 $x(n)$ 以 8 为周期进行周期延拓，得到 $x((n))_8=\{\underline{1},2,3,3,2,1,0,0,1,2,3,3,2,1,0,0,1,2,3,\cdots\}$。

再将 $x((n))_8$ 左移 2 位得到 $x((n+2))_8=\{1,2,\underline{3},3,2,1,0,0,1,2,3,3,2,1,0,0,1,2,3,\cdots\}$。

所以循环移位序列 $y(n)=x((n+2))_8 R_8(n)=\{\underline{3},3,2,1,0,0,1,2\}$。

各序列波形图如图 1-15 所示。

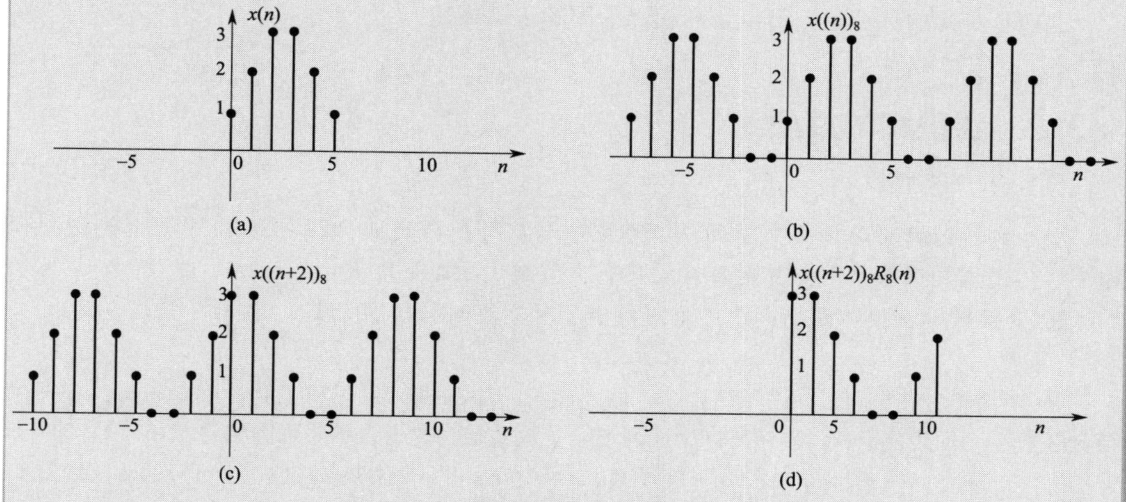

图 1-15 【例 1.2.6】图

从图 1-15 可以看出，循环移位序列 $y(n)$ 是长度为 N 的有限长序列，在循环移位时，被移出序列的样值在序列后又从右侧进入主值区，循环移位就是由此而得名。选择不同的延拓周期，即使是对同一序列的相同位移量，其循环移位序列都是不同的。这是循环移位与普通有限长序列移位的不同之处。

1.3 序列的卷积

卷积是通过两个序列生成第三个序列的一种运算。根据卷积时对卷积范围的定义不同，可以分为卷积和及循环卷积两种类型，下面介绍卷积和及循环卷积的定义及时域计算方法。

1.3.1 卷积和

假设有两个序列 $x_1(n)$ 和 $x_2(n)$，定义序列的卷积和运算为：

$$y(n)=x_1(n)*x_2(n)=\sum_{m=-\infty}^{+\infty} x_1(m)x_2(n-m) \tag{1.3.1}$$

式中，＊表示卷积和运算，卷积和也称为线性卷积，满足线性特性，即齐次性和比例性。从式(1.3.1)的运算过程可以看出，卷积和的运算过程分为以下几个步骤：

第一步：将 $x_1(n)$、$x_2(n)$ 中的变量 n 转换成 m，即序列变为 $x_1(m)$、$x_2(m)$。

第二步：对 $x_2(m)$ 反折移位。先关于纵轴反折得到 $x_2(-m)$；再按 n 值移位 $x_2(n-m)$，当 $n>0$ 时，对 $x_2(-m)$ 右移 n 位，当 $n<0$ 时，对 $x_2(-m)$ 左移 n 位。

第三步：将相同时域取值区间内对应项 $x_1(m)$ 和 $x_2(n-m)$ 相乘，然后逐项相加即可得到对应的 $y(n)$。

第四步：不断改变 n 值，重复第三步，直到求出全部 n 值下对应的 $y(n)$。

这四个步骤的计算过程可以用卷积和的图解法来描述。

1.3.2 卷积和的性质

（1）乘法特性

卷积和的计算对象是两个序列，计算顺序与初等代数类似，即在 m 次序下，先做序列相乘，再做累加运算。因此其运算性质具有类似乘法的以下性质：

① 交换律　交换律是指两个序列进行卷积和运算时与次序无关，即：

$$x_1(n) * x_2(n) = x_2(n) * x_1(n) \tag{1.3.2}$$

② 结合律　卷积和运算满足结合律，假设有三个序列进行卷积和运算，可以先将其中两个结合起来，计算其卷积和，再与另一个序列卷积，改变结合的组合顺序不影响卷积和结果，即：

$$[x_1(n) * x_2(n)] * x_3(n) = x_1(n) * [x_2(n) * x_3(n)] \tag{1.3.3}$$

③ 分配律　当卷积和运算中出现两个序列相加并与第三个序列卷积和的运算时，满足分配律：

$$[x_1(n) + x_2(n)] * x_3(n) = x_1(n) * x_3(n) + x_2(n) * x_3(n) \tag{1.3.4}$$

（2）移位特性

若 $y(n) = x_1(n) * x_2(n)$，则有：

$$y(n-n_0) = x_1(n-n_0) * x_2(n) = x_1(n) * x_2(n-n_0) \tag{1.3.5}$$

公式对左移也同样适用。

（3）任意序列 $x(n)$ 与单位脉冲序列 $\delta(n)$ 卷积和

$$x(n) * \delta(n) = x(n) \tag{1.3.6}$$

$$x(n) * \delta(n-n_0) = x(n-n_0) \tag{1.3.7}$$

$$x(n+n_1) * \delta(n-n_0) = x(n) * \delta(n+n_1-n_0) = x(n+n_1-n_0) \tag{1.3.8}$$

（4）任意序列 $x(n)$ 与单位阶跃序列 $u(n)$ 卷积和

$$x(n) * u(n) = \sum_{m=0}^{+\infty} x(n-m) \tag{1.3.9}$$

根据数项级数的定义，下列两种序列累加和的表示是相同的，即：

$$\sum_{m=0}^{+\infty} x(n-m) = \sum_{m=0}^{n} x(m) \tag{1.3.10}$$

1.3.3 卷积和的计算

卷积和的计算方法主要有以下四种。

（1）图解法

图解法是按照定义的计算步骤求解卷积和的方法，这种方法可以形象地理解卷积和的计算过程，适用于两个长度较小的任意有限长序列卷积和求解。

图解法的具体步骤如下：

① 将 $x_1(n)$、$x_2(n)$ 中的变量 n 转换成 m，即序列变为 $x_1(m)$、$x_2(m)$。

② 对 $x_2(m)$ 反折移位。以 y 轴为对称轴反折得到 $x_2(-m)$；再按 n 值移位 $x_2(n-m)$，当 $n>0$ 时，对 $x_2(-m)$ 右移 n 位，当 $n<0$ 时，对 $x_2(-m)$ 左移 n 位；由于卷积和满足交换律，实际计算时可以选择一个较简单的序列来移位。

③ 将对应项 $x_1(m)$ 和 $x_2(n-m)$ 相乘，然后逐项相加即可得到对应的 $y(n)$（注：需假设 $n=\cdots-1$，0，1，$2\cdots$ 中的某个任意值计算）。

④ 不断改变 n 值［相当于移动 $x_2(-m)$］，重复第③步，直到求出全部 n 值下对应的 $y(n)$。

【例 1.3.1】 已知序列 $x_1(n)=x_2(n)=R_2(n)$，用图解法求 $y(n)=x_1(n)*x_2(n)$。

解：用图解法求解，如图 1-16 所示。

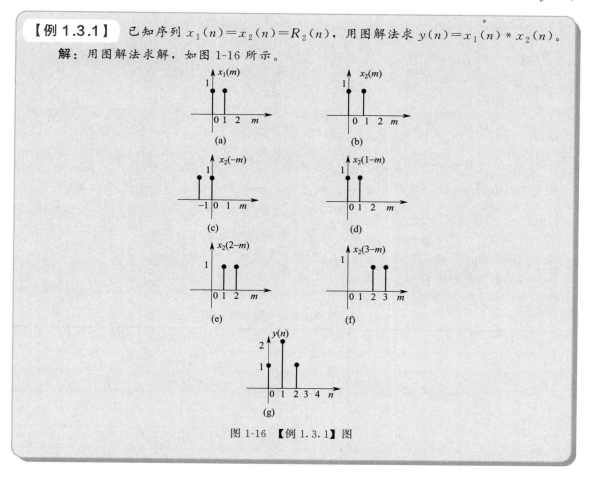

图 1-16 【例 1.3.1】图

（2）公式法

对于可以用数学闭合解析式表示的序列，可以直接用公式法来计算。

【例1.3.2】 已知序列 $x_1(n)=x_2(n)=u(n)$，求序列的卷积和 $y(n)=x_1(n)*x_2(n)$。

解：由卷积和公式有：

$$y(n)=x_1(n)*x_2(n)=\sum_{m=-\infty}^{+\infty}x_1(m)x_2(n-m)$$

$$=\sum_{m=-\infty}^{+\infty}u(m)u(n-m)=\sum_{m=0}^{n}1=n+1(n\geqslant 0)$$

$u(m)$ 和 $u(-m)$ 只有在右移，即 $n\geqslant 0$ 时，相乘才会有非零值，因此也可以记为：

$$u(n)*u(n)=(n+1)u(n) \tag{1.3.11}$$

【例1.3.3】 已知序列 $x_1(n)=a^n u(n)$ $(|a|<1)$，$x_2(n)=u(n)$，求序列的卷积和 $y(n)$。

解：由卷积和公式有：

$$y(n)=x_1(n)*x_2(n)=\sum_{m=-\infty}^{+\infty}x_1(m)x_2(n-m)$$

$$=\sum_{m=-\infty}^{+\infty}a^m u(m)u(n-m)=\sum_{m=0}^{n}a^n=\frac{1-a^{n+1}}{1-a}(n\geqslant 0)$$

由以上计算示例可以看出，序列卷积和的长度一般会比原序列长很多，假设 $x_1(n)$ 的长度为 N_1，$x_2(n)$ 的长度为 N_2，$y(n)=x_1(n)*x_2(n)$，则 $y(n)$ 的长度为：

$$N=N_1+N_2-1 \tag{1.3.12}$$

假设两个序列长度相同，都为 N，则卷积和序列的长度为序列的 $2N-1$，这也意味着如果直接计算卷积和运算量很大，需要考虑其计算的可实现性。为便于计算，一些常用的序列卷积和公式可直接查表 1-1 获得。

表 1-1　常用的序列卷积和公式表

序号	$x_1(n)$	$x_2(n)$	$y(n)=x_1(n)*x_2(n)=x_2(n)*x_1(n)$
1	$\delta(n)$	$x(n)$	$x(n)$
2	$u(n)$	$u(n)$	$(n+1)u(n)$
3	$a^n u(n)$	$u(n)$	$\dfrac{1-a^{n+1}}{1-a}u(n)$
4	$a^n u(n)$	$a^n u(n)$	$(n+1)a^n u(n)$
5	$a^n u(n)$	$\beta^n u(n)$	$\dfrac{a^{n+1}-\beta^{n+1}}{a-\beta}u(n)$

序号	$x_1(n)$	$x_2(n)$	$y(n)=x_1(n)*x_2(n)=x_2(n)*x_1(n)$
6	$a^n u(n)$	$nu(n)$	$\dfrac{n}{1-a}+\dfrac{a(a^n-1)}{(1-a)^2}$
7	$nu(n)$	$nu(n)$	$\dfrac{1}{6}(n-1)n(n+1)u(n)$

（3）利用性质求解

常用的序列卷积和公式表（表 1-1）给出的是常用序列在序列起始点为原点且均为右边序列的情况，当序列发生移位时可以利用卷积的性质求解。

【例 1.3.4】 已知序列 $x_1(n)=u(n-3)$，$x_2(n)=u(n+2)$，求序列卷积和 $x_1(n)*x_2(n)$。

解：

$$x_1(n)*x_2(n)=u(n-3)*u(n+2)$$
$$=u(n)*\delta(n-3)*u(n)*\delta(n+2)$$
$$=(n+1)u(n)*\delta(n-1)=nu(n-1)$$

在求解中应用了任意序列与单位样值序列卷积的性质、卷积和的结合律，以及常用序列表中的 $u(n)*u(n)=(n+1)u(n)$。

（4）对位相乘相加法

对位相乘相加法首先将序列排成两排，将它们按右端对齐，然后做乘法（注意不要进位），最后将两排的乘积相加即可得到卷积和结果，计算非常简便，适合有限长序列的简单计算。

【例 1.3.5】 设长度 $N=2$ 的序列 $h(n)=\{\underline{1},2\}$，序列 $x(n)=\{\underline{1},1,1,1,1,1,1,1,1\}$，长度为 9，求卷积和 $y(n)=h(n)*x(n)$。

解：用对位相乘相加法直接计算：

$$
\begin{array}{r}
\underline{1}\,1\,1\,1\,1\,1\,1\,1\,1 \quad x(n)\\
\times \qquad\qquad\quad \underline{1}\,2 \quad h(n)\\
\hline
\underline{2}\,2\,2\,2\,2\,2\,2\,2\,2\\
+\quad \underline{1}\,1\,1\,1\,1\,1\,1\,1\,1\\
\hline
\underline{1}\,3\,3\,3\,3\,3\,3\,3\,3\,2
\end{array}
$$

即 $y(n)=\{\underline{1},3,3,3,3,3,3,3,3,2\}$。

1.3.4 循环卷积

周期序列在数字信号处理中具有重要的作用，循环卷积是在周期序列条件下定义的卷积运算，其卷积结果的长度也是固定的，这是与卷积和的主要区别。

假设周期序列 $\tilde{x}_1(n)$ 的周期为 N_1，$\tilde{x}_2(n)$ 的周期为 N_2，它们的主值序列分别记为 $x_1(n)$ 和 $x_2(n)$，若有 $L \geq \max [N_1, N_2]$，取周期 $L \geq \max [N_1, N_2]$，这两个序列主值 $x_1(n)$、$x_2(n)$ 的 L 点循环卷积为：

$$y(n) = x_1(n) \textcircled{L} x_2(n) = \left[\sum_{m=0}^{L-1} x_1(m) x_2((n-m))_N \right] R_L(n) \tag{1.3.13}$$

式中，$\textcircled{L}$ 表示循环卷积运算，圈中的 L 是循环卷积结果的长度，也可以称为点数，循环卷积序列 $y(n)$ 的长度也是 L，即 $y(n)$ 包含 L 个值。

1.3.5 循环卷积的计算

（1）循环卷积的矩阵计算法

循环卷积也称为圆周卷积或圆卷积，用矩阵来表示循环卷积的计算步骤。

第一步：对 $x_2(n)$ 进行变量替换得到 $x_2(m)$，然后反折得到 $x_2(-m)$，并对 $x_2(-m)$ 进行循环移位，移位值依次从 0 到 $L-1$，序列每次移位结果都作为矩阵的 1 行，依次写出 L 个 $x_2(n-m)$ 循环移位值，得到 $L \times L$ 的循环移位矩阵。

第二步：$x_1(n)$ 中的变量变换得到 $x_1(m)$，排列成 L 行 1 列矩阵。

第三步：将循环移位矩阵与 $x_1(m)$ 做矩阵乘法得到列矩阵 $y(n)$。

$$\begin{bmatrix} y(0) \\ y(1) \\ \vdots \\ y(L-1) \end{bmatrix} = \begin{bmatrix} x_2(0) & x_2(L-1) x_2(L-2) \cdots x_2(1) \\ x_2(1) & x_2(0) & x_2(L-1) \cdots x_2(2) \\ \vdots & x_2(1) & x_2(0) \cdots & x_2(3) \\ \vdots & \vdots & \vdots \\ x_2(L-1) & x_2(L-2) x_2(L-3) \cdots x_2(0) \end{bmatrix} \begin{bmatrix} x_1(0) \\ x_1(1) \\ \vdots \\ x_1(L-1) \end{bmatrix} \tag{1.3.14}$$

式（1.3.14）中，由 $x_2((n-m))_L$ 循环移位得到的矩阵称为循环移位矩阵。循环矩阵的长度 L 是固定的，如果 $x_1(n)$、$x_2(n)$ 的长度小于 L，需要先对序列补零，构成长度为 L 的矩阵再进行计算。

【例 1.3.6】已知有限长非周期序列 $x_1(n) = \{1,1,1,1\}$、$x_2(n) = \{1,2,4,8\}$，用矩阵法求 $x_1(n)$ 和 $x_2(n)$ 的 4 点循环卷积 $x_1(n) \textcircled{4} x_2(n)$ 和 8 点循环卷积 $x_1(n) \textcircled{8} x_2(n)$。

解：按式（1.3.14）写出 $x_1(n)$ 和 $x_2(n)$ 的 4 点循环卷积矩阵形式为：

$$x_1(n) \textcircled{4} x_2(n) = \begin{bmatrix} 1 & 8 & 4 & 2 \\ 2 & 1 & 8 & 4 \\ 4 & 2 & 1 & 8 \\ 8 & 4 & 2 & 1 \end{bmatrix} \begin{bmatrix} 1 \\ 1 \\ 1 \\ 1 \end{bmatrix} = \begin{bmatrix} 15 \\ 15 \\ 15 \\ 15 \end{bmatrix}$$

$$x_1(n) \circledS x_2(n) = \begin{bmatrix} 1 & 0 & 0 & 0 & 8 & 4 & 2 \\ 2 & 1 & 0 & 0 & 0 & 0 & 8 & 4 \\ 4 & 2 & 1 & 0 & 0 & 0 & 0 & 8 \\ 8 & 4 & 2 & 1 & 0 & 0 & 0 & 0 \\ 0 & 8 & 4 & 2 & 1 & 0 & 0 & 0 \\ 0 & 0 & 8 & 4 & 2 & 1 & 0 & 0 \\ 0 & 0 & 0 & 8 & 4 & 2 & 1 & 0 \\ 0 & 0 & 0 & 0 & 8 & 4 & 2 & 1 \end{bmatrix} \begin{bmatrix} 1 \\ 1 \\ 1 \\ 1 \\ 0 \\ 0 \\ 0 \\ 0 \end{bmatrix} = \begin{bmatrix} 1 \\ 3 \\ 7 \\ 15 \\ 14 \\ 12 \\ 8 \\ 0 \end{bmatrix}$$

（2）循环卷积的对位相乘相加法

循环卷积也可以利用对位相乘相加法计算。由于循环卷积结果的长度是固定的，在对位相乘相加法得到卷积值后，还要根据循环卷积长度对所求值进一步计算。

【例1.3.7】 已知有限长非周期序列 $x_1(n) = \{1,1,1,1\}$、$x_2(n) = \{1,2,4,8\}$，用对位相乘相加法求 $x_1(n)$ 和 $x_2(n)$ 的 4 点循环卷积 $x_1(n) \circled④ x_2(n)$ 和 8 点循环卷积 $x_1(n) \circledⓈ x_2(n)$。

解： 先用对位相乘相加法求 $x_1(n) * x_2(n)$。

用对位相乘相加法直接计算：

$$\begin{array}{r}
\underline{1\,2\,4\,8} \quad x_2(n)\\
\times \quad \underline{1\,1\,1\,1} \quad x_1(n)\\
\hline
1\,2\,4\,8\\
1\,2\,4\,8\\
1\,2\,4\,8\\
+\,1\,2\,4\,8\\
\hline
1\,3\ \ 7\,15\,14\,12\,8
\end{array}$$

由对位相乘相加法得到了一个序列 $\{1,3,7,15,14,12,8\}$，因为 4 点循环卷积的长度为 4，所以需要先将获得的序列 $\{1,3,7,15 | 14,12,8\}$ 分为两个部分，前半部分为保留部分，位数与所求循环移位序列长度 L 相同，余下的后 3 位为截断序列，并将截断序列与保留序列首位对齐相加。令 $y_4(n) = x_1(n) \circled④ x_2(n)$，即 $\{1,3,7,15 | 14,12,8\}$，则：
$$y_4(n) = \{\underline{1},3,7,15\} + \{\underline{14},12,8,0\} = \{\underline{15},15,15,15\}$$

令 $y_8(n) = x_1(n) \circledⓈ x_2(n)$，8 点循环卷积的长度为 8，所得序列只有 7 位，则只要在序列 $\{1,3,7,15,14,12,8\}$ 后补一个 0 即可得到：
$$y_8(n) = \{\underline{1},3,7,15,14,12,8,0\}$$

1.4 离散时间系统

1.4.1 离散时间系统的表示

离散时间系统的数学模型定义为变换（transformation）或者运算（operator），离散时间系统的表示如图 1-17 所示。若用输入输出特性来描述一个离散时间系统，可以表示为：

$$y(n)=T\{x(n)\} \qquad (1.4.1)$$

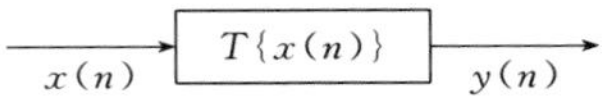

式中，T 表示由输入序列值计算输出序列值的某种运算。以下是两个简单的运算关系的例子。

图 1-17　离散时间系统的表示

延迟器：$y(n)=x(n-n_0)$，表示输入信号 $x(n)$ 经过系统后产生了延迟，所以系统的功能为延迟，系统称为延迟器，这时运算 T 指的是延迟。

比例乘法器：$y(n)=ax(n)$，表示输入信号经过系统后乘以一个比例常数，则运算 T 就是乘以常数 a。

离散时间系统的分析就是要建立系统的数学模型，找到系统输入输出的运算关系，从而实现特定的数值计算。

1.4.2 系统的线性与时不变性

离散时间系统根据各种不同的研究方法，可以有不同的分类，分类的原则与连续域是类似的。比较常见的分类有线性与非线性系统、时变与时不变系统、因果与非因果系统、稳定与非稳定系统等。

本节主要介绍线性与非线性系统、时变与时不变系统的定义，并总结线性时不变系统的一般数学表示及其分析方法。

（1）线性和非线性系统

系统输入输出之间满足线性叠加原理的系统称为线性系统。在一个系统中，若 $y(n)=T\{x(n)\}$，如果对于下列等式成立，则系统为线性系统。

$$y(n)=T\{ax_1(n)+bx_2(n)\}=T\{ax_1(n)\}+T\{bx_2(n)\} \qquad (1.4.2)$$

式中，a、b 为常数，将输入设置为 $ax_1(n)+bx_2(n)$，表示输入比例性和叠加性，有时为了方便，也可以将比例性和叠加性分别验证；$T\{ax_1(n)+bx_2(n)\}$ 表示输入叠加激励系统产生的输出；$T\{ax_1(n)\}+T\{bx_2(n)\}$ 表示输入分别激励系统产生的输出叠加。

（2）时变和时不变系统

时不变系统是指其输入序列的移位或延迟将引起输出序列的移位或延迟，用数学定义可表示为：

若 $y(n)=T\{x(n)\}$，则：

$$y(n-n_0)=T\{x(n-n_0)\} \qquad (1.4.3)$$

【例 1.4.1】 已知系统为 $y(n) = nx(n)$，判断其线性和时变性。

解： 当输入 $x(n)$ 分别为 $ax_1(n)$ 和 $bx_2(n)$ 时，输入叠加后激励系统产生的输出为：

$$T[ax_1(n) + bx_2(n)] = anx_1(n) + bnx_2(n) \qquad (1.4.4)$$

而令 $y_1(n)$、$y_2(n)$ 为输入，$ax_1(n)$、$bx_2(n)$ 分别激励系统产生的输出为：

$$y_1(n) = T\{ax_1(n)\} = anx_1(n)$$

$$y_2(n) = T\{bx_2(n)\} = bnx_2(n)$$

叠加得到：

$$y_1(n) + y_2(n) = anx_1(n) + bnx_2(n) \qquad (1.4.5)$$

式(1.4.4)＝式(1.4.5)，系统满足线性特性，是线性系统。

$$\because y(n-n_0) = (n-n_0)\ x(n-n_0) \qquad (1.4.6)$$

$$T\{x(n-n_0)\} = nx(n-n_0) \qquad (1.4.7)$$

式(1.4.6) $\neq$ 式(1.4.7)，系统为时变性。

1.4.3　离散 LTI 系统的定义与表示

（1）离散线性时不变系统的定义

同时具有线性和时不变性的系统称为线性时不变系统（Linear Time Invariant System，LTI 系统），离散的线性时不变系统也称为离散 LTI 系统，或者是线性离散移不变系统（Linear Shift Invariant System，LSI 系统）。定义的核心是该离散系统既具有线性又具有时不变性，即同时满足以下二式：

$$\begin{cases} y(n) = T\{ax_1(n) + bx_2(n)\} = T\{ax_1(n)\} + T\{bx_2(n)\} & (1.4.8) \\ y(n-n_0) = T\{x(n-n_0)\} & (1.4.9) \end{cases}$$

【例 1.4.2】 已知系统输入输出关系为 $y(n) = x(n) + 2x(n-1) + 3x(n-2)$，试证明该系统为离散线性时不变系统。

1）证明线性

由于系统的输入输出关系中 $x(n)$ 的结构比较复杂，可以先判断其比例性，若满足比例性，则进一步判断其叠加性。

① 证明比例性

$$T\{ax(n)\} = ax(n) + 2ax(n-1) + 3ax(n-2)$$

$$ay(n) = a[x(n) + 2x(n-1) + 3x(n-2)]$$

易知两式相等，即满足比例性；

② 证明叠加性：

$$y_1(n) = T\{x_1(n)\} = x_1(n) + 2x_1(n-1) + 3x_1(n-2)$$

$$y_2(n) = T\{x_2(n)\} = x_2(n) + 2x_2(n-1) + 3x_2(n-2)$$

输出叠加得：

$$y_1(n)+y_2(n)=x_1(n)+2x_1(n-1)+3x_1(n-2)+x_2(n)+2x_2(n-1)+3x_2(n-2)$$
$$=x_1(n)+x_2(n)+2[x_1(n-1)+x_2(n-1)]+3[x_2(n-2)+x_1(n-2)]$$

输入叠加得：

$$T\{x_1(n)+x_2(n)\}=x_1(n)+x_2(n)+2[x_1(n-1)+x_2(n-1)]+3[x_2(n-2)+x_1(n-2)]$$

可知输入叠加等于输出叠加，系统满足线性。

2）证明时不变性

$$\because y(n-n_0)=x(n-n_0)+2x(n-n_0-1)+3x(n-n_0-2) \qquad (1.4.10)$$

$$T\{x(n-n_0)\}=x(n-n_0)+2x(n-n_0-1)+3x(n-n_0-2) \qquad (1.4.11)$$

式(1.4.10)＝式(1.4.11)，系统为时不变系统。

所以该系统为离散线性时不变系统。

（2）离散 LTI 系统的数学模型

一个 N 阶常系数差分方程可以表示为：

$$y(n)=\sum_{i=0}^{M}b_i x(n-i)-\sum_{i=1}^{N}a_i y(n-i) \qquad (1.4.12)$$

或

$$\sum_{i=0}^{N}a_i y(n-i)=\sum_{i=0}^{M}b_i x(n-i) \qquad (1.4.13)$$

式中，$x(n)$、$y(n)$ 分别表示输入和输出，a_i、b_i 都是常数，$x(n-i)$、$y(n-i)$ 都是一次方的，没有交叉项，所以称为常系数差分方程，本书中简称差分方程。

差分方程也是一种关于系统的输入输出描述法的表示形式。【例 1.4.2】中所示输入输出方程的系统满足差分方程定义，可以证明这样的系统都是线性时不变系统。也就是说，常系数差分方程是离散线性时不变系统的数学模型。

典型的差分方程结构形式及其阶数如下所示：

① $y(n)+ay(n-1)=x(n)$ 一阶差分方程

② $y(n)+ay(n-1)+by(n-2)=3x(n)+x(n-1)$ 二阶差分方程

③ $y(n)+y(n-2)=x(n)+x(n-1)$ 二阶差分方程

以上各差分方程中，序号都是从 n 以递减的方式给出的，称为后向差分。如果方程以 $y(n)$、$y(n+1)$ 和 $x(n)$、$x(n+1)$ 等形式给出，称为前向差分。其形式为：

$$\sum_{i=0}^{N}a_i y(n+i)=\sum_{i=0}^{M}b_i x(n+i) \qquad (1.4.14)$$

在差分方程中存在三种基本运算：单位延迟器、常数乘法器和加法器。这些运算都对应着相应的电路单元，图 1-18 表示系统结构的基本单元。

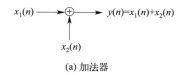

(a) 加法器

(b) 单位延迟器   (c) 常数乘法器

图 1-18   离散时间系统的基本单元

【例 1.4.3】 已知离散时间系统的输入为 $x(n)$，输出为 $y(n)$，其电路的结构如图 1-19 所示，试写出其差分方程。

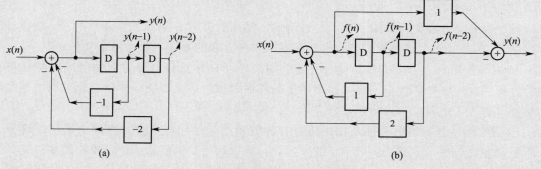

图 1-19 【例 1.4.3】图

解： 对图 1-19(a)，由题干可知，系统的输入输出分别在加法器的两侧，其中加法器输出端 $y(n)$ 后接两个延迟器，则延迟器的输出分别为 $y(n-1)$、$y(n-2)$，列出加法器左右两边输入输出关系（注意：线路箭头方向为信号传输方向，箭头出端标注该方向的权值）。

加法器左边：$x(n)-(-1)y(n-1)-(-2)y(n-2)=x(n)+y(n-1)+2y(n-2)$

加法器右边：$y(n)$

左右两边列写方程得到：$y(n)=x(n)+y(n-1)+2y(n-2)$

则输入输出差分方程为：$y(n)-y(n-1)-2y(n-2)=x(n)$

对图 1-19(b)，因为输出 $y(n)$ 与输入 $x(n)$ 不在同一个加法器的两端，所以需要设一个中间序列 $f(n)$，设 $f(n)$ 为第一个加法器的输出，则经过每个延迟器输出节点为 $f(n-1)$ 和 $f(n-2)$。分别对两个加法器列写输入输出方程如下。

第一个加法器：

$$x(n)-f(n-1)-2f(n-2)=f(n)$$

这个式子可以改写成关于 $x(n)$ 的递推形式：

$$x(n)=f(n)+f(n-1)+2f(n-2) \tag{1.4.15}$$

第二个加法器：

$$y(n)=f(n)-f(n-2) \tag{1.4.16}$$

为消去中间变量 $f(n)$，先求出 $y(n)$ 的移位序列：

$$y(n-1)=f(n-1)-f(n-3) \tag{1.4.17}$$

$$y(n-2)=f(n-2)-f(n-4) \tag{1.4.18}$$

对比式(1.4.16)～式(1.4.18)及式(1.4.15)中各项 $f(n)$ 及其移位序列，对 $y(n)$ 及其移位序列配置相应的系数，得到：

$$y(n)+y(n-1)+2y(n-2)=x(n)-x(n-2)$$

即为所求系统的差分方程。

1.4.4 离散 LTI 系统的时域响应

对于以差分方程为数学模型表示的系统输入输出关系，如果已知输入序列 $x(n)$，求解输出序列 $y(n)$，称为解差分方程。求解常系数差分方程的方法一般有以下几种。

① 时域经典法　差分方程与微分方程相对应，所以常系数差分方程的时域经典法与常微分方程的时域经典法类似，都可以用系统的特征方程求解出特征根，然后先分别求齐次解和特解，再代入边界条件求待定系数。

② 递推法　递推法的原理是根据差分方程的初始条件，逐个代入方程中求解。这种方法手算虽然比较慢，但是概念简单，逐步实施，可以利用计算机求解。递推法的缺点是只能算出数值解，不能直接给出一个完整的解析式作为解答。从数学的角度来看，无法得到闭式解答是不完美的，不过对于现代计算机辅助数值计算来说恰到好处。

③ 变换域法　类似于连续系统微分方程的拉普拉斯变换法，常系数差分方程的代数解用 z 变换求解可以很快得到方程的闭式解，是简便而有效的方法，将在下一章全面介绍。

④ 零输入响应和零状态响应解法　因为系统对初始状态和输入序列会产生不同的输出，可分为零输入响应和零状态响应，则可利用常系数差分方程的线性叠加性将两个输出响应相加得到全响应。

（1）零输入响应

对于一个 N 阶离散线性时不变系统，在初始观察时刻（一般为 $n=0$ 时刻）之前，系统存在 N 起始状态，在观察时刻，由这些起始状态对系统产生的输出响应称为零输入响应。

零输入响应的求解的步骤如下。

步骤一　根据零输入响应的定义，令差分方程右边输入为零，写出系统齐次差分方程；

步骤二　列特征方程，求特征根；

步骤三　写出含有待定系数的零输入响应一般表达式；

步骤四　根据零输入响应的定义，应考虑 $n \geqslant 0$ 为边界条件，即所需初始条件为 $y(-1)$、$y(-2) \cdots y(-N)$，代入递推方程可以求出待定系数，从而得到 $y_{zi}(n)$。

【例 1.4.4】 设二阶离散 LTI 系统的差分方程为：

$$y(n)+3y(n-1)+2y(n-2)=x(n)$$

已知系统初始条件为 $y(-1)=0$、$y(-2)=0.5$，求系统的零输入响应 $y_{zi}(n)$。

解： 将原差分方程改写成齐次差分方程：$y(n)+3y(n-1)+2y(n-2)=0$

特征方程为：$\lambda^2+3\lambda+2=0$

解得特征根为：$\lambda_1=-1$，$\lambda_2=-2$，为两个不相等实数根。

所以，零输入响应为：$y_{zi}(n)=C_1(-1)^n+C_2(-2)^n$

当 $n \geq 0$ 时，代入初始条件，有：

$$\begin{cases} y(-1)=C_1(-1)^{-1}+C_2(-2)^{-1}=0 \\ y(-2)=C_1(-1)^{-2}+C_2(-2)^{-2}=0.5 \end{cases}$$

联立方程解得待定系数为：$C_1=1$，$C_2=-2$

故系统的零输入响应为：$y_{zi}(n)=(-1)^n-2(-2)^n$，$n \geq 0$

（2）零状态响应

零状态响应是指系统的 N 个初始条件 $y(-1)=y(-2)=\cdots=0$，仅由输入序列 $x(n)$ 在 $n \geq 0$ 时激励系统产生的响应，记为 $y_{zs}(n)$。

（3）单位脉冲响应

单位脉冲响应是指单位脉冲序列作用于系统所产生的零状态响应，用符号 $h(n)$ 表示。假设一个三阶离散 LTI 系统的差分方程为：

$$y(n)+ay(n-1)+by(n-3)=x(n)$$

其单位脉冲响应差分方程为：

$$h(n)+ah(n-1)+bh(n-3)=\delta(n) \tag{1.4.19}$$

（4）基于单位脉冲响应的零状态响应分析

不同结构的系统，初始条件均为零，当输入都为单位脉冲序列 $\delta(n)$ 时，其输出单位脉冲响应 $h(n)$ 是不同的。因此，可以将系统单位脉冲响应作为表示系统固有特性的特殊输出。

利用 $h(n)$ 的这个特性，可以将离散时间系统表示为如图 1-20 所示关系。

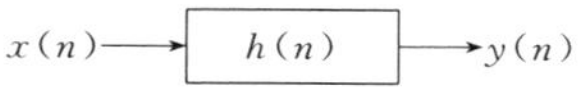

图 1-20 时域离散系统与单位脉冲响应

当系统输入一个任意序列 $x(n)$ 时，序列输入系统的运算为卷积和运算，即：

$$y_{zs}(n)=x(n)*h(n) \tag{1.4.20}$$

【例 1.4.5】 已知离散 LTI 系统的差分方程为 $y(n)-0.5y(n-1)=x(n)+0.5x(n-1)$，$n<0$ 时，$h(n)=0$，用递推法求其单位脉冲响应 $h(n)$。

解: 由单位脉冲响应的定义写出系统单位脉冲响应差分方程并将其改写成递推形式得:

$$h(n)=0.5h(n-1)+\delta(n)+0.5\delta(n-1)$$

因为 $n<0$ 时，$h(n)=0$，即 $h(-1)=0$，所以从 $n=0$ 开始求 $h(n)$ 的各个样值:
[单位脉冲序列 $\delta(n)$ 的样值中，只有 $\delta(0)=1$，其他样值均为零]:

$$h(0)=0.5h(-1)+\delta(0)+0.5\delta(-1)=1$$
$$h(1)=0.5h(0)+\delta(1)+0.5\delta(0)=0.5\times1+0+0.5\times1=1$$
$$h(2)=0.5h(1)+\delta(2)+0.5\delta(1)=0.5\times1+0+0.5\times0=0.5$$
$$h(3)=0.5h(2)+\delta(3)+0.5\delta(2)=0.5\times0.5+0=(0.5)^2$$
$$\cdots$$
$$h(n)=0.5h(n-1)=0.5\times(0.5)^{n-2}=(0.5)^{n-1}$$

$$\therefore h(n)=\begin{cases} 1 & n=0 \\ (0.5)^{n-1} & n\geq1 \end{cases}$$

也可以表示为: $h(n)=\delta(n)+(0.5)^{n-1}u(n-1)$

1.4.5 复合系统的单位脉冲响应

序列输入系统，输出零状态响应的运算符合卷积和运算规则，可以将卷积和的性质应用到物理系统中，对系统的单位脉冲响应进行分解与合成，分解后的单位脉冲响应称为子系统单位脉冲响应，子系统的单位脉冲响应按一定的方式可以组合成等效系统单位脉冲响应。复合系统的组合形式有级联型、并联型和混联型三种结构。

子系统通过级联型、并联型组成复合系统的等效系统单位脉冲响应，如图 1-21 所示。

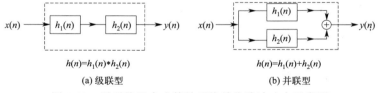

$$h(n)=h_1(n)*h_2(n)$$
(a) 级联型

$$h(n)=h_1(n)+h_2(n)$$
(b) 并联型

图 1-21 子系统组合成等效系统单位脉冲响应示意图

混联型是指在子系统复合形式中既有级联型又有并联型。需要说明的是，复合系统的等效系统单位脉冲响应是基于卷积和运算的，所以也遵循卷积和运算的性质，即子系统合成的运算满足卷积和的性质，在混联型系统中可以通过卷积和的交换律、结合律和分配律重新组合子系统，得到的等效系统单位脉冲响应不变。

【例 1.4.6】 如图 1-22 所示，a、b 两个复合系统分别记为 $h_a(n)$、$h_b(n)$，它们的子系统单位脉冲响应分别为 $h_1(n)=\delta(n)$，$h_2(n)=\delta(n-1)$，分别求出两个系统的单位脉冲响应并解释其原因。

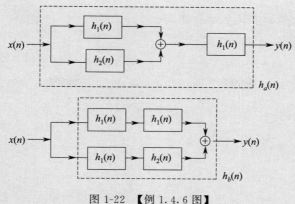

图 1-22 【例 1.4.6 图】

解：由图 1-22 中的结构可知：

$$h_a(n) = [h_1(n) + h_2(n)] * h_1(n) = [\delta(n) + \delta(n-1)] * \delta(n) = \delta(n) + \delta(n-1)$$

$$h_b(n) = h_1(n) * h_1(n) + h_1(n) * h_2(n) = \delta(n) + \delta(n-1)$$

两个子系统结构虽不相等，但是其最终解析式是相同的，这是因为卷积和满足结合律，即：

$$[h_1(n) + h_2(n)] * h_1(n) = h_1(n) * h_1(n) + h_1(n) * h_2(n)$$

由此可知，卷积的结合律、交换律及分配律可以应用于实际系统的构造中，并可根据定理对系统进行化简。

1.4.6　离散 LTI 系统的因果性与稳定性

在输入输出描述方式下，系统的特性除了线性和时不变性外，还有两个性质——因果性和稳定性。由于离散 LTI 系统可以用其单位脉冲响应来表示，则系统的因果稳定性可以由单位脉冲响应来定义。

（1）离散 LTI 系统的因果性

离散 LTI 系统满足因果性的充分必要条件是：

$$当\ n < 0\ 时, h(n) = 0 \tag{1.4.21}$$

此定义从系统单位脉冲响应的概念上也很好理解，因为 $h(n)$ 是系统输入为 $\delta(n)$ 时的零状态响应，在 $n=0$ 以前，没有加入信号，所以是因果的。

（2）离散 LTI 系统的稳定性

线性时不变系统满足稳定性的充分必要条件是：

$$\sum_{n=-\infty}^{+\infty} |h(n)| < \infty \tag{1.4.22}$$

即 $h(n)$ 绝对可和。

【例 1.4.7】 设线性时不变系统的单位脉冲响应 $h(n)=a^n u(n)$，式中，a 为实常数，分析其因果性和稳定性。

解： $\because n<0$ 时，$u(n)=0$，$\therefore h(n)=a^n u(n)=0$，系统是因果的。

判断稳定性，由：

$$\sum_{n=-\infty}^{+\infty}|h(n)|=\sum_{n=-\infty}^{+\infty}|a^n u(n)|=\sum_{n=0}^{+\infty}|a|^n$$

以上和式相当于等比数列求和，只有当公比 $|a|<1$ 时，可和，和为 $\dfrac{1}{1-|a|}$，系统稳定；

当 $|a|>1$，不满足可和条件，系统不可和，则系统不稳定。

 拓展阅读

中国古代数学经典著作《九章算术》

华罗庚曾经说过，数学是我国人民所擅长的学科。中国古代数学强调数学与生产实践、社会生活的密切联系，其中最主要的代表作就是《九章算术》。有资料记载，该书成书于公元1世纪，由西汉丞相张苍（前256—前152年）对其增补删订，是中国古代数学很重要的一部经典著作。

《九章算术》的内容十分丰富，系统总结了战国、秦、汉时期的数学成就。全书含有202个术文和246个与生产、生活实践有关的应用问题，这些问题依照性质和解法分为九章。九章的标题依次为：方田、粟米、衰（音cui）分、少广、商功、均输、盈不足、方程、勾股。其中，方田是与田亩丈量有关的面积、分数问题；粟米是有关谷物粮食的比例折换问题；衰分是比例分配问题；少广是已知面积体积，求一边长和径长问题；商功是关于土石工程、体积计算问题；均输是合理摊派赋税问题；盈不足是一种由两设答案求解二元问题的一类特殊算法，解决共买等混合问题；方程的内容是解线性一次方程组，算是线性代数问题；勾股是提出利用勾股定理解决测量上的一些问题。

在术文部分，有69个具有一般意义，即对一类实际问题的计算方法，给出具有确定性、普适性和有效性的定理和公式，有些算法比欧洲同类算法早1500多年，有的算法思想与现代计算机科学理论对于算法的要求不谋而合。我国智能科学技术领域享誉海内外的杰出科学家、数学大师、人工智能先驱吴文俊曾经总结说，中国古代数学是一种算法数学，在我们进入计算机时代的今天，这种算法数学就是计算机数学，中国最古老的数学是适合计算机的、最现代化的数学。

《九章算术》没有推导和证明，但是配合了具体问题作为例题，有的是先给出例题，再总结术文；有的是先给出术文，再给出例题。采用了从易到难、由浅入深、从简单到复杂的编排顺序，涉及算术、代数和几何等初等代数的内容。下面简单介绍一下《九章算术》在算术、代数和几何方面的成就。

（1）算术方面

① 分数四则运算法则，包括更相减损术求分子和分母的最大公约数，更相减损术的实

质是用减法来实现辗转相除的运算。

② 盈不足术，其中典型的问题是：今有共买物，人出八盈三，人出七不足四，问人数、物价各几何？

解这个问题涉及人数、物价和每个人要出的钱三个未知数，算术中给出了求三个未知数的公式，可以利用给出的公式列写具体问题的方程组，并利用解的公式得到解答。

（2）代数方面

① 方程术，给出的是求解线性代数方程组的消去法。例如方程章第 1 题为：今有上禾三秉，中禾二秉，下禾一秉，实三十九斗；上禾二秉，中禾三秉，下禾一秉，实三十四斗；上禾一秉，中禾二秉，下禾三秉，实二十六斗。问上、中、下禾实一秉各几何？

按照现代的语言，就是有三个未知数，列三元一次方程组，给出的解方程的方法叫遍乘直除法。具体做法是列式后，用第一行第一个系数遍乘第二行和第三行的每个数字，然后反复减去第一行，直到这两行的一个未知数的系数为零，这其实就是我们熟知的高斯消元法，最后可以将系数矩阵转化成一个对角矩阵，然后给出公式求解。这是数学史上出现矩阵及其运算的最早记录，公元 263 年间，刘徽在《九章算术注》中将该方法改进为互乘相消算法，就与现代算法更为一致了。

② 正负术，《九章算术》中已引入负数，建立了完整的正负数加减法则，并成功用于方程术中。另外，还在勾股计算中用自乘运算的例子给出开方术的算法原理。

（3）几何方面

①《九章算术》中有很多面积和体积公式，其中所有直线形的面积和体积公式都是正确的。

② 给出求圆面积的公式，计算时 π 的值已经能够取 3。魏晋时期，刘徽在《九章算术注》中提出了割圆术，证明了圆面积的精确公式并给出计算圆周率的科学方法，即采用内接六边形开始割圆，算到 192 边，将圆周率精确到了小数点后 2 位，并给出了一种迭代算法，在注中的表述是：以十二觚（音 gu，一种饮酒的容器）之幂为率消息，当取此分寸之三十六，以增于一百九十二觚之幂为圆幂，三百一十四寸二十五分之四。

这个结论写成算式是：

$$314\frac{64}{625}+\frac{36}{625}=314\frac{4}{25}(=314.16)$$

这个注有些专家认为是祖冲之父子在几百年后加上去的，根据二十四史《隋书》中记载，当时圆周率已经可以精确到小数点后 7 位，即 3.1415926＜π＜3.1415927。

有专家分析，祖冲之和他的儿子祖暅在计算圆周率时，假如也应用到了上述迭代算法的原理，他们要计算大约七千多边形的面积才能得到这个值，这在说明咱们祖先聪明智慧的同时，也说明迭代算法在古代数学中已有比较成熟的应用。后人通过一句诗文"山巅一寺一壶酒"将圆周率五位小数 3.14159 的值广为传颂，家喻户晓。

③《九章算术》中以比例形式给出了勾股形三边的关系（即所谓的勾股数组），比如勾三股四弦五就是通过这个关系得到的，这是世界数学史上第一次提出完整的勾股数组通解公式。《九章算术》原著中没有用代数符号来表示算式，后来刘徽在《九章算术注》中用出入相补法对一般形式做了证明。

《九章算术》中有非常丰富的数学成果，它的两个最显著的特点，即以实用为目的的实用性特点和以算法为中心的计算性特点，这些特点影响着后世数学研究的方向，特别是这种强调建立算法的思想，即所谓的术、算术，大致相当于今天计算机科学中的算法，用现代语言来说就是强调构造性，要能够编制出有效的程序，这与目前计算数学和应用数学的发展相一致。吴文俊在谈到他的研究成果"机器证明定理"时就多次说过是受到古代数学算法特点的启发和影响。

 习题

(1) 已知序列 $x(n)=\{1,2,3,4,5,\cdots\}$，试用公式法和图形法表示该序列。

(2) 已知序列 $x_1(n)=\{2,\underline{1},1.5,-1,1\}$、$x_2(n)=\delta(n)$，求 $y_1(n)=x_1(n)+x_2(n)$ 和 $y_2(n)=x_1(n)x_2(n)$，并画出各序列波形。

(3) 已知有限长序列 $x(n)=\{\underline{3},2,1,-1,\}$，求序列 $x_1(n)=x(n-2)$、$x_2(n)=x(-n)$、$x_3(n)=x(-n-2)$，并画出波形。

(4) 用单位脉冲序列及其加权和表示如图 1-23 所示的序列 $x(n)$ 及 $x(-n)$。

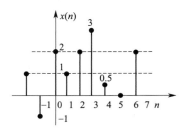

图 1-23 习题（4）图

(5) 已知序列 $x(n)$、$y(n)$ 长度均为 N，且

$$y(n)=\begin{cases} x(2n) & n\text{ 为偶数} \\ 0 & n\text{ 为奇数} \end{cases}$$

试用 $x(n)$ 表示 $y(n)$。

(6) 判断下列序列是否为周期序列，若是周期的，确定其周期。

① $x_1(n)=A\sin\left(24n-\dfrac{\pi}{8}\right)$ 　　　　② $x_2(n)=\mathrm{e}^{-\mathrm{j}\left(\frac{\pi}{6}-n\right)}$

③ $x_3(n)=0.3\cos\left(\dfrac{4}{7}\pi n\right)+\sin\left(\pi n-\dfrac{\pi}{2}\right)$ 　　④ $x_4(n)=\mathrm{e}^{-\mathrm{j}\frac{3\pi}{4}n}+\mathrm{e}^{\mathrm{j}\frac{5\pi}{7}n}$

(7) 设系统分别用下面的差分方程描述，$x(n)$ 与 $y(n)$ 分别表示系统的输入和输出，判断系统是否是线性时不变的。

① $y(n)=x(n)+2x(n-1)$ 　　　　　　② $y(n)=x(-n)$

③ $y(n)=x^2(n)$ 　　　　　　　　　　④ $y(n)=x(n^2)$

⑤ $y(n)=\displaystyle\sum_{m=0}^{n}x(m)$ 　　　　　　　⑥ $y(n)=x(n)\sin(\omega n)$

(8) 若 $f_1(n)=\{0,1,2,\underline{3},1,0\}$，$f_2(n)=\{0,1,\underline{1},1,0\}$，则 $f_1(n)*f_2(n)=($ 　　 $)$

A. $\{0, 1, 3, \underline{5}, 2, 1, 0\}$ 　　　　　　　B. $\{0, 1, 3, \underline{6}, 6, 4, 1, 0\}$

C. $\{0, 1, 3, 6, \underline{6}, 4, 1, 0\}$ 　　　　　　D. $\{0, 1, 3, \underline{5}, 4, 3, 0\}$

(9) 设线性时不变系统的单位脉冲响应 $h(n)$ 和输入 $x(n)$ 分别有以下三种情况，求出每种情况所对应的系统输出 $y(n)=x(n)*h(n)$。

① $x(n)=R_3(n)$，$h(n)=R_4(n)$

② $x(n)=\delta(n)-\delta(n-2)$，$h(n)=2R_4(n)$

③ $x(n)=0.5^n u(n)$，$h(n)=R_3(n)$

(10) 已知序列 $x(n)=\{1,2,3,3,2,1\}$，序列长度 $M=6$，求延拓周期分别为 $N_1=6$、$N_2=8$、$N_3=4$ 的周期延拓序列，并写出其主值序列 $\tilde{x}_6(n)R_6(n)$、$\tilde{x}_8(n)R_8(n)$、$\tilde{x}_4(n)R_4(n)$。

(11) 已知两个有限长序列分别为 $x_1(n)=-3\delta(n)+2\delta(n-1)+4\delta(n-2)$，$x_2(n)=2\delta(n)-4\delta(n-1)+\delta(n-3)$，试求：

① $x_1(n)$ 和 $x_2(n)$ 的线性卷积；

② $x_1(n)$ 和 $x_2(n)$ 的 5 点循环卷积。

(12) 设长度 $N=2$ 的序列 $h(n)=\{1,2\}$，序列 $x(n)=\{1,1,1,1,1,1,1,1,1\}$，长度为 9，试用对位相乘相加法和重叠部分相加法计算卷积和 $y(n)=h(n)*x(n)$。

(13) 已知离散 LTI 系统的差分方程为 $y(n)-0.5y(n-1)=x(n)+0.5x(n-1)$，$n<0$ 时，$h(n)=0$，用递推法求其单位脉冲响应 $h(n)$。

(14) 已知离散 LTI 系统的差分方程为：
$$y(n)=2[x(n)+x(n-1)+x(n-2)+x(n-3)]$$

① 求出该滤波器的单位脉冲响应；

② 设输入序列 $x(n)=\{1,1,1,1,1,1,2\}$，写出零状态响应 $y_{zs}(n)$ 序列的样值，并分析 $y(n)$ 连续零值从第几位开始。

(15) 已知某离散线性时不变系统的差分方程为：
$$6y(n)-5y(n-1)+y(n-2)=x(n)$$

若初始状态为 $y(-1)=-11$，$y(-2)=-49$；激励 $x(n)=u(n)$。试求系统的零输入响应、单位脉冲响应、零状态响应和完全响应。

(16) 已知系统的单位脉冲响应如下，判断系统的因果性和稳定性。

① $h(n)=2^n u(n)$ ② $h(n)=2^n u(-n)$

③ $h(n)=0.2^n u(-n-1)$ ④ $h(n)=0.2^n u(n)$

⑤ $h(n)=\dfrac{1}{n^2}u(n)$ ⑥ $h(n)=\dfrac{1}{n!}u(n)$

(17) 有一连续时间信号 $x_a(t)=\cos(2\pi f t+\varphi)$，式中 $f=20\,\text{Hz}$，$\varphi=\dfrac{\pi}{2}$。

① 求出 $x_a(t)$ 的周期；

② 用采样间隔 $T_s=0.02\text{s}$ 对 $x_a(t)$ 进行采样，试写出抽样信号 $x_a(nT_s)$ 的表达式；

③ 画出对应 $x_a(nT_s)$ 的序列 $x(n)$ 的波形，并求出 $x(n)$ 的周期。

第**2**章

离散时间信号与系统的变换域分析

信号与系统的分析方法有时域分析法和变换域分析法两种。在连续时间信号与系统中，变换域有拉普拉斯变换和傅里叶变换，在离散时间信号与系统中，变换域有 z 变换和序列傅里叶变换。本章的内容主要是介绍序列 z 变换和序列傅里叶变换的定义、性质，并以此为基础引入离散 LTI 系统的变换域分析方法。

2.1 序列的 z 变换

z 变换作为一种重要的数学工具，能够把离散系统的数学模型——差分方程转化为简单的代数方程，使其求解过程变得简便。

2.1.1 z 变换的定义

z 变换为离散时间信号和系统提供了一种表示方式，也提供了一种离散信号与系统分析的途径。z 变换在离散系统分析的地位与作用类似于连续系统的拉普拉斯变换。

下面先从时域采样信号的拉普拉斯变换推导 z 变换的定义，建立起拉普拉斯的 s 域平面与 z 平面之间的联系，从而获得 z 平面上零极点的意义，很多离散系统的特性分析原理就可以用类似连续域系统复频域（s 域）分析方法来研究。

（1）z 变换的定义

z 变换的定义可以通过采样信号的拉普拉斯变换推出。

采样信号的数学表示为：

$$\hat{x}_a(t) = \sum_{n=-\infty}^{+\infty} x_a(nT_s)\delta(t-nT_s)$$

式中，$x_a(nT_s)$ 是采样信号 $x_a(t)$ 的离散样值，是一个常数，所以其实只有 $\delta(t-nT_s)$

含有连续时间变量 t，$\delta(t-nT_s)$ 拉普拉斯变换为 e^{-snT_s}，采样信号的拉普拉斯变换为：

$$\hat{X}_a(s) = \sum_{n=-\infty}^{+\infty} x_a(nT_s)\mathrm{e}^{-snT_s} \tag{2.1.1}$$

令 $z=\mathrm{e}^{sT_s}$，式（2.1.1）可写成复变量 z 的函数式：

$$X(z) = \sum_{n=-\infty}^{+\infty} x(n)z^{-n} \tag{2.1.2}$$

式（2.1.2）即 z 变换的定义式。该定义表明序列 z 变换是复变量 z 的正幂级数和负幂级数叠加。习惯上，可以用 " $x(n) \leftrightarrow X(z)$ " 表示序列 $x(n)$ 和其 z 变换 $X(z)$ 的变换对关系。

（2） z 平面

从拉普拉斯变换推出了 z 变换的定义，也意味着拉普拉斯变换的 s 平面与 z 变换的 z 平面具有相应的联系。由于 $s=\sigma+\mathrm{j}\Omega$，复变量 z 可写成：

$$z=\mathrm{e}^{(\sigma+\mathrm{j}\Omega)T_s} = \mathrm{e}^{\sigma T_s}\mathrm{e}^{\mathrm{j}\Omega T_s}$$

令 $r=\mathrm{e}^{\sigma T_s}$，$\omega=\Omega T_s$，则复变量 z 可以定义为：

$$z=r\mathrm{e}^{\mathrm{j}\omega} \text{ 或 } z=\mathrm{Re}[z]+\mathrm{jIm}[z] \tag{2.1.3}$$

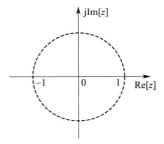

$z=r\mathrm{e}^{\mathrm{j}\omega}$ 是 z 的极坐标形式，它的模 $0 \leqslant r < \infty$，辐角 ω 是以弧度为单位的数字频率，所以 z 平面是以 r 为半径、夹角以 $-\pi \leqslant \omega \leqslant \pi$ 为主值的无穷多个圆周角。

$z=\mathrm{Re}[z]+\mathrm{jIm}[z]$ 是 z 的直角坐标形式。$\mathrm{Re}[z]$ 是 z 的实部，$\mathrm{Im}[z]$ 是 z 的虚部。

z 平面示意图如图 2-1 所示。

z 平面中，横轴、纵轴分别代表变量 z 的实部和虚部，虚线所示为一个半径为 1 的圆，对应于 $|z|=1$ 的围线，即模 $r=1$ 的 z，可以看成一个绕单位圆旋转的向量。

图 2-1　z 平面示意图

下面通过两个例题说明 z 变换的计算过程。

【例 2.1.1】　求序列 $\delta(n)$ 的 z 变换。

解：根据 z 变换公式，令 $x(n)=\delta(n)$，有：

$$X(z) = \sum_{n=-\infty}^{+\infty} x(n)z^{-n} = \sum_{n=-\infty}^{+\infty} \delta(n)z^{-n}$$

$$= \sum_{n=-\infty}^{+\infty} \delta(n) = 1$$

【例 2.1.2】　求阶跃序列 $u(n)$ 的 z 变换，讨论 z 的取值范围并在 z 平面画出其示意图。

解：根据 z 变换公式，令 $x(n)=u(n)$，有：

$$X(z) = \sum_{n=-\infty}^{+\infty} u(n)z^{-n}$$

$$= \sum_{n=0}^{+\infty} z^{-n} = 1 + z^{-1} + z^{-2} + \cdots$$

上式可看成公比为 z^{-1} 的等比数列无穷项和，只有当 $|z^{-1}| < 1$ 时，级数收敛，可和，应用等比数列无穷项和公式可得：

$$X(z) = \frac{1}{1 - z^{-1}}$$

$\because |z^{-1}| < 1$，解绝对值不等式可得 z 的取值范围为：$|z| > 1$。

由于 z 为复数，$|z|$ 即 z 的模，所以 $|z| > 1$ 可以表示为在 z 平面模大于1的区域。画出 z 平面示意图如图 2-2 所示，图中阴影部分表示 z 的取值范围，是 z 平面单位圆外的区域。

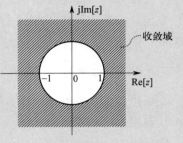

图 2-2 【例 2.1.2】收敛域示意图

一些常用序列的 z 变换可参考表 2-1。

表 2-1 常用序列的 z 变换

序号	离散时间序列	z 变换	收敛域
1	$\delta(n)$	1	整个 z 平面
2	$u(n)$	$\dfrac{1}{1-z^{-1}} = \dfrac{z}{z-1}$	$|z| > 1$
3	$a^n u(n)$	$\dfrac{1}{1-az^{-1}} = \dfrac{z}{z-a}$	$|z| > |a|$
4	$\mathrm{e}^{an} u(n)$	$\dfrac{1}{1-\mathrm{e}^a z^{-1}} = \dfrac{z}{z-\mathrm{e}^a}$	$|z| > |\mathrm{e}^a|$
5	$-a^n u(-n-1)$	$\dfrac{1}{1-az^{-1}} = \dfrac{z}{z-a}$	$|z| < |a|$
6	$nu(n)$	$\dfrac{z^{-1}}{(1-z^{-1})^2} = \dfrac{z}{(z-1)^2}$	$|z| > 1$
7	$na^n u(n)$	$\dfrac{az^{-1}}{(1-az^{-1})^2} = \dfrac{az}{(z-a)^2}$	$|z| > |a|$
8	$\dfrac{(n+1)\cdots(n+m)}{m!} a^n u(n)$	$\dfrac{z^{m+1}}{(z-a)^{m+1}}$	$|z| > |a|$
9	$\mathrm{e}^{\mathrm{j}\omega_0 n} u(n)$	$\dfrac{1}{1-\mathrm{e}^{\mathrm{j}\omega_0} z^{-1}}$	$|z| > 1$
10	$\sin\omega_0 n u(n)$	$\dfrac{z^{-1}\sin\omega_0}{1-2z^{-1}\cos\omega_0 + z^{-2}}$	$|z| > 1$
11	$\cos\omega_0 n u(n)$	$\dfrac{1-z^{-1}\cos\omega_0}{1-2z^{-1}\cos\omega_0 + z^{-2}}$	$|z| > 1$

2.1.2　z 变换的收敛域

复变量 z 的取值范围（定义域）实际由该幂级数的收敛性决定，所以在 z 变换中讨论自变量 z 的定义域称为 z 变换的收敛域。

z 变换收敛域的确定方法有时域和 z 域两种。

（1）　z 变换收敛域的时域确定法

在时域确定 z 变换收敛域的方法可以借助幂级数收敛条件来确定。具体方法可由下面两个例子来说明。

【例 2.1.3】 已知序列 $x(n) = a^n u(n)$，式中，a 为实常数，$u(n)$ 为单位阶跃序列，求 $x(n)$ 的 z 变换，并确定其收敛域。

解： 根据 z 变换的公式，令 $x(n) = a^n u(n)$，有：

$$X(z) = \sum_{n=-\infty}^{+\infty} a^n u(n) z^{-n} = \sum_{n=0}^{+\infty} a^n z^{-n} = \sum_{n=0}^{+\infty} (az^{-1})^n$$

$$= 1 + az^{-1} + (az^{-1})^2 + \cdots$$

显然这个幂级数可以当作一个公比为 z^{-1} 的等比数列无穷项和，当 $|az^{-1}| < 1$ 时，有：

$$X(z) = \frac{1}{1 - az^{-1}}$$

收敛域由 $|az^{-1}| < 1$ 确定：

$\because |az^{-1}| < 1$

$\therefore$ 解绝对值不等式可得：$|z| > |a|$

【例 2.1.4】 已知序列 $x(n) = -a^n u(-n-1)$，式中，a 为实常数，

$$u(-n-1) = \begin{cases} 1 & n \leqslant -1 \\ 0 & n \geqslant 0 \end{cases}$$

求 $x(n)$ 的 z 变换，并确定其收敛域。

解： 令 $x(n) = -a^n u(-n-1)$，有：

$$X(z) = \sum_{n=-\infty}^{+\infty} [-a^n u(-n-1)] z^{-n} = -\sum_{n=-\infty}^{-1} a^n z^{-n}$$

由于等比数列求和是初等代数，其求和范围总是 $0 \sim +\infty$，所以为了应用该公式求解，令 $m = -n$，将求和公式进行变量代换：

$$-\sum_{n=-\infty}^{-1} (az^{-1})^n \xrightarrow{m=-n} -\sum_{m=1}^{+\infty} (az^{-1})^{-m} = -\sum_{m=1}^{+\infty} (a^{-1}z)^m$$

$$= -[a^{-1}z + (a^{-1}z)^2 + \cdots]$$

这是一个公比为 $a^{-1}z$、首项为 $a^{-1}z$ 的等比数列，所以：

$$X(z) = -\frac{a^{-1}z}{1-a^{-1}z} = \frac{z}{z-a}$$

通项 $(a^{-1}z)^m$ 的收敛域由公比 $|a^{-1}z| < 1$ 确定，解绝对值不等式，可得：$|z| < |a|$。

以上两个例子，如果仅按有理多项式的规律分析两个序列的 z 变换解析式，会发现实际上有：

$$\frac{1}{1-az^{-1}} = \frac{z}{z-a}$$

也就是说，这两个序列具有相同的 z 变换解析式，它们的区别体现在收敛域上。z 变换的解析式与收敛域同时决定一个唯一的序列。

利用级数求和原理求解收敛域的方法，有助于理解收敛域的概念以及序列类型对收敛域的影响。将任意无限长序列 $x(n)$ 分为右边序列、左边序列，其 z 变换收敛域有明显的特征。设收敛半径为 R，当序列为右边序列时，序列是 $x(n)u(n)$ 形式，其样值全部在右半平面（包括原点），其 z 变换收敛域为 $|z| > R$，收敛域在收敛半径外。而当序列为左边序列时，序列是 $x(n)u(-n-1)$ 形式，序列样值全部在左半平面，其 z 变换收敛域为 $|z| < R$，收敛域在收敛半径内。

（2）z 变换收敛域的 z 域确定法

结合右边序列和左边序列收敛域分别为收敛半径外（$>$）和左边序列收敛半径内（$<$）的规律，利用 z 域的极点来确定 z 变换收敛域方法更方便。

观察表 2-1 中所列的 z 变换对可发现，常用序列的 z 变换都是关于复变量 z 的确定函数，在处理这类公式时，可以忽略 z 的复数性质，仅当成一个关于自变量 z 的有理式来处理，设 z 变换的一般表达式为：

$$X(z) = \frac{B(z)}{A(z)} \tag{2.1.4}$$

式中，$B(z)$、$A(z)$ 均为关于 z 的有理多项式，可以用多项式的加减乘除以及分式化简。

根据有理分式的特点，做以下定义：

设方程 $B(z) = 0$，即分子等于零，则分式 $X(z) = 0$，此时方程的根称为 $X(z)$ 的零点；其中单根称为单零点，二重根称为二重零点，二重及以上重根可以统称为重零点；实数根称为实零点，复数根称为复数零点，以此类推。

同理，设方程 $A(z) = 0$，分母等于零，则 $X(z) \rightarrow \infty$，方程的根称为 $X(z)$ 的极点；和零点类似，根据根的类型分为单极点和重极点、实极点和复数极点等。

在 z 平面上，可以根据零极点的位置画出零极点图，一般，零点用"$\bigcirc$"表示，极点用"$\times$"表示。

若分母 $A(z)$ 可以分解成单项式的乘积，可写成如下形式：

$$A(z) = \prod_{r=1}^{N} (z - p_r) = 0 \tag{2.1.5}$$

表示 $X(z)$ 有 N 个极点 p_r，$X(z)$ 的收敛域可由极点来确定。

【**例 2.1.5**】 已知序列 $x(n) = [1.4(0.4)^n - 0.4(-0.6)^n]u(n)$，求序列的 z 变换及其收敛域，在 z 平面上用 "×" 表示极点，画出收敛域与极点示意图。

解： 根据 z 变换公式，令 $x(n) = [1.4 \times 0.4^n - 0.4(-0.6)^n]u(n)$

$$X(z) = \sum_{n=-\infty}^{+\infty} [1.4 \times 0.4^n - 0.4(-0.6)^n]u(n)z^{-n}$$

$$= 1.4 \underbrace{\sum_{n=0}^{+\infty} 0.4^n z^{-n}}_{(a)} - 0.4 \underbrace{\sum_{n=0}^{+\infty} (-0.6)^n z^{-n}}_{(b)}$$

上式分为两项来讨论其 z 变换。

对于（a），其 z 变换及收敛域为：

$$1.4 \sum_{n=0}^{+\infty} 0.4^n z^{-n} = \frac{1.4}{1 - 0.4z^{-1}}, |z| > |0.4| \tag{2.1.6}$$

对于（b），其 z 变换及收敛域为：

$$-0.4 \sum_{n=0}^{+\infty} (-0.6)^n z^{-n} = \frac{-0.4}{1 - (-0.6z^{-1})}, |z| > |0.6| \tag{2.1.7}$$

序列的 z 变换应为两式相加，即式(2.1.6)＋式(2.1.7)，但是两式的收敛域不同，用解绝对值不等式的方法，求得两个收敛域的解为 $|z| > |0.6|$，所以序列的 z 变换为：

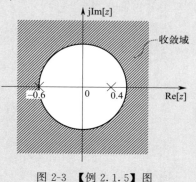

$$X(z) = \frac{1.4}{1 - 0.4z^{-1}} - \frac{0.4}{1 - (-0.6z^{-1})}$$

$$= \frac{1 + z^{-1}}{1 + 0.2z^{-1} - 0.24z^{-2}}, |z| > |0.6| \tag{2.1.8}$$

求出 $X(z)$ 的极点分别为 $p_1 = 0.4$，$p_2 = -0.6$，在 z 平面画出两个极点及极点围成的圆，可以看出，收敛域大于绝对值大的极点。极点和收敛域示意图如图 2-3 所示，图中，"×" 表示极点，阴影部分表示收敛域，是以原点为中心，0.6 为半径围成的圆外部分。

图 2-3 【例 2.1.5】图

（3）单边 z 变换

离散信号处理中定义单边 z 变换为：

$$X(z) = \sum_{n=0}^{+\infty} x(n)z^{-n} \tag{2.1.9}$$

单边 z 变换中的和只包含 $n \geq 0$ 的部分，当序列 $x(n)$ 本身的定义域为 $n \geq 0$ 时，其单边 z 变换和 z 变换结果是相同的。但是若序列发生左移或右移时，单边 z 变换和双边 z 变换就会有一定的差别。

2.1.3 z 变换的性质

当离散时间序列进行基本运算时，对应的 z 变换规律称为 z 变换的性质或定理。z 变换性质与定理总结如下。

（1） z 变换的存在性

在收敛域内 $x(n)$ 一致收敛的序列，存在 z 变换；若对于指定的收敛域，$x(n)$ 不收敛，或者说 $x(n)$ 一致收敛的收敛域不存在，则序列的 z 变换不存在。

（2）线性性质

设序列 $x(n)$、$f(n)$ 的 z 变换分别为 $X(z)$、$F(z)$，且 $X(z)$ 中模最小的极点为 $|p_{X\min}|$，最大的极点为 $|p_{X\max}|$，$F(z)$ 中模最小的极点为 $|p_{F\min}|$，最大的极点为 $|p_{F\max}|$：

$$x(n)\leftrightarrow X(z),|z|<|p_{X\min}| \text{ 或 } |z|>|p_{X\max}|$$
$$f(n)\leftrightarrow F(z),|z|<|p_{F\min}| \text{ 或 } |z|>|p_{F\max}|$$

其中，$x(n)$、$f(n)$ 为左边序列时取＜项，为右边序列时取＞项，$x(n)$、$f(n)$ 相对独立，为表述简洁，后面其他性质设定时收敛域不再重复说明。

则序列 $y(n)=ax(n)+bf(n)$ 的 z 变换为：

$$Y(z)\leftrightarrow aX(z)+bF(z) \tag{2.1.10}$$

式（2.1.10）的收敛域是 $X(z)$、$F(z)$ 收敛域的公共区域。当公共区域不存在时，z 变换不存在。若线性组合产生了极点的变化，收敛域会发生改变，具体情况根据求解收敛域的不等式组的解获得。

线性性质是 z 变换分析离散 LTI 系统的常用性质，它表示序列线性运算（加权和叠加）后 z 变换也发生线性变化。

（3）序列移位性质

1）序列移位的双边 z 变换性质

设 $x(n)\leftrightarrow X(z)$，则：

$$x(n-N_0)\leftrightarrow z^{-N_0}X(z) \tag{2.1.11}$$

证明：根据 z 变换的定义，为求 $x(n-N_0)$ 的 z 变换，令 $m=n-N_0$，得：

$$\sum_{n=-\infty}^{+\infty}x(n-N_0)z^{-n}\xLeftrightarrow{m=n-N_0}\sum_{m=-\infty}^{+\infty}x(m)z^{-(m+N_0)}$$

$$=\sum_{m=-\infty}^{+\infty}[x(m)z^{-m}]z^{-N_0}=z^{-N_0}X(z)$$

上式中，当 $N_0>0$ 时，序列是右移，也称延迟；当 $N_0<0$ 时，序列是左移，也称超前。无论延迟或超前，该移位性质都适用。移位后极点不发生改变，收敛域与原序列相同。

对于单边 z 序列，由于移位后如果和原点的关系发生改变，收敛域中是否包含 $z=0$ 和 $z=+\infty$ 需要具体判断。右边序列右移，左边序列左移时，移位后与原点的关系不发生改变，收敛域不变。

2）序列移位的单边 z 变换性质

根据单边 z 变换的定义，其和只包含 $n \geq 0$ 的部分，在求差分方程的零输入响应和零状态响应时，由于只能对 $n \geq 0$ 部分处理，移到 $n < 0$ 的序列样值就会被舍去（双边 z 变换这部分样值是保留的），所以单边 z 变换涉及的序列移位比双边 z 变换复杂。下面推导序列左移右移时单边 z 变换的公式。

① 序列 $x(n)$ 右移 N_0 位的单边 z 变换　由单边 z 变换公式，序列 $x(n-N_0)$ 的单边 z 变换为：

$$\because \sum_{n=0}^{+\infty} x(n-N_0)z^{-n} \xrightarrow{m=n-N_0} \sum_{m=-N_0}^{+\infty} x(m)z^{-(m+N_0)}$$

$$= z^{-N_0} \left\{ \sum_{m=-N_0}^{-1} [x(m)z^{-m}] + \sum_{m=0}^{+\infty} [x(m)z^{-m}] \right\}$$

$$= z^{-N_0} \sum_{m=-N_0}^{-1} [x(m)z^{-m}] + z^{-N_0} X(z)$$

$N_0 \geq 1$ 时，上式可展开得到序列右移 N_0 的单边 z 变换公式为：

$$x(n-N_0) \leftrightarrow z^{-N_0} X(z) + [x(-N_0)+x(-N_0+1)z^{-1}+\cdots+x(-1)z^{1-N_0}]$$

$$(2.1.12)$$

② 序列 $x(n)$ 左移 M_0 位的单边 z 变换　由单边 z 变换公式，序列 $x(n+M_0)$ 的单边 z 变换为：

$$\sum_{n=0}^{+\infty} x(n+M_0)z^{-n} \xrightarrow{m=n+M_0} \sum_{m=M_0}^{+\infty} x(m)z^{-(m-M_0)}$$

$$= z^{M_0} \left\{ \sum_{m=0}^{+\infty} [x(m)z^{-m}] - \sum_{m=0}^{M_0-1} [x(m)z^{-m}] \right\}$$

$$= z^{M_0} X(z) - z^{M_0} \sum_{m=0}^{M_0-1} [x(m)z^{-m}]$$

$M_0 \geq 1$ 时，展开得到序列左移 M_0 的单边 z 变换公式为：

$$x(n+M_0) \leftrightarrow z^{M_0} X(z) - [x(0)z^{M_0}+x(1)z^{M_0-1}+\cdots+x(M_0-1)z] \quad (2.1.13)$$

（4）z 域尺度变换（序列乘以指数序列）

设 $x(n) \leftrightarrow X(z)$，则：

$$a^n x(n) \leftrightarrow X\left(\frac{z}{a}\right) \tag{2.1.14}$$

证明：由 z 变换的定义，令被求序列为 $y(n)=a^n x(n)$，代入公式得：

$$Y(z) = \sum_{n=-\infty}^{+\infty} a^n x(n)z^{-n}$$

$$= \sum_{n=-\infty}^{+\infty} x(n)\left(\frac{z}{a}\right)^{-n} = X\left(\frac{z}{a}\right)$$

对比 z 变换公式可发现，上式中 $-n$ 次方的底数为 $\frac{z}{a}$，与原公式中的 z 相对应，因此得出所求序列 z 变换与原 z 变换的关系。

（5） z 域微分性质（序列乘以 n）

设 $x(n) \leftrightarrow X(z)$，则 $y(n) = nx(n)$ 的 z 变换为：

$$Y(z) = -z \frac{\mathrm{d}X(z)}{\mathrm{d}z}$$

此性质可简记为：

$$nx(n) \leftrightarrow -z \frac{\mathrm{d}X(z)}{\mathrm{d}z} \tag{2.1.15}$$

（6）序列卷积定理

设序列 $x(n)$、$h(n)$ 的 z 变换分别为 $X(z)$、$H(z)$，则序列 $y(n) = x(n) * h(n)$ 的 z 变换为：$Y(z) = X(z)H(z)$。

该性质可简记为：

$$x(n) * h(n) \leftrightarrow X(z)H(z) \tag{2.1.16}$$

需要说明的是，由于在计算有理多项式 $X(z)H(z)$ 时可能会发生零点、极点对消，$Y(z)$ 的收敛域可能改变，因表述起来比较烦琐，此处不做数学解析式定义。在具体计算过程中应注意计算利用不等式解计算新的收敛域。

（7）初值定理

设序列 $x(n)$ 为右边序列，其 z 变换为 $X(z)$，则其时域初值定理为：

$$x(0) = \lim_{z \to \infty} X(z) \tag{2.1.17}$$

（8）终值定理

设序列 $x(n)$ 为右边序列，其 z 变换为 $X(z)$。$X(z)$ 的极点具有以下特征：全部极点处于单位圆内（在单位圆上最多有一个一阶极点），则时域终值定理为：

$$\lim_{n \to \infty} x(n) = \lim_{z \to 1} [(z-1)X(z)] \tag{2.1.18}$$

$X(z)$ 作为复变量函数，还有一些与复变量有关的性质，这些性质引入计算会导致复杂度增加，因在实际应用中并不多见，在此不做推导。作为求解离散系统的工具，主要用其将时域递推关系的差分方程转换成 z 域关于 z 的有理分式，进行通分、约分、化简等计算。z 变换的性质如表 2-2 所示。

表 2-2　z 变换的性质

名称		时域(n)	$x(n) \leftrightarrow X(z)$	z 域(z)
定义		$x(n) = \frac{1}{2\pi \mathrm{j}} \oint X(z) z^{n-1} \mathrm{d}z$		$X(z) = \sum\limits_{n=-\infty}^{+\infty} x(n) z^{-n}$
线性		$ax(n) + bf(n)$		$aX(z) + bF(z)$
移位	双边	$x(n \pm N_0)$		$z^{\pm N_0} X(z)$
	单边	$x(n-N_0), N_0 > 0, n > 0$		$z^{-N_0} X(z) + z^{-N_0} \sum\limits_{m=-N_0}^{-1} [x(m)z^{-m}]$
		$x(n+M_0), M_0 > 0, n > 0$		$z^{M_0} X(z) - z^{M_0} \sum\limits_{m=0}^{M_0-1} [x(m)z^{-m}]$

名称	时域(n)	$x(n) \leftrightarrow X(z)$	z 域(z)
尺度变换	$a^n x(n)$		$X\left(\dfrac{z}{a}\right)$
序列乘以 n	$nx(n)$		$-z\dfrac{\mathrm{d}X(z)}{\mathrm{d}z}$
卷积定理	$x(n)*h(n)$		$X(z)H(z)$
序列反折	$x(-n)$		$X(z^{-1})$
部分和	$\displaystyle\sum_{m=-\infty}^{n} x(m)$		$\dfrac{z}{z-1}X(z)$
共轭	$x^*(n)$		$X^*(z^*)$
实部	$\mathrm{Re}[x(n)]$		$\dfrac{1}{2}[X(z)+X^*(z^*)]$
虚部	$\mathrm{Im}[x(n)]$		$\dfrac{1}{2}[X(z)-X^*(z^*)]$
初值定理	$x(0)=\lim\limits_{z\to\infty}X(z)$；$X(z)$为真分式，$x(n)$是右边序列		
终值定理	$x(\infty)=\lim\limits_{z\to1}[(z-1)X(z)]$；全部极点处于单位圆内（在单位圆上最多有一个一阶极点）		

注意：在应用性质时，$X(z)$ 的收敛域也会发生相应的变化，必须根据具体情况讨论，表中不做结论性描述。

2.1.4　z 反变换

已知序列的 z 变换 $X(z)$ 及其收敛域，求原序列 $x(n)$ 的过程称为 z 反变换，也可以称为逆 z 变换。由 z 变换的定义：

$$X(z) = \sum_{n=-\infty}^{+\infty} x(n)z^{-n}$$

可知上式中 $x(n)$ 相当于幂级数的系数，即求 $x(n)$ 需要用到围线积分的定义，根据复变函数理论和柯西公式，在 $X(z)$ 的收敛域内有 z 反变换公式如下：

$$x(n) = \frac{1}{2\pi\mathrm{j}} \oint_c X(z)z^{n-1}\mathrm{d}z \tag{2.1.19}$$

式中，积分为围线积分，是复变函数的一种积分应用。

求解 z 反变换的方法可以利用 z 变换的性质，观察 $X(z)$ 中典型序列及其各种运算后的有理多项式形式特点进而求解，也可以利用复变函数中的留数定理求解（留数法）；因为复变函数求解时对于阶数较高的情况求解比较麻烦，还可以采用部分分式展开法、幂级数法（长除法）等。以下主要介绍留数法、部分分式展开法和长除法的规则，然后通过例题介绍各种方法的解题思路和步骤。其他的方法，如公式法、利用 z 变换对表中的公式联合 z 变换性质求解等，在实际计算中可以根据经验灵活运用。

（1）留数法解 z 反变换

留数法的原理是围线积分中的留数定理。在实际应用中，当序列是右边序列时，积分路

径 c 是 $X(z)$ 收敛域中一条包含原点的逆时针方向的闭合围线，如图 2-4 所示，而 $X(z)$ 的收敛域 $|z|>R_+$ $[R_+$ 指 $X(z)$ 极点模的最大值]，则此围线包围了 $X(z)$ 的所有极点（在数学课本上称为奇点），这样就可以借助复变函数的留数定理，将式(2.1.19) 的积分表示为围线 c 内所有包含 $X(z)z^{-n}$ 的各极点的留数之和，即设 $X(z)z^{n-1}$ 有 k 个极点，有：

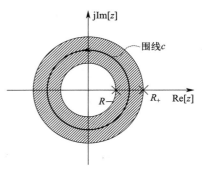

图 2-4 z 反变换的围线选择

$$x(n)=\frac{1}{2\pi\mathrm{j}}\oint_c X(z)z^{n-1}\mathrm{d}z=\{\sum_k \mathrm{Res}[X(z)z^{n-1}]_{z=p_k}\}$$

$$(2.1.20)$$

如果 $z=p_k$ 是单极点，则：

$$\mathrm{Res}[X(z)z^{n-1}]_{z=p_k}=(z-p_k)[X(z)z^{n-1}]|_{z=p_k} \qquad (2.1.21)$$

若 $z=p_k$ 是 N 重极点，则：

$$\mathrm{Res}[X(z)z^{n-1}]_{z=p_k}=\frac{1}{(N-1)!}\times\frac{d^{N-1}}{dz^{N-1}}\{(z-p_k)^N[X(z)z^{n-1}]\}|_{z=p_k} \quad (2.1.22)$$

式(2.1.22) 表明，当 $X(z)$ 有 N 重极点（即分母有 N 个相等重根）时，需要求 $N-1$ 次导，计算比较麻烦。

（2）部分分式展开法

一般来说，如果是实指数序列、阶跃序列等基本序列的 z 变换，在 $X(z)$ 中就会具有 $\dfrac{z}{z-a}$ 或者 $\dfrac{z}{z-1}$ 为主体的一阶有理多项式形式，部分分式展开法就是利用这个特点，先将复杂的高阶多项式部分分式展开为多项一阶最简分式之和，再求解各项对应的 z 反变换，并利用线性特性叠加得到原序列 $x(n)$。

部分分式展开法的步骤如下：

① 令 $X_1(z)=\dfrac{X(z)}{z}$，将 $X_1(z)$ 部分分式展开（这样可以保证展开后分子有一个 z）；

② 设 $X_1(z)$ 的分母可以因式分解为 $(z-p_2)(z-p_2)\cdots$，则根据有理分式部分分式展开法，可以将 $X_1(z)$ 分解成分母为单次因式相加的形式；

③ $X(z)=zX_1(z)$，利用基本 z 变换对各项分别进行反变换得到相应的序列；

④ 根据线性特性，整理该时域表达式即可得到反变换序列 $x(n)$。

【例 2.1.6】 已知序列 $X(z)$ 如下，求其反变换 $x(n)$。

$$X(z)=\frac{1-\frac{1}{3}z^{-1}}{1+z^{-1}-2z^{-2}}, \quad |z|>2$$

解：解法一，采用留数法求解。

先求留数式 $X(z)z^{n-1}$，一般将分子分母同时乘以 z^2，将其转换成关于 z 的正幂形式较好化简。

$$X(z)z^{n-1}=\frac{z^2-\frac{1}{3}z}{z^2+z-2}z^{n-1}=\frac{z-\frac{1}{3}}{z^2+z-2}z^n \tag{2.1.23}$$

式(2.1.23)中，当 $n\geqslant0$ 时，分母可以分解成 $(z-1)(z+2)$ 两个因式，所以有两个极点 $p_1=1$，$p_2=-2$，分别求出两个极点的留数：

$$\mathrm{Res}[X(z)z^{n-1}]_{z=p_1}=(z-1)\left[\frac{z-\frac{1}{3}}{z^2+z-2}z^n\right]\Bigg|_{z=1}=\frac{2}{9}$$

$$\mathrm{Res}[X(z)z^{n-1}]_{z=p_2}=(z+2)\left[\frac{z-\frac{1}{3}}{z^2+z-2}z^n\right]\Bigg|_{z=-2}=\frac{7}{9}(-2)^n$$

将两个留数相加即可得到所求序列为：

$$x(n)=\left[\frac{2}{9}+\frac{7}{9}(-2)^n\right]u(n)$$

上式中，用乘以 $u(n)$ 表示之前讨论的定义域 $n\geqslant0$。

解法二，用部分分式展开法求解，令：

$$X_1(z)=\frac{X(z)}{z}=\frac{z-\frac{1}{3}}{z^2+z-2}$$

对 $X_1(z)$ 部分分式展开：

$$X_1(z)=\frac{z-\frac{1}{3}}{(z-1)(z+2)}=\frac{K_1}{z-1}+\frac{K_2}{z+2}$$

由部分分式展开系数公式求出两个系数的值（因此处自变量为 z，用 z 替换原公式中的 x），得：

$$K_1=(z-p_1)X_1(z)\big|_{z=p_1}=(z-1)\frac{z-\frac{1}{3}}{(z-1)(z+2)}\Bigg|_{z=1}=\frac{2}{9}$$

$$K_2=(z-p_2)X_1(z)\big|_{z=p_2}=(z+2)\frac{z-\frac{1}{3}}{(z-1)(z+2)}\Bigg|_{z=-2}=\frac{7}{9}$$

所以：

$$X_1(z)=\frac{\frac{2}{9}}{z-1}+\frac{\frac{7}{9}}{z+2}$$

由于之前设 $X_1(z)=\frac{X(z)}{z}$，此时需还原出 $X(z)$：

$$X(z)=zX_1(z)=\frac{\frac{2}{9}z}{z-1}+\frac{\frac{7}{9}z}{z+2}$$

上述两项都是基本的 z 变换对，应用公式 $a^n u(n) \leftrightarrow \dfrac{z}{z-a}$，$u(n) \leftrightarrow \dfrac{z}{z-1}$ 容易求得：

$$x(n) = \left[\frac{2}{9} + \frac{7}{9}(-2)^n \right] u(n)$$

（3）幂级数展开法

z 变换的定义式就是一个幂级数表达式，其中序列值 $x(n)$ 是 z^{-n} 的系数。因此，如果 $X(z)$ 是下列形式的幂级数：

$$X(z) = \sum_{n=-\infty}^{+\infty} x(n) z^{-n}$$

将和式展开得到：

$$X(z) = \cdots + x(-2)z^2 + x(-1)z + x(0) + x(1)z^{-1} + x(2)z^{-2} + \cdots \quad (2.1.24)$$

$x(-2)$、$x(-1)$、$\cdots$ 可看成幂级数的系数，则可通过求 z^{-1} 的相应幂级数系数来确定序列的值。这种方法可能没有提供近似的解的闭合表达式，但是对于 $X(z)$ 是较复杂的有限长序列时非常有用。

z 反变换的幂级数表示法可以在已知 $X(z)$ 的有理分式的情况下，用长除法获得。

【例 2.1.7】 利用幂级数展开法，求下列 $X(z)$ 的反变换。

① $X(z) = \dfrac{z}{2z^2 - 3z + 1}$，$|z| < \dfrac{1}{2}$
② $X(z) = \dfrac{z}{2z^2 - 3z + 1}$，$|z| > 1$

解：观察题干，要求的两个 $X(z)$ 表达式相同，易知 $X(z)$ 有两个极点为 $p_1 = \dfrac{1}{2}$，$p_2 = 1$，不同收敛域意味着对应序列的定义域情况不同，分别求解如下。

① 因为收敛域是 $|z| < \dfrac{1}{2}$，对应的序列是左边序列，因此在做长除法时，应得到关于 z 的升幂形式，需按以下形式长除：

$$
\begin{array}{r}
z + 3z^2 + 7z^3 + 15z^4 + \cdots \\
1 - 3z + 2z^2 \overline{\smash{\big)}\, z } \\
\underline{z - 3z^2 + 2z^3 } \\
3z^2 - 2z^3 \\
\underline{3z^2 - 9z^3 + 6z^4 } \\
7z^3 - 6z^4 \\
\underline{7z^3 - 21z^4 + 14z^5 } \\
15z^4 - 14z^5 \cdots
\end{array}
$$

所以有 $X(z) = z + 3z^2 + 7z^3 + 15z^4 + \cdots$

由定义式可知，序列的集合形式可表示为 $x(n) = \{ \cdots 15, 7, 3, 1, \underline{0} \}$。因为是左边序列，

序列有效值是从 $n<0$ 即 $n\leqslant-1$ 项开始的，$n=0$ 对应的值为零。也可以利用 z 变换的移位特性，反变换得到用单位脉冲序列表示的解析式：$x(n)=\delta(n+1)+3\delta(n+2)+7\delta(n+3)+\cdots$

② 收敛域是 $|z|>1$，对应的序列是右边序列，因此在做长除法时，应得到关于 z 的降幂形式，所以按以下形式长除：

$$\frac{1}{2}z^{-1}+\frac{3}{4}z^{-2}+\frac{7}{8}z^{-3}+\cdots$$

$$2z^2-3z+1\sqrt{z}$$

$$\underline{z-\frac{3}{2}+\frac{1}{2}z^{-1}}$$

$$\frac{3}{2}-\frac{1}{2}z^{-1}$$

$$\underline{\frac{3}{2}-\frac{9}{4}z^{-1}+\frac{3}{4}z^{-2}}$$

$$\frac{7}{4}z^{-1}-\frac{3}{4}z^{-2}$$

$$\underline{\frac{7}{4}z^{-1}-\frac{21}{8}z^{-2}+\frac{7}{8}z^{-3}}$$

$$\cdots$$

所以有：

$$X(z)=\frac{1}{2}z^{-1}+\frac{3}{4}z^{-2}+\frac{7}{8}z^{-3}+\cdots$$

由定义式可知，序列的集合形式可表示为 $x(n)=\left\{\underline{0},\ \frac{1}{2},\ \frac{3}{4},\ \frac{7}{8},\ \cdots\right\}$，用单位脉冲序列表示为：

$$x(n)=\frac{1}{2}\delta(n-1)+\frac{3}{4}\delta(n-2)+\frac{7}{8}\delta(n-3)+\cdots$$

2.1.5 离散 LTI 系统的 z 域分析

由于实际系统是物理可实现的，在离散 LTI 系统中，输入序列是右边序列，而输出则是带有左边有限个初始状态的右序列。由于这样的现实，应用 z 变换解差分方程只适用单边 z 变换。单边 z 变换可以将系统的初始状态自然地包含在 z 域函数方程中，方便分别求解零输入、零状态响应，也可以直接求出全响应。

当差分方程分别表示为下列前向差分和后向差分两种形式时，需要用右边序列左移和右边序列右移性质的公式。

① 设离散 LTI 系统的输入输出方程由常系数差分方程描述为后向差分形式，即：

$$\sum_{i=0}^{N}a_iy(n-i)=\sum_{i=0}^{M}b_ix(n-i) \tag{2.1.25}$$

式中，a_i、b_i 均为实常数，$x(n)$ 是在 $n=0$ 时刻接入系统 $[x(-1)=x(-2)=\cdots=0$，系统初始状态为 $y(-1)$，$y(-2)$，$\cdots$，$y(-N)]$，则令 z 变换对：$x(n)\leftrightarrow X(z)$，$y(n)\leftrightarrow Y(z)$，根据单边 z 变换右边序列右移公式，即：

$$y(n-i)\leftrightarrow z^{-i}Y(z)+y(-i)+y(-i+1)z^{-1}+\cdots+y(-1)z^{1-i} \qquad (2.1.26)$$

以 $i=1$、$i=2$ 为例，在解差分方程中常见的 z 变换对为：

$$\begin{cases} y(n-1)\leftrightarrow z^{-1}Y(z)+y(-1) \\ y(n-2)\leftrightarrow z^{-2}Y(z)+y(-2)+y(-1)z^{-1} \\ y(n-3)\leftrightarrow z^{-3}Y(z)+y(-3)+y(-2)z^{-1}+y(-1)z^{-2} \end{cases} \qquad (2.1.27)$$

而 $x(-1)=x(-2)=\cdots=0$，所以有：

$$\begin{cases} x(n-1)\leftrightarrow z^{-1}X(z) \\ x(n-2)\leftrightarrow z^{-2}X(z) \\ x(n-3)\leftrightarrow z^{-3}X(z) \end{cases} \qquad (2.1.28)$$

② 设离散 LTI 系统的输入输出方程由常系数差分方程描述为前向差分形式：

$$\sum_{i=0}^{N}a_iy(n+i)=\sum_{i=0}^{M}b_ix(n+i)$$

根据单边 z 变换右边序列左移公式：

$$y(n+i)\leftrightarrow z^iY(z)-[y(i-1)+y(i-2)z+\cdots+y(0)z^{i-1}] \qquad (2.1.29)$$

以 $i=1,2,3$ 为例，在解差分方程中常见的 z 变换公式为：

$$\begin{cases} y(n+1)\leftrightarrow zY(z)-zy(0) \\ y(n+2)\leftrightarrow z^2Y(z)-z^2y(0)-zy(1) \\ y(n+3)\leftrightarrow z^3Y(z)-z^3y(0)-z^2y(1)-zy(2) \end{cases} \qquad (2.1.30)$$

【例 2.1.8】 若描述离散 LTI 因果系统的差分方程为：

$$y(n)-y(n-1)-2y(n-2)=x(n)+2x(n-2)$$

已知 $y(-1)=2$，$y(-2)=-\dfrac{1}{2}$，$x(n)=u(n)$，利用 z 变换法求解系统的全响应 $y(n)$。

解：令 $x(n)\leftrightarrow X(z)$，$y(n)\leftrightarrow Y(z)$，差分方程两边 z 变换得：

$$Y(z)-[z^{-1}Y(z)+y(-1)]-2[z^{-2}Y(z)+y(-2)+y(-1)z^{-1}]=X(z)+2z^{-2}X(z)$$

整理得：

$$(1-z^{-1}-2z^{-2})Y(z)-(1+2z^{-1})y(-1)-2y(-2)=(1+2z^{-2})X(z)$$

可见经过 z 变换，差分方程变为代数方程，除了 $Y(z)$，其他都是已知的，代入已知条件，包括 $X(z)=\dfrac{z}{z-1}$，将 $Y(z)$ 保留在等式的左边，得到：

$$Y(z)=\frac{z^2+4z}{z^2-z-2}+\frac{z^2+2}{z^2-z-2}\times\frac{z}{z-1}$$

$$=\frac{z(2z^2+3z-2)}{(z-2)(z+1)(z-1)}$$

令 $Y_1(z) = \dfrac{Y(z)}{z} = \dfrac{(2z^2+3z-2)}{(z-2)(z+1)(z-1)}$，有三个极点 $p_1=2$，$p_2=-1$，$p_3=1$，

对 $Y_1(z)$ 部分分式展开：

$$Y_1(z) = \frac{K_1}{(z-2)} + \frac{K_2}{(z+1)} + \frac{K_3}{(z-1)}$$

$$K_1 = (z-p_1)Y_1(z)\big|_{z=p_1} = (z-2)\frac{(2z^2+3z-2)}{(z-2)(z+1)(z-1)}\bigg|_{z=2} = 4$$

$$K_2 = (z-p_2)Y_1(z)\big|_{z=p_2} = (z+1)\frac{(2z^2+3z-2)}{(z-2)(z+1)(z-1)}\bigg|_{z=-1} = -\frac{1}{2}$$

$$K_3 = (z-p_3)Y_1(z)\big|_{z=p_3} = (z-1)\frac{(2z^2+3z-2)}{(z-2)(z+1)(z-1)}\bigg|_{z=1} = -\frac{3}{2}$$

还原 $Y(z)$ 代入系数得到：

$$Y(z) = \frac{4z}{(z-2)} + \frac{-\dfrac{1}{2}z}{(z+1)} + \frac{-\dfrac{3}{2}z}{(z-1)}$$

z 反变换得：

$$y(n) = \left[4(2)^n - \frac{1}{2}(-1)^n - \frac{3}{2}\right]u(n)$$

2.2 序列傅里叶变换（DTFT）

离散序列傅里叶变换（Discrete-Time Fourier Transform，DTFT）是序列频谱分析的基础，本节主要讨论非周期序列的傅里叶变换的相关内容。

2.2.1 序列傅里叶变换（DTFT）的定义

在序列 z 变换中定义了复变量 $z=r\mathrm{e}^{\mathrm{j}\omega}$，即 z 有模 r 和辐角 ω 两个变量，令 $r=1$ 可以得到一般离散序列 $x(n)$ 序列的傅里叶变换的定义如下：

$$X(\mathrm{e}^{\mathrm{j}\omega}) = \sum_{n=-\infty}^{+\infty} x(n)\mathrm{e}^{-\mathrm{j}\omega n} \tag{2.2.1}$$

$X(\mathrm{e}^{\mathrm{j}\omega})$ 为序列 $x(n)$ 的傅里叶变换，可用序列 DTFT 表示。序列 DTFT 存在的充分条件是 $x(n)$ 满足绝对可和条件，即：

$$\sum_{n=-\infty}^{+\infty} |x(n)| < +\infty \tag{2.2.2}$$

下面通过求解实指数序列的傅里叶变换来讨论满足序列傅里叶变换条件的问题。

【例 2.2.1】 求单边实指数序列 $x(n)=a^nu(n)$ $(0<a<1)$ 的 DTFT。

解:

$$X(e^{j\omega})=\sum_{n=-\infty}^{+\infty}a^nu(n)e^{-j\omega n}=\sum_{n=0}^{+\infty}a^ne^{-j\omega n}$$

$$=\sum_{n=0}^{+\infty}(ae^{-j\omega})^n$$

上式可看成公比为 $ae^{-j\omega}$ 的等比数列求和,只有当 $|ae^{-j\omega}|<1$ 时,序列可和,其和即序列 $x(n)=a^nu(n)$ 的傅里叶变换:

$$X(e^{j\omega})=\frac{1}{1-ae^{-j\omega}}$$

【例 2.2.2】 设 $x(n)$ 为矩形序列,N 为有限整数。

$$x(n)=R_N(n)$$

① 求 $x(n)$ 的 DTFT;

② 令 $N=4$,分别画出 $R_4(n)$ 的幅频特性和相频特性图。

解: ① 由 DTFT 的公式可得:

$$X(e^{j\omega})=\sum_{n=-\infty}^{+\infty}R_N(n)e^{-j\omega n}$$

$$=\sum_{n=0}^{N-1}e^{-j\omega n}=\frac{1-e^{-j\omega N}}{1-e^{-j\omega}}$$

$$=e^{-j(N-1)\frac{\omega}{2}}\frac{\sin\dfrac{\omega N}{2}}{\sin\dfrac{\omega}{2}}$$

② 观察上式可知,这是一个指数形式的复数,其幅频特性(模)和相频特性(辐角)为:

$$|X(e^{j\omega})|=\left|\frac{\sin\dfrac{\omega N}{2}}{\sin\dfrac{\omega}{2}}\right|$$

$$\varphi(\omega)=-\frac{N-1}{2}\omega$$

所以当 $N=4$ 时,有:

$$|X(e^{j\omega})|=\left|\frac{\sin(2\omega)}{\sin\dfrac{\omega}{2}}\right| \tag{2.2.3}$$

$$\varphi(\omega)=-\frac{3}{2}\omega \tag{2.2.4}$$

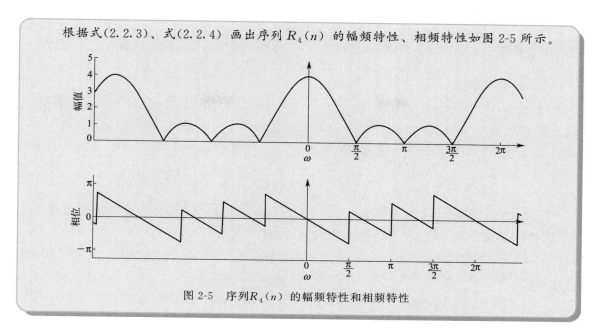

根据式(2.2.3)、式(2.2.4) 画出序列 $R_4(n)$ 的幅频特性、相频特性如图 2-5 所示。

图 2-5　序列 $R_4(n)$ 的幅频特性和相频特性

为了查找方便，表 2-3 总结了常用序列傅里叶变换对。

表 2-3　常用序列傅里叶变换对

序号	序列	序列傅里叶变换（DTFT）
1	$\delta(n)$	1
2	$a^n u(n), 0 < a < 1$	$\dfrac{1}{1 - a\mathrm{e}^{-\mathrm{j}\omega}}$
3	$R_N(n)$	$\mathrm{e}^{-\mathrm{j}(N-1)\frac{\omega}{2}} \dfrac{\sin\dfrac{\omega N}{2}}{\sin\dfrac{\omega}{2}}$
4	$u(n)$	$\dfrac{1}{1 - a\mathrm{e}^{-\mathrm{j}\omega}} + \displaystyle\sum_{k=-\infty}^{+\infty} \pi\delta(\omega - 2\pi k)$
5	$x(n) = 1 = \{\cdots 1, \underline{1}, 1, 1 \cdots\}$	$2\pi \displaystyle\sum_{k=-\infty}^{+\infty} \delta(\omega - 2\pi k)$
6	$\mathrm{e}^{\mathrm{j}\omega_0 n}, \omega_0 \in [-\pi, \pi]$	$2\pi \displaystyle\sum_{k=-\infty}^{+\infty} \delta(\omega - \omega_0 - 2\pi k)$
7	$\cos(\omega_0 n), \omega_0 \in [-\pi, \pi]$	$\pi \displaystyle\sum_{l=-\infty}^{+\infty} [\delta(\omega - \omega_0 - 2\pi l) + \delta(\omega + \omega_0 - 2\pi l)]$
8	$\sin(\omega_0 n), \omega_0 \in [-\pi, \pi]$	$-\mathrm{j}\pi \displaystyle\sum_{l=-\infty}^{+\infty} [\delta(\omega - \omega_0 - 2\pi l) + \delta(\omega - \omega_0 - 2\pi l)]$
9	$\dfrac{\omega_c}{\pi}\mathrm{Sa}(\omega_c n)$	$G_{2\omega_c}(\mathrm{e}^{\mathrm{j}\omega}) = \begin{cases} 1 & \vert\omega\vert < \omega_c \\ 0 & \omega_c < \vert\omega\vert < \pi \end{cases}$

2.2.2　序列傅里叶变换（DTFT）的性质

在序列傅里叶变换 DTFT 的性质中，大部分基本性质和定理是与 z 变换性质类似的，可以参考 z 变换性质的证明方法证明这些性质。另外，由于 z 变换应用时将自变量 z 作为一个有理变量进行有理式的计算，忽略了其复数特性。但是在序列傅里叶变换中，复变量 $e^{j\omega}$ 的复数特性带来了很多与复数相关的对称性，是分析序列频谱特性的重要内容。

（1）基本性质

1）周期性

由于 $X(e^{j\omega})$ 是以虚指数函数 $e^{j\omega}$ 为自变量的，虚指数函数具有周期性，即 $e^{j\omega} = e^{j(\omega+2k\pi)}$，所以对于序列傅里叶变换公式有：

$$X(e^{j\omega}) = \sum_{n=-\infty}^{+\infty} x(n)e^{-j\omega n} = \sum_{n=-\infty}^{+\infty} x(n)e^{-j(\omega+2k\pi)n} = X(e^{j(\omega+2k\pi)}) \tag{2.2.5}$$

上式表明，$X(e^{j\omega})$ 的波形以 $\omega=2\pi$ 的整数倍为周期重复，所以在对序列做频谱分析时，一般只需要得到 $\omega \in [0, 2\pi]$ 范围内的频谱波形即可。

2）线性

设序列的傅里叶变换分别为 $x_1(n) \leftrightarrow X_1(e^{j\omega})$，$x_2(n) \leftrightarrow X_2(e^{j\omega})$，则：

$$ax_1(n) + bx_2(n) \leftrightarrow aX_1(e^{j\omega}) + bX_2(e^{j\omega}) \tag{2.2.6}$$

式中，a、b 为常数，可参考 z 变换线性特性证明来证明。

3）尺度变换特性

$$a^n x(n) \leftrightarrow X\left(\frac{1}{a}e^{j\omega}\right) \tag{2.2.7}$$

4）序列移位

$$x(n-N_0) \leftrightarrow e^{-j\omega N_0} X(e^{j\omega}) \tag{2.2.8}$$

5）频移特性（序列乘以虚指数序列）

$$e^{j\omega_0 n}x(n) \leftrightarrow X(e^{j(\omega-\omega_0)}) \tag{2.2.9}$$

6）时域卷积

$$x_1(n) * x_2(n) \leftrightarrow X_1(e^{j\omega})X_2(e^{j\omega}) \tag{2.2.10}$$

（2）对称特性

1）序列反折

设序列 $x(n) \leftrightarrow X(e^{j\omega})$，则有：

$$x(-n) \leftrightarrow X(e^{-j\omega}) \tag{2.2.11}$$

2）复序列的共轭对称性

设序列 $x(n)$ 为复序列，其傅里叶变换为 $x(n) \leftrightarrow X(e^{j\omega})$，则：

$$x^*(n) \leftrightarrow X^*(e^{-j\omega}) \tag{2.2.12}$$

$$x^*(-n) \leftrightarrow X^*(e^{j\omega}) \tag{2.2.13}$$

3）共轭对称序列与共轭反对称序列的傅里叶变换

① 共轭对称序列　与一般复序列定义不同，共轭对称序列是指序列具有以下对称性的序列：

$$x_e(n) = x_e^*(-n) \tag{2.2.14}$$

其中，$\mathrm{Re}[x_e(n)] = \mathrm{Re}[x_e(-n)]$，而 $\mathrm{Im}[x_e(n)] = -\mathrm{Im}[x_e(-n)]$。

即共轭对称序列 $x_e(n)$ 的实部是偶对称，虚部是奇对称。

② 共轭反对称序列　共轭反对称序列具有以下特性：

$$x_o(n) = -x_o^*(-n) \tag{2.2.15}$$

其中，$\mathrm{Re}[x_o(n)] = -\mathrm{Re}[x_o(-n)]$，而 $\mathrm{Im}[x_o(n)] = \mathrm{Im}[x_o(-n)]$。

即共轭反对称序列的实部是奇对称，虚部为偶对称。

若任意序列 $x(n) = x_e(n) + x_o(n)$，则：

$$X(\mathrm{e}^{\mathrm{j}\omega}) = X_e(\mathrm{e}^{\mathrm{j}\omega}) + X_o(\mathrm{e}^{\mathrm{j}\omega}) \tag{2.2.16}$$

并由共轭对称序列和共轭反对称序列的实部虚部奇偶虚实性可得：

$$X_e(\mathrm{e}^{\mathrm{j}\omega}) = \frac{1}{2}[X(\mathrm{e}^{\mathrm{j}\omega}) + X^*(\mathrm{e}^{\mathrm{j}\omega})] \tag{2.2.17}$$

$$X_o(\mathrm{e}^{\mathrm{j}\omega}) = \frac{1}{2}[X(\mathrm{e}^{\mathrm{j}\omega}) - X^*(\mathrm{e}^{\mathrm{j}\omega})] \tag{2.2.18}$$

$$x(n) = \mathrm{Re}[x(n)] + \mathrm{j}\mathrm{Im}[x(n)] \Rightarrow \begin{cases} \mathrm{Re}[x(n)] \leftrightarrow X_e(\mathrm{e}^{\mathrm{j}\omega}) \\ \mathrm{j}\mathrm{Im}[x(n)] \leftrightarrow X_o(\mathrm{e}^{\mathrm{j}\omega}) \end{cases} \tag{2.2.19}$$

$$x(n) = x_e(n) + x_o(n) \Rightarrow \begin{cases} x_e(n) \leftrightarrow \mathrm{Re}[X(\mathrm{e}^{\mathrm{j}\omega})] \\ x_o(n) \leftrightarrow \mathrm{j}\mathrm{Im}[X(\mathrm{e}^{\mathrm{j}\omega})] \end{cases} \tag{2.2.20}$$

特别地，如果 $x(n)$ 为实序列，$x(n) = x^*(n)$，则 $x(n) = x_e(n) + x_o(n)$ 相当于将序列分解成奇偶分量之和，利用函数的各种对称性可以方便地求得其傅里叶变换。序列傅里叶变换的性质如表 2-4 所示。

表 2-4　序列傅里叶变换的性质

	名称	时域(n) $\qquad\qquad x(n) \leftrightarrow X(\mathrm{e}^{\mathrm{j}\omega})$	频域($\mathrm{e}^{\mathrm{j}\omega}$)
一般性质	定义	$x(n) = \dfrac{1}{2\pi}\displaystyle\int_{-\pi}^{\pi} X(\mathrm{e}^{\mathrm{j}\omega})\mathrm{e}^{\mathrm{j}\omega n}\mathrm{d}\omega$	$X(\mathrm{e}^{\mathrm{j}\omega}) = \displaystyle\sum_{n=-\infty}^{+\infty} x(n)\mathrm{e}^{-\mathrm{j}\omega n}$
	线性	$ax_1(n) + bx_2(n)$	$aX_1(\mathrm{e}^{\mathrm{j}\omega}) + bX_2(\mathrm{e}^{\mathrm{j}\omega})$
	移位特性	$x(n - n_0)$	$\mathrm{e}^{-\mathrm{j}\omega n_0} X(\mathrm{e}^{\mathrm{j}\omega})$
	频移特性	$\mathrm{e}^{\mathrm{j}\omega_0 n} x(n)$	$X(\mathrm{e}^{\mathrm{j}(\omega - \omega_0)})$
	时域卷积定理	$x_1(n) * x_2(n)$	$X_1(\mathrm{e}^{\mathrm{j}\omega}) X_2(\mathrm{e}^{\mathrm{j}\omega})$
	时域相乘	$x_1(n) x_2(n)$	$\dfrac{1}{2\pi}\displaystyle\int_{-\pi}^{\pi} X_1(\mathrm{e}^{\mathrm{j}\theta}) X_2(\mathrm{e}^{\mathrm{j}(\omega-\theta)})\mathrm{d}\theta$
	线性加权（频域微分）	$nx(n)$	$\mathrm{j}\dfrac{\mathrm{d}}{\mathrm{d}\omega}X(\mathrm{e}^{-\mathrm{j}\omega})$
	累加和	$\displaystyle\sum_{m=-\infty}^{n} x(m)$	$\pi X(0)\delta(\omega) + \dfrac{1}{1-\mathrm{e}^{-\mathrm{j}\omega}}X(\mathrm{e}^{\mathrm{j}\omega})$
	能量定理	$\displaystyle\sum_{n=-\infty}^{+\infty} |x(n)|^2$	$\dfrac{1}{2\pi}\displaystyle\int_{-\pi}^{\pi} |X(\mathrm{e}^{\mathrm{j}\omega})|^2 \mathrm{d}\omega$
对称特性	奇偶虚实	$\mathrm{Re}[x(n)] + \mathrm{j}\mathrm{Im}[x(n)]$	$\begin{cases} \mathrm{Re}[x(n)] \leftrightarrow X_e(\mathrm{e}^{\mathrm{j}\omega}) \\ \mathrm{j}\mathrm{Im}[x(n)] \leftrightarrow X_o(\mathrm{e}^{\mathrm{j}\omega}) \end{cases}$
		$x_e(n) + x_o(n)$	$\begin{cases} x_e(n) \leftrightarrow \mathrm{Re}[X(\mathrm{e}^{\mathrm{j}\omega})] \\ x_o(n) \leftrightarrow \mathrm{j}\mathrm{Im}[X(\mathrm{e}^{\mathrm{j}\omega})] \end{cases}$
	序列反折	$x(-n)$	$X(\mathrm{e}^{-\mathrm{j}\omega})$
	序列共轭	$x^*(n)$	$X^*(\mathrm{e}^{-\mathrm{j}\omega})$

2.2.3 序列傅里叶反变换（IDTFT）

对于序列傅里叶变换公式

$$X(\mathrm{e}^{\mathrm{j}\omega}) = \sum_{n=-\infty}^{+\infty} x(n)\mathrm{e}^{-\mathrm{j}\omega n}$$

等式两边同时乘以 $\mathrm{e}^{\mathrm{j}\omega m}$ 并取区间 $[-\pi,\ \pi]$ 积分得：

$$\int_{-\pi}^{\pi} X(\mathrm{e}^{\mathrm{j}\omega})\mathrm{e}^{\mathrm{j}\omega m}\,\mathrm{d}\omega = \int_{-\pi}^{\pi}\Big[\sum_{n=-\infty}^{+\infty} x(n)\mathrm{e}^{-\mathrm{j}\omega n}\Big]\mathrm{e}^{\mathrm{j}\omega m}\,\mathrm{d}\omega$$

由于等号右边和式求和变量 n 和序列 $x(n)$ 都不含积分变量 ω，根据级数理论，可将求和移到积分外，得到：

$$\int_{-\pi}^{\pi} X(\mathrm{e}^{\mathrm{j}\omega})\mathrm{e}^{\mathrm{j}\omega m}\,\mathrm{d}\omega = \sum_{n=-\infty}^{+\infty} x(n)\int_{-\pi}^{\pi}\mathrm{e}^{-\mathrm{j}\omega(n-m)}\,\mathrm{d}\omega \tag{2.2.21}$$

又因为：

$$\int_{-\pi}^{\pi} \mathrm{e}^{-\mathrm{j}\omega(n-m)}\,\mathrm{d}\omega = \begin{cases} 2\pi & n=m \\ 0 & n\neq m \end{cases} = 2\pi\delta(m-n)$$

则式（2.2.21）可写成：

$$\int_{-\pi}^{\pi} X(\mathrm{e}^{\mathrm{j}\omega})\mathrm{e}^{\mathrm{j}\omega m}\,\mathrm{d}\omega = 2\pi\sum_{n=-\infty}^{+\infty} x(n)\delta(m-n) = 2\pi x(m)*\delta(m) = 2\pi x(m)$$

将 m 换成 n，并在等式两边同时除以 2π，可得傅里叶反变换公式为：

$$x(n) = \frac{1}{2\pi}\int_{-\pi}^{\pi} X(\mathrm{e}^{\mathrm{j}\omega})\mathrm{e}^{\mathrm{j}\omega n}\,\mathrm{d}\omega \tag{2.2.22}$$

从式（2.2.22）可以看出，$X(\mathrm{e}^{\mathrm{j}\omega})$ 虽然是离散序列的傅里叶变换，但它自身具有连续函数的特性，即 $\mathrm{d}\omega$ 是频率的无穷小量，是用积分计算而不是正变换中用到的求和运算。

2.2.4 采样序列的傅里叶变换

序列傅里叶变换 $X(\mathrm{e}^{\mathrm{j}\omega})$ 的自变量是一个复变量，是关于数字频率 ω 的函数，而连续信号的傅里叶变换 $X(\Omega)$ 是关于模拟角频率的函数。本节将通过分析采样信号及其频谱总结序列傅里叶变换与连续非周期信号傅里叶变换的关系。

（1）采样信号的傅里叶变换

在信号与系统中，定义时域连续非周期信号的傅里叶变换公式为：

$$X(\Omega) = \int_{-\infty}^{+\infty} x(t)\mathrm{e}^{-\mathrm{j}\Omega t}\,\mathrm{d}t$$

一个理想采样信号是由时域信号 $x_a(t)$ 与理想采样信号 $p(t)$ 相乘得到的，即：

$$\hat{x}_a(t) = x_a(t)p(t)$$

令 $\hat{x}_a(t)$ 的傅里叶变换为 $\hat{X}_a(\Omega)$，$x_a(t)$ 的傅里叶变换为 $X_a(\Omega)$，$p(t)$ 的傅里叶变换为 $P(\Omega)$，由连续时间非周期信号傅里叶变换的频域卷积定理，有：

$$\hat{X}_a(\Omega) = \frac{1}{2\pi} X_a(\Omega) * P(\Omega) \tag{2.2.23}$$

因为 $p(t) = \sum\limits_{n=-\infty}^{+\infty} \delta(t - nT_s)$，是一个时域周期为 T_s 的周期冲激串，其傅里叶变换也是一个频域的周期冲激串，即：

$$P(\Omega) = \frac{2\pi}{T_s} \sum_{k=-\infty}^{+\infty} \delta(\Omega - k\Omega_s)$$

上式代入式 (2.2.23) 得：

$$\hat{X}_a(\Omega) = \frac{1}{2\pi} X_a(\Omega) * \frac{2\pi}{T_s} \sum_{k=-\infty}^{+\infty} \delta(\Omega - k\Omega_s)$$

式中，Ω_s 是采样角频率，$\Omega_s = \frac{2\pi}{T_s} = 2\pi f_s$，则由冲激函数的卷积特性可得：

$$\hat{X}_a(\Omega) = \frac{1}{T_s} \sum_{k=-\infty}^{+\infty} X_a(\Omega - k\Omega_s) \tag{2.2.24}$$

上式表明采样信号的傅里叶变换是由原时域连续非周期信号的频谱 $X_a(\Omega)$ 以 Ω_s 为周期，周期延拓得到的。注意：这里的周期延拓是频域的延拓，是以频率 Ω_s 为间隔频谱函数不断重复，类似于频谱搬移，只不过搬移的次数比普通频移要多，也称为频域的周期延拓。

（2）采样定理的频域分析

通过采样后序列的傅里叶变换与原时域函数频谱之间的关系来分析。

由图 2-6（a）可知，一个时域连续非周期信号的傅里叶变换具有带限特性，即 $|\Omega| < \Omega_m$，其中正频率部分只有 Ω_m，称为信号的带宽。当它以采样频率 Ω_s 为周期进行周期延拓时，其实也就相当于搬移到了 $k\Omega_s$ 为中心频率的位置，此时，负半周频谱也就体现出来了。在图 2-6（b）中可以看到，如果 $\Omega_s \geqslant 2\Omega_m$，则每个频谱之间不会重叠。如果 $\Omega_s < 2\Omega_m$，则如图 2-7 所示，频谱之间就会出现重叠，这种情况称为混叠失真。

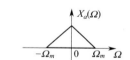

(a) 原时域连续非周期信号的频谱

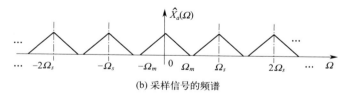

(b) 采样信号的频谱

图 2-6　原信号频谱与采样信号频谱示意图

由于对采样信号的恢复一般是通过低通滤波器实现的，当频谱之间出现混叠失真后就不能完整恢复其波形。

采样定理的角频率形式也可以转换成频率形式，即采样定理也可以表述为 $f_s \geqslant 2f_m$，这是工程应用中采样定理更一般的形式，相应地，将采样频率 $2f_m$ 称为奈奎斯特频率。

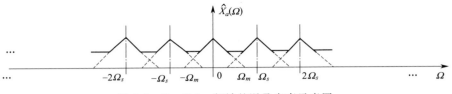

图 2-7　$\Omega_s < 2\Omega_m$ 频域的混叠失真示意图

（3）序列的傅里叶变换与连续非周期信号傅里叶变换的关系

离散序列和连续信号是两类不同的信号，其傅里叶变换也不同。

根据以上介绍的模拟角频率与数字频率的区别，可知序列傅里叶变换 $X(e^{j\omega})$ 是与数字频率相关的频域函数，而连续非周期信号傅里叶变换 $X(\Omega)$ 是以模拟角频率 Ω 为自变量的频域函数。

如果时域离散序列是从连续时间信号采样得到的，它们之间就会存在一定的联系。下面推导一下这个关系。

采样信号的时域表示为：

$$\hat{x}_a(t) = \sum_{n=-\infty}^{+\infty} x_a(nT_s)\delta(t - nT_s)$$

直接对采样信号傅里叶变换得：

$$\begin{aligned}
\hat{X}_a(\Omega) &= \int_{-\infty}^{+\infty} \Big[\sum_{n=-\infty}^{+\infty} x_a(nT_s)\delta(t - nT_s) \Big] e^{-j\Omega t}\, dt \\
&= \sum_{n=-\infty}^{+\infty} x_a(nT_s)\int_{-\infty}^{+\infty} \big[\delta(t - nT_s) e^{-j\Omega t}\, dt \big] \\
&= \sum_{n=-\infty}^{+\infty} x_a(nT_s) e^{-j\Omega nT_s} \Big[\int_{-\infty}^{+\infty} \delta(t - nT_s)\, dt \Big] \\
&= \sum_{n=-\infty}^{+\infty} x_a(nT_s) e^{-j\Omega nT_s}
\end{aligned}$$

所以采样信号的傅里叶变换为：

$$\hat{X}_a(\Omega) = \sum_{n=-\infty}^{+\infty} x_a(nT_s) e^{-j\Omega nT_s} \tag{2.2.25}$$

令上式中 $x(n) = x_a(nT_s)$，$\omega = \Omega T_s$，得到：

$$\hat{X}_a(\Omega) = \sum_{n=-\infty}^{+\infty} x(n) e^{-j\omega n}$$

对比序列傅里叶变换公式：

$$X(e^{j\omega}) = \sum_{n=-\infty}^{+\infty} x(n) e^{-j\omega n}$$

可知序列傅里叶变换和采样信号傅里叶变换是等效的，即：

$$X(e^{j\omega}) = \hat{X}_a(\Omega) \tag{2.2.26}$$

由以上公式可进一步总结连续时间信号离散化得到的采样序列与原始时域非周期信号的频谱之间的关系为：

$$X(e^{j\omega}) = \frac{1}{T_s} \sum_{k=-\infty}^{+\infty} X_a(\Omega - k\Omega_s) \qquad (2.2.27)$$

上式中，等号左右两边的频率的定义是不同的，左边是数字频率为自变量，右边则是模拟角频率为自变量，这个等式说明了序列傅里叶变换与连续时间非周期信号之间的关系。

如果将频率轴进行尺度变换，即令 $\omega = \Omega T_s$，相当于 $X(e^{j\omega})$ 是 $X_a(\Omega)$ 尺度变换的结果，则 $X_a(\Omega)$ 的参数由模拟角频率 Ω 转换到了数字频率 ω，其他的频移也需要进行尺度变换，下式中的 $2\pi k$ 就是频率轴尺度变换对频移的归一化影响。归一化后采样所得序列 $x(n)$ 的傅里叶变换与原信号的关系为：

$$X(e^{j\omega}) = \frac{1}{T_s} \sum_{k=-\infty}^{+\infty} X_a(\omega - 2\pi k) \qquad (2.2.28)$$

或以采样频率为参数，上式改写成：

$$X(e^{j\omega}) = f_s \sum_{k=-\infty}^{+\infty} X_a(\omega - 2\pi k) \qquad (2.2.29)$$

式 (2.2.29) 中，系数 f_s 可直接使用 Hz 为单位的模拟频率代入，在实际频域分析中更为常用。

【例 2.2.3】已知 $x_a(t) = 2\cos(2\pi f_0 t)$，式中 $f_0 = 100\text{Hz}$，以采样频率 $f_s = 400\text{Hz}$ 对其采样，得到采样信号 $\hat{x}_a(t)$ 和时域离散序列 $x(n)$，试完成下列各题：

① 求 $x_a(t)$ 的傅里叶变换 $X_a(\Omega)$；

② 求 $\hat{x}_a(t)$ 和 $x(n)$ 的傅里叶变换。

解： 时域余弦信号的傅里叶变换对为：

$$\cos(\Omega_0 t) \leftrightarrow \pi[\delta(\Omega + \Omega_0) + \delta(\Omega - \Omega_0)]$$

已知条件中，$\Omega_0 = 2\pi f_0 = 200\pi$，所以：

$$X_a(\Omega) = \pi[\delta(\Omega + 200\pi) + \delta(\Omega - 200\pi)]$$

则：

$$\hat{X}_a(\Omega) = \frac{1}{T_s} \sum_{k=-\infty}^{+\infty} X_a(\Omega - k\Omega_s)$$

由于采样频率 $f_s = 400\text{Hz}$，$\Omega_s = 2\pi f_s = 800\pi$（rad/s），$\omega_0 = 2\pi \dfrac{f_0}{f_s} = 0.5\pi$，将参数代入公式得：

$$\hat{X}_a(\Omega) = 400 \sum_{k=-\infty}^{+\infty} \pi[\delta(\Omega + 200\pi - 800\pi k) + \delta(\Omega - 200\pi - 800\pi k)]$$

同样，由式 (2.2.29) 得到序列 $x(n)$ 的傅里叶变换为：

$$X(\mathrm{e}^{j\omega}) = f_s \sum_{k=-\infty}^{+\infty} X_a(\omega - 2\pi k)$$

$$= 400 \sum_{k=-\infty}^{+\infty} \pi[\delta(\omega + 0.5\pi - 2\pi k) + \delta(\omega - 0.5\pi - 2\pi k)]$$

2.3 离散 LTI 系统的变换域分析

离散 LTI 系统的输入输出过程可以通过差分方程来描述。对于差分方程的求解，在计算机辅助下可以用递推法来实现。但是递推法的一个缺点是只能获得离散的样值数据，这些数据之间的关联以及它们与系统性能的关系并不明显。如果要获得比较明确的数学解析式，需要用经典时域解法，而经典时域解法因受到诸多数学定义和条件等因素的限制，解法又过于烦琐。利用 z 变换的性质在变换域完成这些计算就很方便。

离散 LTI 系统的变换域分析在讨论系统函数的定义、零极点分布与时域特性、z 域、频域特性的基础上，介绍 z 变换解差分方程、系统因果性稳定性分析、系统频响等变换域分析方法。

2.3.1 系统函数与系统零极点

（1）系统函数

单位脉冲响应是指单位脉冲序列作用于系统所产生的零状态响应，用符号 $h(n)$ 表示。系统的零状态响应可用下式表示：

$$y_{zs}(n) = x(n) * h(n) \tag{2.3.1}$$

习惯上在系统初始状态为零或仅研究系统单位脉冲响应时，将 $y_{zs}(n)$ 用 $y(n)$ 表示。对上式两边 z 变换，并利用时域卷积定理，有：

$$Y(z) = X(z)H(z) \rightarrow H(z) = \frac{Y(z)}{X(z)} \tag{2.3.2}$$

定义 $H(z)$ 为系统函数。从定义看，它等于输出和输入的 z 变换之比，当然它同时也是单位脉冲响应 $h(n)$ 的 z 变换。由于 $h(n)$ 属于零状态响应，在分析和计算系统函数时不需要考虑初始状态。

系统函数可以用于分析系统响应特性，也能按给定的要求通过系统函数得到系统的结构和参数，完成系统综合设计任务，在系统分析中具有重要意义。

（2）系统的零极点图

由定义可知，系统函数是以 z 为自变量的有理分式，即 $H(z) = \dfrac{Y(z)}{X(z)}$，则 $H(z)$ 的零点和极点称为系统的零极点，在 z 平面绘制的系统函数零极点位置图称为系统零极点图。

对于一个关于 z 的有理分式 $H(z)$，设它的零点和极点分别为 z_i 和 p_i，$H(z)$ 可以表示为零点极点最简因式乘积的形式（以一阶零极点为例）：

$$H(z)=\frac{Y(z)}{X(z)}=K\frac{(z-z_1)(z-z_2)\cdots(z-z_M)}{(z-p_1)(z-p_2)\cdots(z-p_N)} \tag{2.3.3}$$

上式表示系统有 M 个零点和 N 个极点。在 z 平面绘制零极点图时，用"×"表示极点，"○"表示零点。

【例 2.3.1】 已知一线性时不变因果系统的系统函数为 $H(z)=\dfrac{z(z-1)(z-0.3)}{(z+0.5)(z^2+2z+2)(z-2)}$，求系统的零极点并在 z 平面画出零极点图。

解： 令分子 $z(z-1)(z-0.3)=0$，可得零点为 $z_1=0$，$z_2=1$，$z_3=0.3$。

令分母 $(z+0.5)(z^2+2z+2)(z-2)=0$，解得极点为 $p_1=-0.5$，$p_2=-1+\mathrm{j}$，$p_3=-1-\mathrm{j}$，$p_4=2$，在 z 平面画出零极点图如图 2-8 所示。

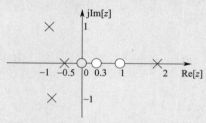

图 2-8 【例 2.3.1】图

注意：本例中的零点和极点均为一阶零点和一阶极点。

2.3.2 因果性与稳定性的零极点分析

系统的因果稳定性是系统的重要特性。第 1 章从时域的角度给出了离散 LTI 系统因果性和稳定性的定义，系统的单位脉冲响应 $h(n)$ 同时满足以下充分必要条件，则该离散 LTI 系统是因果稳定系统。

$$\begin{cases} h(n)=x_1(n)u(n) & (2.3.4) \\ \displaystyle\sum_{n=-\infty}^{+\infty}|h(n)|<\infty & (2.3.5) \end{cases}$$

其中，式（2.3.4）是系统因果性条件，$x_1(n)$ 虽然可能是任意序列，但是 $h(n)$ 一定是右边序列，当 $n<0$ 时，$h(n)=0$。式（2.3.5）是系统稳定性条件，表示 $h(n)$ 绝对可和。

同时满足两个条件的离散 LTI 系统称为因果稳定系统。

如果以差分方程形式给出了系统的输入输出关系描述，可以通过 z 变换法方便地得到系统的系统函数 $H(z)$，这也意味着通过对系统函数极点分布规律的分析，可以得到关于系统的因果稳定性的结论。

（1）系统因果性与极点分布

由式（2.3.4）可知，因果系统要求 $h(n)$ 为右边序列，对于 $H(z)$ 而言，如果 $H(z)$ 有 k 个极点，其中模最大的极点记为 $\max[|p_r|]$，则 z 变换收敛域为 $|z|>\max[|p_r|]$，在 z 平面是一个以 $\max[|p_r|]$ 为半径的圆，记为 $\max[|p_r|]=R_+$，定义 R_+ 为收敛半径，则因果系统的系统函数的收敛域应为以 R_+ 为半径的圆外，记为 $|z|>R_+$。

由于 R_+ 是模最大的极点的模，所有极点应在以 R_+ 为半径的圆内。

由此，系统因果性的极点分布特性及收敛域特点可总结为：收敛域在 R_+ 为半径的圆外，所有极点在圆内（收敛域外）。

极点与收敛域关系如图 2-9(a) 所示。

（2）系统稳定性的 z 域定义

系统稳定性的时域条件 $\sum\limits_{n=-\infty}^{+\infty}|h(n)|<\infty$ 及单边 z 变换定义，有：

$$
\begin{cases}
H(z)=\sum\limits_{n=0}^{+\infty}h(n)z^{-n} & |z|>R_+ \\
\sum\limits_{n=-\infty}^{+\infty}|h(n)|<\infty
\end{cases}
\tag{2.3.6}
$$

直接由上式推导系统稳定性的 z 域特性比较复杂。可以假设 $h(n)=a^n u(n)$，因为是右边序列，只有当公比 $|a|<1$ 时，可和，和为 $\dfrac{1}{1-|a|}$，系统稳定；而由于 $h(n)$ 的 z 变换为 $H(z)=\dfrac{z}{z-a}$，$|a|<1$ 即指以 $|a|$ 为半径的圆周小于以 1 为半径的单位圆。也就是说，如果系统稳定，其收敛半径必小于 1。如果该序列是左边序列，则稳定性结论刚好相反，即收敛半径必须大于 1。所以对于任意系统的稳定性可总结为收敛域包含单位圆，收敛域与单位圆的关系如图 2-9(b) 所示。

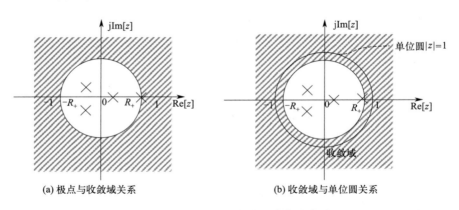

(a) 极点与收敛域关系　　　　　(b) 收敛域与单位圆关系

图 2-9　因果稳定系统极点、收敛域、单位圆关系

（3）因果稳定系统的 z 域特性

若要同时满足因果稳定性的 z 域特性，单位圆必在收敛半径围成的圆外区域内。

【例 2.3.2】 研究一个离散 LTI 系统，其输入 $x(n)$ 与输出 $y(n)$ 满足下列差分方程：

$$y(n)-y(n-1)-\frac{3}{4}y(n-2)=x(n-1)$$

① 求该系统的系统函数 $H(z)$，并画出零极点图；

② 求系统的单位脉冲响应 $h(n)$ 的三种可能的选择；

③ 对每一种 $h(n)$ 讨论系统是否稳定，是否因果；

④ 写出系统输入输出的差分方程形式。

解： ① 对差分方程两边 z 变换得：

$$Y(z)-z^{-1}Y(z)-\frac{3}{4}z^{-2}Y(z)=z^{-1}X(z)$$

等式两边多项式整理得：

$$\frac{Y(z)}{X(z)}=\frac{z^{-1}}{1-z^{-1}-0.75z^{-2}}$$

根据系统函数的定义可知：

$$H(z)=\frac{Y(z)}{X(z)}=\frac{z^{-1}}{1-z^{-1}-0.75z^{-2}} \qquad (2.3.7)$$

分子分母同时乘以 z^2 得：

$$H(z)=\frac{z}{z^2-z-0.75} \qquad (2.3.8)$$

令分母多项式 $z^2-z-0.75=0 \rightarrow \left(z-\frac{3}{2}\right)\left(z+\frac{1}{2}\right)=0$，解出两个实根 $p_1=\frac{3}{2}$，$p_2=-\frac{1}{2}$，即为系统的极点。

令分子多项式 $z=0$，即为系统的零点。

所以系统有两个单实极点和一个零点，系统零极点图如图 2-10 所示。

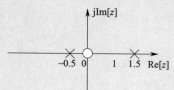

图 2-10 　【例 2.3.2】系统零极点图

② 对系统函数进行 z 反变换，用部分分式展开法求 $h(n)$。令：

$$H_1(z)=\frac{H(z)}{z}=\frac{1}{\left(z-\frac{3}{2}\right)\left(z+\frac{1}{2}\right)}=\frac{K_1}{z-\frac{3}{2}}+\frac{K_2}{z+\frac{1}{2}}$$

利用求系数公式求出待定系数：

$$K_1 = \left(z - \frac{3}{2}\right) \frac{1}{\left(z - \frac{3}{2}\right)\left(z + \frac{1}{2}\right)} \Bigg|_{z=\frac{3}{2}} = \frac{1}{2}$$

$$K_2 = \left(z + \frac{1}{2}\right) \frac{1}{\left(z - \frac{3}{2}\right)\left(z + \frac{1}{2}\right)} \Bigg|_{z=-\frac{1}{2}} = -\frac{1}{2}$$

$$\therefore H(z) = \frac{\frac{1}{2}z}{z - \frac{3}{2}} + \frac{-\frac{1}{2}z}{z + \frac{1}{2}}$$

a. 当收敛域为 $|z| > \frac{3}{2}$ 时，序列为右边序列：

$$h_1(n) = \frac{1}{2}\left(\frac{3}{2}\right)^n u(n) - \frac{1}{2}\left(-\frac{1}{2}\right)^n u(n) = \frac{1}{2}\left[\left(\frac{3}{2}\right)^n - \left(-\frac{1}{2}\right)^n\right] u(n)$$

b. 当收敛域为 $|z| < \frac{1}{2}$ 时，为左边序列：

$$h_2(n) = -\frac{1}{2}\left(\frac{3}{2}\right)^n u(-n-1) + \frac{1}{2}\left(-\frac{1}{2}\right)^n u(-n-1) = \frac{1}{2}\left[-\left(\frac{3}{2}\right)^n + \left(-\frac{1}{2}\right)^n\right] u(-n-1)$$

c. 当收敛域为 $\frac{1}{2} < |z| < \frac{3}{2}$ 时，为双边序列，其中 $|z| < \frac{3}{2}$ 是左边序列的收敛域形式，所以极点 $\frac{3}{2}$ 对应的是左边序列，$|z| > \frac{1}{2}$ 是右边序列的收敛域形式，所以极点 $\frac{1}{2}$ 对应的是右边序列：

$$h_3(n) = -\frac{1}{2}\left(\frac{3}{2}\right)^n u(-n-1) - \frac{1}{2}\left(-\frac{1}{2}\right)^n u(n)$$

③ 当 $h(n) = h_1(n)$ 时，系统是因果的，但是收敛域不包含单位圆，因此系统不稳定，如图 2-11(a) 所示。

当 $h(n) = h_2(n)$ 时，系统是非因果的，收敛域不包含单位圆，因此系统不稳定，如图 2-11(b) 所示。

当 $h(n) = h_3(n)$ 时，系统是非因果的，但是收敛域包含单位圆，因此系统稳定，如图 2-11(c) 所示。

三种不同情况的收敛域示意图如图 2-11 所示。

④ 以式(2.3.7)为系统函数还原差分方程得到：

$$H(z) = \frac{Y(z)}{X(z)} = \frac{z^{-1}}{1 - z^{-1} - 0.75z^{-2}}$$

$$\rightarrow (1 - z^{-1} - 0.75z^{-2})Y(z) = z^{-1}X(z) \tag{2.3.9}$$

对式(2.3.9)两边 z 反变换得到系统的差分方程为：

$$y(n) - y(n-1) - 0.75y(n-2) = x(n-1)$$

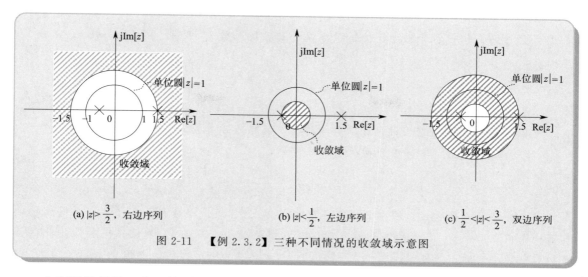

(a) $|z| > \dfrac{3}{2}$，右边序列　　　　(b) $|z| < \dfrac{1}{2}$，左边序列　　　　(c) $\dfrac{1}{2} < |z| < \dfrac{3}{2}$，双边序列

图 2-11　【例 2.3.2】三种不同情况的收敛域示意图

在实际信号处理中，特别是对应一个实际设备时，延迟是可以由延迟器来实现的。由多级延迟器构成的系统差分方程就是后向差分形式。所以对于一个后向差分结构的系统，一般可以认为是因果的，在用 z 变换解差分方程时，特别是求解系统函数时，可以直接用右边序列的收敛域结论来讨论系统函数 $H(z)$ 及其单位脉冲响应 $h(n)$。

系统函数的有理分式习惯上采用负幂次的降幂形式，以便对应后向差分方程；但是在用部分分式展开和留数法计算零极点和一些参数时，需要转换成正幂次的升幂形式才能用初等代数中的有理分式计算规则来计算，不影响计算结果。

2.3.3　系统的频率响应函数

（1）系统频率响应函数的定义

与 z 变换分析类似，如果对系统单位脉冲响应 $h(n)$ 做傅里叶变换，得到频谱函数 $H(\mathrm{e}^{\mathrm{j}\omega})$，称为系统的频率响应函数，简称系统频响。系统频响可以用下列公式计算：

$$H(\mathrm{e}^{\mathrm{j}\omega}) = \sum_{n=-\infty}^{+\infty} h(n)\mathrm{e}^{-\mathrm{j}\omega n} \tag{2.3.10}$$

由于 $H(\mathrm{e}^{\mathrm{j}\omega})$ 为复数，也可以将其写成指数形式，即 $H(\mathrm{e}^{\mathrm{j}\omega}) = |H(\mathrm{e}^{\mathrm{j}\omega})| \mathrm{e}^{\mathrm{j}\varphi(\omega)}$，模 $|H(\mathrm{e}^{\mathrm{j}\omega})|$ 称为离散 LTI 系统的幅频特性函数，$\varphi(\omega)$ 称为相频特性函数。

（2）系统频率响应函数与系统函数的关系

设离散 LTI 系统是因果稳定的，系统频率响应函数与系统函数的关系为：

$$H(\mathrm{e}^{\mathrm{j}\omega}) = H(z)\big|_{z=\mathrm{e}^{\mathrm{j}\omega}} \tag{2.3.11}$$

如果已知系统函数，可以利用上式分析系统的频响特性。

当已知离散 LTI 系统的差分方程时，可以由 z 变换求解差分方程的系统函数，再利用式（2.3.11）求系统的频响。这是变换域分析系统频响的典型应用。

【例 2.3.3】 一个因果的离散 LTI 系统，其系统函数为 $H(z) = \dfrac{1 - a^{-1}z^{-1}}{1 - az^{-1}}$，式中，$a$ 为常数。

① a 值在哪些范围内才能使系统稳定？

② 假设 $0 < a < 1$，画出零极点图，并用阴影线注明收敛域。

③ 证明系统是全通系统，即其频率特性的幅度为一常数。

解： ① 将 $H(z)$ 分子分母同时乘以 z 得到：

$$H(z) = \frac{z - a^{-1}}{z - a}$$

令分子 $z - a^{-1} = 0$，解得系统有一个零点为 $z = a^{-1}$，令分母 $z - a = 0$，得到系统有一个极点 $p = a$。因为系统是因果的，其收敛域为 $|z| > |a|$，为使系统稳定，收敛域应包含单位圆，就可以得到 $|a|$ 的取值范围 $|a| < 1$，即 a 值的范围为 $0 < a < 1$。

② 根据上述结论，当 $0 < a < 1$ 时，画出零极点图及收敛域示意图如图 2-12 所示。

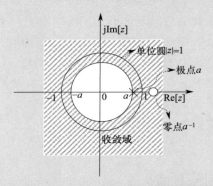

图 2-12 当 $0 < a < 1$ 时零极点及收敛域示意图

③ 在 $0 < a < 1$ 时系统是因果稳定的，则由 $H(e^{j\omega}) = H(z)\big|_{z = e^{j\omega}}$ 可知，系统频率响应函数为：

$$H(e^{j\omega}) = H(z)\big|_{z = e^{j\omega}} = \frac{1 - a^{-1}z^{-1}}{1 - az^{-1}}\bigg|_{z = e^{j\omega}} = \frac{1 - a^{-1}e^{-j\omega}}{1 - ae^{-j\omega}}$$

为求频率响应的幅度，可先求 $H(e^{j\omega})$ 的模平方函数：

$$
\begin{aligned}
\left| H(e^{j\omega}) \right|^2 &= \frac{1 - a^{-1}e^{-j\omega}}{1 - ae^{-j\omega}} \left(\frac{1 - a^{-1}e^{-j\omega}}{1 - ae^{-j\omega}} \right)^* \\
&= \frac{[1 - a^{-1}(\cos\omega - j\sin\omega)][1 - a^{-1}(\cos\omega - j\sin\omega)]^*}{[1 - a(\cos\omega - j\sin\omega)][1 - a(\cos\omega - j\sin\omega)]^*} \\
&= \frac{[1 - a^{-1}\cos\omega]^2 + (a^{-1}\sin\omega)^2}{[1 - a\cos\omega]^2 + (a\sin\omega)^2} \\
&= \frac{a^{-2}(a^2 + 1 - 2a\cos\omega)}{1 + a^2 - 2a\cos\omega} = a^{-2}
\end{aligned}
$$

$\therefore \left| H(e^{j\omega}) \right| = a^{-1}$，即其频率特性函数为常数，是全通系统。

（3）离散 LTI 因果稳定系统的频响特性

设离散 LTI 系统是因果稳定的，且初始状态为零，其单位脉冲响应为 $h(n)$，频响为 $H(e^{j\omega}) = |H(e^{j\omega})|e^{j\varphi(\omega)}$。当输入序列为 $x(n)$ 时，其输出序列为 $y(n) = x(n) * h(n)$。

一般来说，常见系统输入序列的类型有有限长序列、单边实指数序列、单频虚指数序列和正弦型序列等，下面分析输入 $x(n)$ 通过系统时的输出及其特性。

① 有限长序列。在数字信号处理中，很多由语音采样信号、图像数据等得到的序列，其样值个数是有限的，序列的闭合表示形式不易求得，一般以序列集合形式表示，并可直接将样值存储。

当输入 $x(n)$ 为任意有限长序列时，如果其样值大小无法用闭合解析式表示，宜采用直接求卷积和的方法求其输出 $y(n)$，即计算 $y(n) = x(n) * h(n)$ 的值。

② 单边实指数序列 $a^n u(n)$，$|a| < 1$。当输入序列为 $x(n) = a^n u(n)$ 时，其傅里叶变换为 $X(e^{j\omega}) = \dfrac{1}{1 - ae^{-j\omega}}$，则根据卷积定理，有：

$$Y(e^{j\omega}) = X(e^{j\omega})H(e^{j\omega}) = \frac{1}{1 - ae^{-j\omega}}H(e^{j\omega})$$

若输入为多个单边实指数序列相加，如 $x(n) = (a_1^n + a_2^n + \cdots)u(n)$，其傅里叶变换为：

$$X(e^{j\omega}) = \frac{1}{1 - a_1 e^{-j\omega}} + \frac{1}{1 - a_2 e^{-j\omega}} + \cdots$$

输出序列的 DTFT 为：

$$Y(e^{j\omega}) = \left[\frac{1}{1 - a_1 e^{-j\omega}} + \frac{1}{1 - a_2 e^{-j\omega}} + \cdots\right]H(e^{j\omega}) \tag{2.3.12}$$

将上式转换成 z 变换形式，即：

$$Y(z) = \left[\frac{1}{1 - a_1 z^{-1}} + \frac{1}{1 - a_2 z^{-1}} + \cdots\right]H(z)$$

也就是说，系统输入为单边实指数序列时，输出中除了每个实指数序列提供的极点 a_1、$a_2 \cdots$ 外，还会增加系统自身的极点，如果输入序列的极点与系统的极点相同，就会使得输出含有重极点。

③ 单频为 ω_0 的虚指数序列 $e^{j\omega_0 n}$。虚指数序列中的重要参数是数字频率 ω_0，在傅里叶变换中体现为频移因子，并且由欧拉公式 $e^{j\omega_0 n} = [\cos(\omega_0 n) + j\sin(\omega_0 n)]$ 与正弦余弦序列相联系。

当输入为单频虚指数序列 $e^{j\omega_0 n}$ 时，即 $x(n) = e^{j\omega_0 n}$，则输出为：

$$y(n) = x(n) * h(n)$$

上式两边同时求傅里叶变换得到：

$$Y(e^{j\omega}) = X(e^{j\omega})H(e^{j\omega})$$

$x(n) = e^{j\omega_0 n}$ 的傅里叶变换为：

$$e^{j\omega_0 n} \leftrightarrow 2\pi \sum_{k=-\infty}^{+\infty} \delta(\omega - \omega_0 - 2\pi k)$$

所以输出 $y(n)$ 的傅里叶变换 $Y(e^{j\omega})$ 由下式确定：

$$Y(e^{j\omega}) = 2\pi \Big[\sum_{k=-\infty}^{+\infty} \delta(\omega - \omega_0 - 2\pi k) \Big] H(e^{j\omega})$$

$$= 2\pi \Big[\sum_{k=-\infty}^{+\infty} H(e^{j\omega_0}) \delta(\omega - \omega_0 - 2\pi k) \Big]$$

$H(e^{j\omega_0})$ 是 $H(e^{j\omega})$ 在 $\omega = \omega_0$ 时的一个值，可当成常数提取到和式外，得到输出的频谱为：

$$Y(e^{j\omega}) = H(e^{j\omega_0}) \Big[2\pi \sum_{k=-\infty}^{+\infty} \delta(\omega - \omega_0 - 2\pi k) \Big] \tag{2.3.13}$$

显然，式 (2.3.13) 中的方括号内仍保持着 $e^{j\omega_0 n}$ 的傅里叶变换形式，将其反变换得到：

$$y(n) = H(e^{j\omega_0}) e^{j\omega_0 n}$$

又因为 $H(e^{j\omega_0}) = |H(e^{j\omega_0})| e^{j\varphi(\omega_0)}$，上式改写成：

$$y(n) = |H(e^{j\omega_0})| e^{j\varphi(\omega_0)} e^{\omega_0 n} = |H(e^{j\omega_0})| e^{j[\omega_0 n + \varphi(\omega_0)]} \tag{2.3.14}$$

对比输入 $x(n) = e^{j\omega_0 n}$ 和输出 $y(n)$ 的形式可知，单频为 ω_0 的虚指数序列 $e^{j\omega_0 n}$ 通过系统后，输出仍是 ω_0 的虚指数序列，其幅度加权（乘以）$|H(e^{j\omega_0})|$，相位移位 $\varphi(\omega_0)$。

④ 正弦序列。正弦序列包括正弦序列和余弦序列，是指周期正弦或余弦信号的采样信号。正弦序列的重要参数是数字频率 ω_0，根据数字频率的定义，ω_0 的取值范围是 $[-\pi, \pi]$ 或 $[0, 2\pi]$。

下面推导余弦序列通过系统输出的一般规律，正弦序列 $\sin(\omega_0 n)$ 同样满足该结论。

设 $x(n) = \cos(\omega_0 n)$，用欧拉公式将输入序列分解为 $x(n) = \dfrac{1}{2}(e^{j\omega_0 n} + e^{-j\omega_0 n})$，含有一对频率 $\pm\omega_0$，根据式 (2.3.14) 及序列傅里叶变换的线性特性，可得：

$$y(n) = \frac{1}{2} \{ |H(e^{j\omega_0})| e^{j[\omega_0 n + \varphi(\omega_0)]} + |H(e^{-j\omega_0})| e^{j[-\omega_0 n + \varphi(-\omega_0)]} \}$$

由序列傅里叶变换的共轭特性知，$h^*(n) \leftrightarrow H^*(e^{-j\omega})$，当 $h(n)$ 为实序列时，有 $h^*(n) = h(n)$，它们的傅里叶变换也相等，即 $H^*(e^{-j\omega}) = H(e^{j\omega})$，根据复数的特性，上式中频响函数的模和辐角的关系为：

$$\begin{cases} |H(e^{j\omega_0})| = |H(e^{-j\omega_0})| \\ \varphi(-\omega_0) = -\varphi(\omega_0) \end{cases}$$

则有：

$$y(n) = \frac{1}{2} |H(e^{j\omega_0})| \{ e^{j[\omega_0 n + \varphi(\omega_0)]} + e^{-j[\omega_0 n + \varphi(\omega_0)]} \}$$

$$y(n) = |H(e^{j\omega_0})| \cos[\omega_0 n + \varphi(\omega_0)] \tag{2.3.15}$$

式 (2.3.15) 表明，当单频余弦序列通过离散 LTI 系统时，其输出为同频余弦序列，仅在幅度加权（乘以）$|H(e^{j\omega_0})|$，相位移位 $\varphi(\omega_0)$。这个规律称为系统的正弦稳态响应。

【例 2.3.4】 线性因果系统用下面的差分方程描述：

$$y(n) = 0.9y(n-1) + x(n)$$

① 求系统函数 $H(z)$ 及单位脉冲响应 $h(n)$；

② 求系统频响函数 $H(e^{j\omega})$；

③ 设输入为 $x(n) = e^{j\omega_0 n}$，$\omega_0 = \dfrac{\pi}{3}$，求输出 $y(n)$。

解：①将差分方程整理得到：

$$y(n) - 0.9y(n-1) = x(n)$$

对方程两边 z 变换得：

$$Y(z) - 0.9z^{-1}Y(z) = X(z)$$

求得：

$$H(z) = \frac{Y(z)}{X(z)} = \frac{1}{1 - 0.9z^{-1}}$$

z 反变换得：

$$h(n) = 0.9^n u(n)$$

② 因为系统为因果稳定系统，即收敛域包含单位圆，所以极点 0.9 在单位圆内，则系统频率响应函数与系统函数的关系为：

$$H(e^{j\omega}) = H(z)\big|_{z=e^{j\omega}} = \frac{1}{1 - 0.9e^{-j\omega}}$$

③ 输入为 $x(n) = e^{j\omega_0 n}$，根据系统对单频信号的响应特性，输出为：

$$y(n) = |H(e^{j\omega_0})| e^{j[\omega_0 n + \varphi(\omega_0)]}$$

其中，

$$|H(e^{j\omega_0})| = \left| \frac{1}{1 - 0.9e^{-j\omega_0}} \right| = \left| \frac{1}{1 - 0.9\cos\omega_0 + j0.9\sin\omega_0} \right|$$

$$= \frac{1}{\sqrt{(1 - 0.9\cos\omega_0)^2 + (0.9\sin\omega_0)^2}} = \frac{1}{\sqrt{1.81 - 1.8\cos\omega_0}}$$

$$\varphi(\omega_0) = -\arctan\left(\frac{0.9\sin\omega_0}{1 - 0.9\cos\omega_0} \right)$$

当 $\omega_0 = \dfrac{\pi}{3}$ 时，

$$|H(e^{j\frac{\pi}{3}})| = \frac{1}{\sqrt{1.81 - 1.8\cos\dfrac{\pi}{3}}} = \frac{1}{\sqrt{0.91}}$$

$$\varphi\left(\frac{\pi}{3}\right) = -\arctan\left(\frac{0.9\sin\dfrac{\pi}{3}}{1 - 0.9\cos\dfrac{\pi}{3}} \right) \approx -0.3\pi$$

$$\therefore y(n) = |H(e^{j\omega_0})| e^{j[\omega_0 n + \varphi(\omega_0)]} \xrightarrow{\omega_0 = \frac{\pi}{3}} y(n) = \frac{1}{\sqrt{0.91}} e^{j(\frac{\pi}{3}n - 0.3\pi)}$$

2.3.4　系统频响的几何分析法

对于一个因果稳定的离散 LTI 系统，系统频率响应函数与系统函数的关系为 $H(\mathrm{e}^{\mathrm{j}\omega})=H(z)\big|_{z=\mathrm{e}^{\mathrm{j}\omega}}$，这也说明，系统函数 $H(z)$ 的极点与系统频响有直接关系。

一个离散 LTI 系统，其 $H(z)$ 的极点均在单位圆内，那么它在单位圆上（$|z|=1$）也收敛，根据式（2.3.3）的极点零点形式，分子分母同时乘以 z^{N}，可将式子改写成如下形式：

$$H(z)=\frac{Y(z)}{X(z)}=Kz^{N-M}\frac{(1-a_1z^{-1})(1-a_2z^{-1})\cdots(1-a_Mz^{-1})}{(1-p_1z^{-1})(1-p_2z^{-1})\cdots(1-p_Nz^{-1})},N\geqslant M\quad(2.3.16)$$

式中，K 为不等于零的常数，则由 $H(\mathrm{e}^{\mathrm{j}\omega})=H(z)\big|_{z=\mathrm{e}^{\mathrm{j}\omega}}$ 可得：

$$H(\mathrm{e}^{\mathrm{j}\omega})=K\,\mathrm{e}^{\mathrm{j}\omega(N-M)}\frac{(1-a_1\mathrm{e}^{-\mathrm{j}\omega})(1-a_2\mathrm{e}^{-\mathrm{j}\omega})\cdots(1-a_M\mathrm{e}^{-\mathrm{j}\omega})}{(1-p_1\mathrm{e}^{-\mathrm{j}\omega})(1-p_2\mathrm{e}^{-\mathrm{j}\omega})\cdots(1-p_N\mathrm{e}^{-\mathrm{j}\omega})}\quad(2.3.17)$$

$$|H(\mathrm{e}^{\mathrm{j}\omega})|=\left|K\,\mathrm{e}^{\mathrm{j}\omega(N-M)}\frac{(1-a_1\mathrm{e}^{-\mathrm{j}\omega})(1-a_2\mathrm{e}^{-\mathrm{j}\omega})\cdots(1-a_M\mathrm{e}^{-\mathrm{j}\omega})}{(1-p_1\mathrm{e}^{-\mathrm{j}\omega})(1-p_2\mathrm{e}^{-\mathrm{j}\omega})\cdots(1-p_N\mathrm{e}^{-\mathrm{j}\omega})}\right|$$

$$=|K\,\mathrm{e}^{\mathrm{j}\omega(N-M)}|\frac{|1-a_1\mathrm{e}^{-\mathrm{j}\omega}||1-a_2\mathrm{e}^{-\mathrm{j}\omega}|\cdots|1-a_M\mathrm{e}^{-\mathrm{j}\omega}|}{|1-p_1\mathrm{e}^{-\mathrm{j}\omega}||1-p_2\mathrm{e}^{-\mathrm{j}\omega}|\cdots|1-p_N\mathrm{e}^{-\mathrm{j}\omega}|}\quad(2.3.18)$$

如果在 z 平面用矢量表示分子分母中的任一项如 $|1-a_1\mathrm{e}^{-\mathrm{j}\omega}|$，可以表示为 z 平面两个点之间的距离，其中，1 表示 $|z|=1$，即单位圆上的任意点，它们移动时相对横坐标轴 $\mathrm{Re}(z)$ 正方向的夹角 ω 是连续的。假设系统有 M 个零点和 N 个极点，则分子表示每个零点到单位圆上的动点的距离之积，分母是则每个极点到单位圆上的动点的距离之积。

根据这个原理，几何法计算系统的幅频响应可以表示为：

$$|H(\mathrm{e}^{\mathrm{j}\omega})|=K\frac{\text{所有零点到单位圆上的动点的距离之积}}{\text{所有极点到单位圆上的动点的距离之积}}\quad(2.3.19)$$

式中，K 是不等于零的常数。幅频响应特性实际上应用了复数的指数形式，同理可以知道，系统的相频响应特性为：

$$\varphi(\omega)=\arg[K]+\omega(N-M)+\sum_{r=1}^{M}\alpha_r-\sum_{r=1}^{N}\beta_r\quad(2.3.20)$$

式中，$\arg[K]$ 由 $K(K\neq0)$ 的符号决定，有两种可能，当 $K>0$，$\arg[K]=0$，当 $K<0$，$\arg[K]=\pi$；$\omega(N-M)$ 是式（2.3.17）中 $\mathrm{e}^{\mathrm{j}\omega(N-M)}$ 的辐角，这是原点处的零点贡献的一个线性相移量，也称为线性相移分量；$\sum_{r=1}^{M}\alpha_r$ 是所有零点到单位圆上的动点的辐角之和；$\sum_{r=1}^{N}\beta_r$ 表示所有极点到单位圆上的动点的辐角之和。

当系统零极点较多时，采用几何法也不容易计算出系统的频响，可以采用计算机辅助设计来实现。一阶、二阶系统频响的几何法表示原理如图 2-13 所示。

图 2-13（a）中，动点是在单位圆上逆时针移动的点，它的模 $r=1$，转动到任意一点时，与实轴 $\mathrm{Re}[z]$ 之间的角度为 ω，这个动点表示 $z=\mathrm{e}^{\mathrm{j}\omega}$，即频响 $H(\mathrm{e}^{\mathrm{j}\omega})$ 的自变量 $\mathrm{e}^{\mathrm{j}\omega}$，这其实也表示着 z 平面单位圆上的 z 变换就是序列的傅里叶变换。

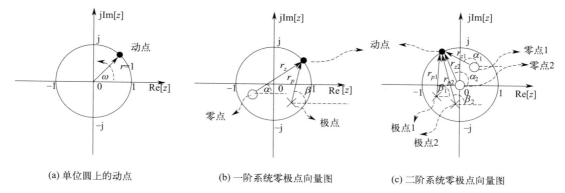

(a) 单位圆上的动点   (b) 一阶系统零极点向量图   (c) 二阶系统零极点向量图

图 2-13　系统频响几何表示法原理示意图

图 2-13(b) 是一个一阶系统零极点及其与动点的向量关系的示意图。大圆为单位圆，是动点运动的轨迹，小圈表示零点，X 表示极点。零点到单位圆上动点的向量模为 r_z，辐角为 α，极点到单位圆上动点的向量模为 r_p，辐角为 β。简便起见，令其系统函数的系数 $K=1$，则式(2.3.20) 中，$\arg[K]=0$；并令分子分母同为一阶，即 $N=M=1$，则 $\omega(N-M)=0$。则根据式(2.3.19)、式(2.3.20) 可写出图中动点（设此时动点转到角度 $\omega=\omega_1$）对应幅频特性和相频特性函数为：

$$|H(\mathrm{e}^{\mathrm{j}\omega_1})|=\frac{r_z}{r_p},\varphi(\omega_1)=\alpha-\beta \tag{2.3.21}$$

不断改变动点的位置，可以得到 $\omega\in[0,2\pi]$ 各点对应的幅频特性函数值和相频特性函数值，即可在横坐标自变量为 ω 的坐标系中画出幅频特性曲线和相频特性曲线。

图 2-13(c) 是一个二阶系统，有两个零点和两个极点，同样令 $K=1$，$N=M$，则由式(2.3.19)、式(2.3.20) 可写出图中动点（设 $\omega=\omega_1$）对应系统的幅频响应和相频特性函数为：

$$|H(\mathrm{e}^{\mathrm{j}\omega_1})|=\frac{r_{z1}r_{z2}}{r_{p1}r_{p2}},\varphi(\omega_1)=\alpha_1+\alpha_2-\beta_1-\beta_2 \tag{2.3.22}$$

已知系统零极点分布的情况下，可以确定零极点位置对系统特性的影响。以下是几种零极点与系统频响特性关系的总结。

① 原点处的零点 $z=a_i=0$，到单位圆的距离总是保持为 1〔如图 2-13(c) 中的零点 2，模 $r_{z2}=1$〕，所以对幅频特性 $|H(\mathrm{e}^{\mathrm{j}\omega})|$ 没有影响，但是对辐角 $\varphi(\omega)$ 有一个线性相移分量 $\omega(N-M)$。

② 单位圆附近的零点，当它接近动点时距离很小，$r_z\approx 0$，远离动点时距离很大，$r_z\approx 2$，这样的零点对幅频特性 $|H(\mathrm{e}^{\mathrm{j}\omega})|$ 的波谷的位置和深度有明显影响，零点越靠近单位圆，波谷就越深，若零点在单位圆上，则 $r_z=0$，以及幅频特性 $|H(\mathrm{e}^{\mathrm{j}\omega})|$ 会出现零值。

③ 与零点的作用相反，单位圆附近的极点决定幅频特性的波峰，极点越接近单位圆，波峰越尖锐。但极点不能在单位圆上，因为此时系统处于临界状态（会造成单位圆不在收敛域内）。

【例2.3.5】 设一阶系统的差分方程为 $y(n)-0.5y(n-1)=x(n)$。

① 求系统函数 $H(z)$；

② 求系统零点极点并画出系统函数零极点分布图；

③ 利用几何法粗略画出系统幅频响应曲线。

解： ①对差分方程两边 z 变换得：

$$Y(z)-0.5z^{-1}Y(z)=X(z)$$

$$H(z)=\frac{Y(z)}{X(z)}=\frac{1}{1-0.5z^{-1}}$$

分子分母同时乘以 z，得到：

$$H(z)=\frac{z}{z-0.5}$$

② 由 $H(z)$ 的分子分母多项式可求出系统的零点为 0，极点为 0.5，零极点图如图 2-14(a) 所示。

③ 令 $z=e^{j\omega}$，则系统频响为：

$$H(e^{j\omega})=\frac{1}{1-0.5e^{-j\omega}}$$

根据几何法的原理，先画出零极点和动点关系如图 2-14(b) 所示，由式(2.3.17) 可知，其中 $|H(e^{j\omega_1})|=\dfrac{r_z}{r_p}$。

分别取动点的 ω 为 0，$\dfrac{\pi}{4}$，$\dfrac{\pi}{2}$，π，求出的 $|H(e^{j\omega})|$ 特殊值，在横坐标为 ω 的坐标系上描点连线，并根据对称性画出 $\pi\sim2\pi$ 部分波形，即可得到 $|H(e^{j\omega})|$ 波形如图 2-14(c) 所示。

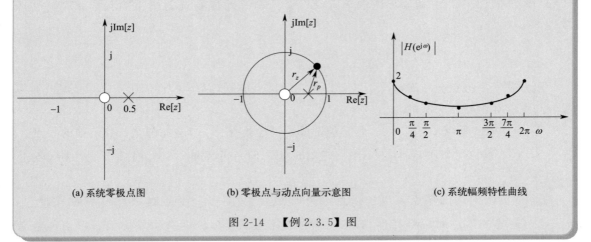

(a) 系统零极点图　　　(b) 零极点与动点向量示意图　　　(c) 系统幅频特性曲线

图 2-14 　【例 2.3.5】图

特殊角对应的 $|H(e^{j\omega})|$ 值如表 2-5 所示。

表 2-5 　特殊角对应的 $|H(e^{j\omega})|$ 值

ω	0	$\dfrac{\pi}{4}$	$\dfrac{\pi}{2}$	π	$\dfrac{3\pi}{2}$	$\dfrac{7\pi}{4}$	2π
r_z	1	1	1	1	1	1	1

ω	0	$\frac{\pi}{4}$	$\frac{\pi}{2}$	π	$\frac{3\pi}{2}$	$\frac{7\pi}{4}$	2π
r_p	$\frac{1}{2}$	0.736	1.118	1.5	1.118	0.736	$\frac{1}{2}$
$\mid H(e^{j\omega}) \mid$	2	1.357	0.894	0.667	0.894	1.357	2

 拓展阅读

傅里叶与傅里叶级数

让·巴普蒂斯·约瑟夫·傅里叶 (Jean Baptiste Joseph Fourier, 1768—1830) 是法国数学家及物理学家。他最早使用定积分符号，改进符号法则及根判别方法，是傅里叶级数（三角形式）创始人。傅里叶最主要的贡献是在研究热的传播时创立了一套数学理论。

傅里叶 1768 年出生于欧塞尔。1780 年进入欧塞尔皇家军事学校就读，并开始对数学感兴趣，通过学习成为巴黎工科综合大学教师。1798 年，傅里叶以科学顾问身份加入拿破仑远征埃及的军队，由于法国舰队被全部歼灭，远征军被困埃及，傅里叶利用自己军中文书和埃及研究会秘书的身份，创建了法国在埃及的教育体系，并在开罗成立埃及学院，成为当时法国在埃及的文化教皇。

1801 年，傅里叶随远征军返回法国后，在拿破仑的安排下去伊泽尔省担任地方长官。这段时间内，傅里叶完成了在热力学方面的重要数学研究，于 1807 年完成了他的重要论文集 *On the Propagation of Heat in Solid Bodies*，在论文中他提出了著名的傅里叶级数，即任何连续周期信号都可以表示为一组正弦余弦之和，这就是大家熟知的傅里叶级数。傅里叶向巴黎科学院呈交该论文时，当时的学术权威人物拉格朗日以研究函数不连续为由反对其发表；傅里叶于 1811 年又提交了经修改的论文，但是仍因不满足严密性和普适性被拒，未能正式发表。

由于当时的数学环境还无法证明傅里叶级数理论的严格性，所以这篇论文的发表非常曲折，1822 年傅里叶才将自己的研究理论整理和扩充，出版了著名的《热解析理论》。这部著作中，将欧拉、伯努利等人在一些特殊情形下应用三角级数的方法综合在一起，将傅里叶变换发展成内容丰富的一般理论。曲折的数学定理推导完善过程，也在一定程度上推动了傅里叶分析方法在工程领域的一些应用，理论研究随着工程领域的发展缓慢进行着。20 世纪初，通信与电子系统出现并逐步广泛应用，为傅里叶分析开创了新的用武之地，像正弦振荡器、滤波器、谐振电路等设备因为傅里叶分析而得以精确实现。而随着电路系统的研究，周期信号的傅里叶级数也进化成了对非周期信号的傅里叶变换。傅里叶变换是通信工程、无线电技术频谱分析的重要工具。20 世纪中期，随着数字电子技术的兴起，离散域的信号与系统分析成为主流。由于离散序列的傅里叶分析计算量非常大，而且还有复数乘法和加法，计算复杂度成为傅里叶变换作为离散信号频谱分析的一个巨大障碍。但是 DFT 和 FFT 的出现又解决了这一现实问题，进一步推动了傅里叶分析的应用。傅里叶分析的理论在整个通信技术发展历史中功不可没。从傅里叶分析的研究和进化历史可以看到很多数学理论与工程应用相互依存、相互推动的普遍真理。

(1) 试求如下序列的 z 变换及其收敛域。

① $x(n) = \delta(n)$　　　　　　　　② $x(n) = u(n)$

③ $x(n) = 2^{-n}u(n)$　　　　　　　④ $x(n) = 2^{-(n-2)}u(n-2)$

⑤ $x(n) = \{\underline{1}, 2, 3, 0, 1\}$

(2) 已知 $x(n) = a^n u(n)$，$0 < a < 1$，分别求：

① $x(n)$ 的 z 变换；

② $x(n-2)$ 的 z 变换；

③ $nx(n)$ 的 z 变换。

(3) 已知序列 $x(n) = 5^n u(n)$，序列 $y(n) = x(n) * \delta(n-2)$，试求解序列 $y(n)$ 的 z 变换。

(4) 已知 $X(z) = \dfrac{-3z^{-1}}{2 - 5z^{-1} + 2z^{-2}}$，分别求：

① 收敛域为 $0.5 < |z| < 2$ 时对应的原序列 $x(n)$；

② 收敛域为 $|z| > 2$ 时对应的原序列 $x(n)$。

(5) 已知某系统的差分方程为 $y(n) - 2y(n-1) = x(n)$，输入序列 $x(n) = 3^n u(n)$，且当 $n \leqslant -1$ 时，$y(n) = 0$，试求序列 $y(n)$。

(6) 研究一个满足下列差分方程的线性时不变系统，该系统不限定为因果、稳定系统。根据系统函数的极点分布特征，试求系统单位脉冲响应的各种可能情况。

$$y(n-1) - \frac{5}{2}y(n) + y(n+1) = x(n)$$

(7) 已知某系统的差分方程为 $y(n) = y(n-1) + y(n-2) + x(n-1)$。

① 求系统的系统函数 $H(z)$，并画出零极点分布图；

② 若限定系统是因果的，写出 $H(z)$ 的收敛域，并求出其单位脉冲响应 $h(n)$；

③ 若限定系统是稳定的，写出 $H(z)$ 的收敛域，并求出其单位脉冲响应 $h(n)$。

(8) 试求如下序列的傅里叶变换。

① $x(n) = \delta(n)$　　　　　　　　② $x(n) = \delta(n) + \delta(n-3)$

③ $x(n) = u(n)$　　　　　　　　　④ $x(n) = a^n u(n)$，$0 < a < 1$

(9) 已知 $X(e^{j\omega}) = \begin{cases} 2, & |\omega| \leqslant \dfrac{\pi}{4} \\ 0, & \dfrac{\pi}{4} < |\omega| \leqslant \pi \end{cases}$，试求其傅里叶反变换 $x(n)$。

(10) 已知序列 $x(n) = 2\delta(n+1) + 2\delta(n) - 4\delta(n-1)$，则其傅里叶变换的直流分量为（　　）。

A. -4　　　　　　　B. 0　　　　　　　C. 2　　　　　　　D. 4

(11) 如图 2-15 所示序列 $x(n)$ 的频谱用 $X(e^{j\omega})$ 表示，不用直接求出 $X(e^{j\omega})$，完成下列运算：

① $X(e^{j0})$　　　　② $\displaystyle\int_{-\pi}^{\pi} X(e^{j\omega}) d\omega$　　　③ $X(e^{j\pi})$　　　　④ $\displaystyle\int_{-\pi}^{\pi} |X(e^{j\omega})|^2 d\omega$

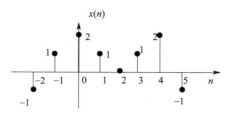

图 2-15 习题（11）图

（12）已知某线性因果系统的系统函数为 $H(z)=\dfrac{1}{1-az^{-1}}$，其中 a 为实数，那么当实数 a 满足（　　）时，才能使该系统稳定。

A. $|a|>0$　　　　　　　　　　　　　B. $|a|<1$

C. $|a|>1$　　　　　　　　　　　　　D. $|a|=1$

（13）序列 $h(n)$ 是实因果序列，其傅里叶变换的实部如下式：

$$H_R(\mathrm{e}^{\mathrm{j}\omega})=1+\cos\omega$$

求序列 $x(n)$ 及其傅里叶变换 $H(\mathrm{e}^{\mathrm{j}\omega})$。

（14）已知两个序列 $x_1(n)=x_2(n)=\{\underset{\uparrow}{1},2,1\}$，试求：

① $X_1(\mathrm{e}^{\mathrm{j}\omega})=\mathrm{DTFT}[x_1(n)]$；

② 利用时域卷积定理计算 $y(n)=x_1(n)*x_2(n)$。

（15）设系统的单位脉冲响应 $h(n)=a^nu(n),0<a<1$，输入序列 $x(n)=\delta(n)+2\delta(n-2)$，完成下面各题：

① 求系统的输出序列；

② 分别求 $x(n)$、$h(n)$ 和 $y(n)$ 的傅里叶变换。

（16）已知某因果系统的单位脉冲响应序列为 $h(n)=u(n)-\left(\dfrac{1}{3}\right)^nu(n)$，试求该系统的系统函数及差分方程，并讨论其稳定性。

（17）已知线性因果网络用下面的差分方程描述：

$$y(n)=0.5y(n-1)+x(n)+0.5x(n-1)$$

其中 $x(n)$、$y(n)$ 分别表示系统的输入、输出。试分析如下问题：

① 求解该网络的系统函数 $H(z)$，并画出其零极点分布图；

② 求解该网络的频率响应函数 $H(\mathrm{e}^{\mathrm{j}\omega})$，并定性画出其幅频特性曲线；

③ 设输入 $x(n)=\mathrm{e}^{\mathrm{j}\frac{\pi}{4}n}$，求输出 $y(n)$。

（18）已知网络的输入和单位脉冲响应分别为：

$$x(n)=a^nu(n),h(n)=b^nu(n),0<a<1,0<b<1$$

① 试用卷积法求系统输出 $y(n)$；

② 试用 z 变换法求系统输出 $y(n)$。

第 **3** 章

离散傅里叶变换（DFT）

离散傅里叶变换（Discrete Fourier Transform，DFT）是用频域抽样的方法计算序列傅里叶变换，突破了傅里叶变换时域求解和计算的困难与限制，为傅里叶分析实际应用打开了大门。许多数值计算软件在进行傅里叶变换时，都采用了离散傅里叶变换 DFT 或者基于 DFT 的快速算法快速傅里叶变换来实现。直接将 DFT 应用在数字信号处理器中实现正交频分复用（OFDM）在第四代移动通信系统物理层标准中的广泛应用，更是将 DFT 应用推向了高潮。可以说，离散傅里叶变换 DFT 使得时域离散系统的研究与应用在许多方面取代了传统的连续时间信号与系统分析，在各种信号处理中都起到了核心作用。

3.1 离散傅里叶变换（DFT）基础

离散傅里叶变换 DFT 的技术背景是满足计算机处理的两个需要，一个是缩小计算范围，即频谱计算长度有限化，另一个是将连续频谱离散化。DFT 的定义及其物理意义很好地诠释了这两个方面的需要。

3.1.1 离散傅里叶变换（DFT）的定义

（1）DFT 的定义

求序列傅里叶变换 $X(e^{j\omega})$ 是分析序列频谱特性的唯一途径。在上一章序列傅里叶变换 DTFT 分析中我们已经知道，$X(e^{j\omega})$ 是以虚指数函数 $e^{j\omega}$ 为自变量、以 $2k\pi$ 为周期的连续频谱，在对序列频谱分析时一般只需要得到 $\omega \in [0, 2\pi]$ 范围内的频谱波形即可。基于这个原理，为了均匀地描绘 $\omega \in [0, 2\pi]$ 范围内 $X(e^{j\omega})$ 的波形，可以将 z 平面上的单位圆圆周 N 等分，各等分点的数字频率为 $\omega_k = \left(\dfrac{2\pi}{N}\right)k$，$0 \leqslant k \leqslant N-1$，$\omega_k$ 是 2π 范围内以 $\dfrac{2\pi}{N}$ 等间隔抽样点的频率，序列傅里叶变换 $X(e^{j\omega})$ 变成离散频点对应 k 个 $X(e^{j\omega_k})$，用 $X(k)$ 表示每个 $X(e^{j\omega_k})$ 的值，可得到：

$$X(k) = X(e^{j\omega_k}) = \sum_{n=0}^{N-1} x(n) e^{-j\omega_k n} = \sum_{n=0}^{N-1} x(n) e^{-j\frac{2\pi}{N}kn} \qquad (3.1.1)$$

$X(k)$ 称为有限长序列 $x(n)$ 的离散傅里叶变换，可用 $X(k) = \mathrm{DFT}[x(n)]$ 表示。

上式中，需要计算虚指数序列 $e^{-j\frac{2\pi}{N}kn}$，为了方便公式的表示，引入了符号 W_N，称为旋转因子，$W_N = e^{-j\frac{2\pi}{N}}$，则 $W_N^{nk} = e^{-j\frac{2\pi}{N}kn}$。综上，可得到离散傅里叶变换 DFT 的定义为：

$$X(k) = \mathrm{DFT}[x(n)] = \sum_{n=0}^{N-1} x(n) W_N^{nk}, 0 \leqslant k \leqslant N-1 \qquad (3.1.2)$$

式中，N 是离散傅里叶变换的变换区间。通常可以将变换区间为 N 的 DFT 称为 N 点 DFT。

离散傅里叶反变换（Inverse Discrete Fourier Transform，IDFT）可以根据 $X(k)$ 求对应的时域序列 $x_N(n)$，公式如下：

$$x_N(n) = \mathrm{IDFT}[X(k)] = \frac{1}{N} \sum_{k=0}^{N-1} X(k) W_N^{-nk}, 0 \leqslant n \leqslant N-1 \qquad (3.1.3)$$

注意：IDFT 的变换区间长度与 DFT 相同，则仅当离散傅里叶变换的变换区间与序列长度同为 N 时，$x_N(n) = x(n)$。

（2）离散傅里叶变换的物理意义

对于一个长度为 N 的有限长序列 $x(n)$，其傅里叶变换为 $X(e^{j\omega})$，以 $R_4(n)$ 为例，其傅里叶变换为：

$$X(e^{j\omega}) = e^{-j\frac{3\omega}{2}} \frac{\sin(2\omega)}{\sin\frac{\omega}{2}}$$

幅频特性函数 $|X(e^{j\omega})|$ 如图 3-1 所示。

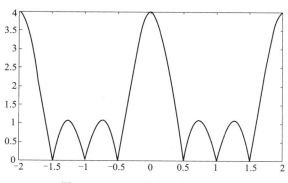

图 3-1　$R_4(n)$ 的幅频特性曲线

序列的傅里叶变换幅频特性曲线 $|X(e^{j\omega})|$ 是以 2π 为周期重现波形，其相位谱 $\varphi(\omega)$ 也具有相同的周期。取幅度谱 $|X(e^{j\omega})|$ 一个周期（0～2π）的波形进行抽样，如图 3-2 所示。

从图 3-2 中可以看出，频域抽样本质就是频谱的离散化。与时域采样不同的是，频谱离散化的结果是抽样点之间的频率被漏掉了，无法再恢复。这是 DFT 的一种固有误差。因为抽样点之间的频谱是看不到的，就好像从 N 个栅栏缝隙中观看频谱的情况，仅得到 N 个缝

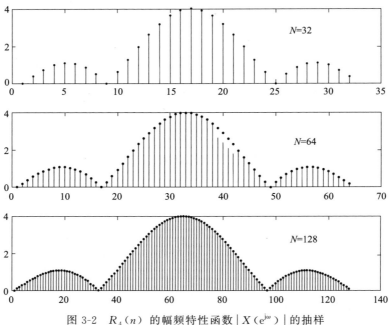

图 3-2　$R_4(n)$ 的幅频特性函数 $|X(\mathrm{e}^{\mathrm{j}\omega})|$ 的抽样

隙中看到的频谱，因此这种现象称为栅栏效应。改善栅栏效应的一种方法是增加 DFT 的点数，使得频域抽样间隔变小，更多被漏掉的频率成分被检测到。对比图 3-2 中的三种抽样点数可以看出，当 DFT 的点数 $N=128$ 时的栅栏效应相比 $N=32$ 就有明显改善。当然，得到这样的改善需要增加 DFT 的点数，会增加计算的复杂性。

（3）离散傅里叶变换的特点

由离散傅里叶变换的正、反变换公式可以看出，DFT 具有以下特点。

① 若默认 $x(n)$ 与 $X(k)$ 隐含周期性，且周期均为 N。则对任意整数 m，有如下关系式成立：

$$X(k+mN)=\sum_{n=0}^{N-1}x(n)W_N^{(k+mN)n}=\sum_{n=0}^{N-1}x(n)W_N^{kn}=X(k) \tag{3.1.4}$$

$$x(n+mN)=\sum_{k=0}^{N-1}X(k)W_N^{-(k+mN)n}=\sum_{k=0}^{N-1}X(k)W_N^{-kn}=x(n) \tag{3.1.5}$$

② 离散傅里叶变换 DFT 和反变换 IDFT 都是 N 点序列。若 $x(n)$ 长度为 M，会出现三种情况：

a. 当 $M=N$ 时，序列 $x(n)$ 直接代入公式求解；

b. 当 $M<N$ 时，序列 $x(n)$ 补零成为长度为 N 的序列，再代入公式求解；

c. 当 $M>N$ 时，序列 $x(n)$ 先按 N 点循环移位得到 $x((n))_N$，再取主值 $x((n))_N R_N(n)$，然后代入公式中求解。这也是 DFT 隐含周期性的体现。

③ DFT 只适用于有限长序列。DFT 具有隐含周期性，可以理解为一定要对 $x(n)$ 进行周期化处理，若 $x(n)$ 无限长，变成周期序列后各周期必然混叠，造成信号的混叠失真。因此实际处理时一定要先将待处理的序列进行截断处理，使之成为有限长序列。

④ DFT 的正、反变换的数学运算非常相似，可以用同一套硬件或者软件实现其正反变换。

3.1.2　旋转因子

上节我们提到，为了使 DFT 变换的公式表达更简洁，引入了旋转因子 W_N。

W_N 是 $e^{-j\frac{2\pi}{N}}$ 的简写形式，W 的下标 N 表示对 z 平面单位圆的等分数。旋转因子常见的、可用于计算的表示形式为 $W_N^r = e^{-j\frac{2\pi}{N}r}$，上标 r 是整数，可以是整型变量也可以是常数。旋转因子的运算实际上与虚指数函数相同。作为离散傅里叶变换 DFT 的计算基础，旋转因子起着重要作用。

（1）旋转因子 W_N 的性质

旋转因子的数学本质是离散域的虚指数序列，它的性质与虚指数序列 $e^{-j\theta}$ 的性质相同，具体内容总结如下。

① 周期性　若 $W_N = e^{-j\frac{2\pi}{N}}$，且序列存在周期 $N(N \neq 0)$，则：

$$W_N^r = W_N^{r+iN} \qquad (i = 0, \pm 1, \pm 2 \cdots) \qquad (3.1.6)$$

无论对 n（时域）还是 k（频域），W_N^{nk} 都具备周期性。利用旋转因子的周期特性可以在 W_N^r 的上标 r 数值很大时，将其减小到 $0 \sim N$ 的范围内，从而使计算简单。

② 对称性

$$W_N^{-r} = W_N^{N-r} \qquad (3.1.7)$$

同样，在 DFT 和 IDFT 公式中出现的 W_N^{nk} 的对称性可表示为：

$$W_N^{-nk} = W_N^{(N-n)k} = W_N^{n(N-k)} \qquad (3.1.8)$$

③ 正交性

$$\sum_{r=0}^{N-1} W_N^r = \begin{cases} N & r = 0 \\ 0 & r \neq 0 \end{cases} \qquad (3.1.9)$$

周期性、对称性、正交性是导出 DFT 以及 FFT（快速傅里叶变换）算法的关键，后面有许多推导用到了这些性质。

（2）旋转因子的计算

1）旋转因子的直角坐标计算法

旋转因子 $W_N^r = e^{-j\frac{2\pi}{N}r}$，根据欧拉公式 $e^{j\theta} = \cos\theta + j\sin\theta$ 可将旋转因子转换成直角坐标形式。

例如，当 $N = 2$ 时，$r = 0$，1，有两个旋转因子值，分别为：

$$W_2^0 = e^{-j\frac{2\pi}{2} \times 0} = \cos 0 + j\sin 0 = 1; W_2^1 = e^{-j\frac{2\pi}{2} \times 1} = \cos(-\pi) + j\sin(-\pi) = -1$$

当 $N = 4$ 时，$r = 0$，1，2，3，有四个旋转因子值，分别为：

$$W_4^0 = e^{-j\frac{2\pi}{4} \times 0} = \cos 0 + j\sin 0 = 1; W_4^1 = e^{-j\frac{2\pi}{4} \times 1} = \cos\left(-\frac{\pi}{2}\right) + j\sin\left(-\frac{\pi}{2}\right) = -j;$$

$$W_4^2 = e^{-j\frac{2\pi}{4} \times 2} = \cos(-\pi) + j\sin(-\pi) = -1; W_4^3 = e^{-j\frac{2\pi}{4} \times 3} = \cos\left(-\frac{3\pi}{2}\right) + j\sin\left(-\frac{3\pi}{2}\right) = j$$

2）旋转因子的几何计算法

旋转因子可以理解成 $\omega\in[0,2\pi]$ 上均匀取值，将 z 平面单位圆等分为 N 份，频率间隔为 $\omega_0=\dfrac{2\pi}{N}$。单位圆上 N 个点对应 N 个旋转因子的值。图 3-3 表示 $N=6$ 和 $N=8$ 两种情况下各旋转因子的取值分布。

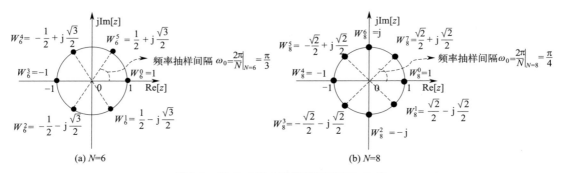

(a) N=6   (b) N=8

图 3-3   N 为 6 和 8 时旋转因子 W_N^r 的值

由图 3-3 不仅可以较清楚地看出旋转因子在单位圆上等间隔取值的情况，还可以看到当 W_N^r 中 $r\geqslant N$ 时，根据旋转因子的周期性，有 $W_N^r=W_N^{r-iN}$，如：$W_8^8=W_8^{16}=W_8^0$。

3）旋转因子的可约性

① $W_N^r=W_{mN}^{mr}=W_{N/m}^{r/m}$，$W_N^r$ 化简后会改变旋转因子中与 DFT 长度有关的参数 N（旋转因子的等分数 N 就是 DFT 的变换区间长度，或者说 DFT 的点数），在构造不同长度序列并求其 DFT 时会有重要作用，通过该式可将 N 点 DFT 转换为 $\dfrac{N}{m}$ 点 DFT，讨论序列分解成较短序列；反之，也可以讨论用较短的序列（N 点）合成较长序列（mN 点），分析它们的 DFT 关系或求解相关序列的 DFT。

② $W_N^{\frac{N}{2}}=-1$、$W_N^0=W_N^N=1$，这两个结论在化简 DFT 计算公式时非常有用，如 $W_8^4=\mathrm{e}^{-\mathrm{j}\frac{2\pi}{8}\times 4}=\mathrm{e}^{-\mathrm{j}\frac{2\pi}{2}\times 1}=W_2^1=-1$。

4）旋转因子的四则运算

旋转因子可以看成一个模为 1、辐角变化的复数，因此涉及旋转因子的乘除计算满足复数运算规则。

① 旋转因子的乘法和除法规则

乘法：

$$W_N^r W_N^m=\mathrm{e}^{-\mathrm{j}\frac{2\pi}{N}r}\mathrm{e}^{-\mathrm{j}\frac{2\pi}{N}m}=\mathrm{e}^{-\mathrm{j}\frac{2\pi}{N}(r+m)}=W_N^{r+m} \tag{3.1.10}$$

除法：

$$\frac{W_N^r}{W_N^m}=\frac{\mathrm{e}^{-\mathrm{j}\frac{2\pi}{N}r}}{\mathrm{e}^{-\mathrm{j}\frac{2\pi}{N}m}}=\mathrm{e}^{-\mathrm{j}\frac{2\pi}{N}(r-m)}=W_N^{r-m} \tag{3.1.11}$$

即同底数 N 的旋转因子相乘、相除等于上标相加减；计算结论可以跳过虚指数函数直接用旋转因子表示。

② 旋转因子的加减法规则   加法和减法则需要通过欧拉公式转换成直角坐标形式后进

行复数加减。

例如：$W_N^r + W_N^m = \cos\left(\dfrac{2\pi}{N}r\right) - \mathrm{j}\sin\left(\dfrac{2\pi}{N}r\right) + \cos\left(\dfrac{2\pi}{N}m\right) - \mathrm{j}\sin\left(\dfrac{2\pi}{N}m\right)$

$$= \left[\cos\left(\dfrac{2\pi}{N}r\right) + \cos\left(\dfrac{2\pi}{N}m\right)\right] - \mathrm{j}\left[\sin\left(\dfrac{2\pi}{N}r\right) + \sin\left(\dfrac{2\pi}{N}m\right)\right]$$

然后通过三角函数公式进一步化简。

3.2 离散傅里叶变换（DFT）的性质

DFT 变换的性质主要与其隐含周期性有关，下面讨论 DFT 变换的一些主要性质，在讨论中，需要对序列长度和 DFT 变换区间长度进行定义，如定理题设未对序列说明其长度，默认序列 $x(n)$ 长度为 N，其 N 点 DFT 为 $X(k)$。

（1）线性性质

设序列 $x_1(n)$、$x_2(n)$ 为有限长序列，长度分别为 N_1、N_2，$N \geqslant \max[N_1, N_2]$，若 N 点 $\mathrm{DFT}[x_1(n)] = X_1(k)$、$\mathrm{DFT}[x_2(n)] = X_2(k)$，则 $y(n) = ax_1(n) + bx_2(n)$，则 $y(n)$ 的 N 点 DFT 为：

$$\mathrm{DFT}[y(n)] = Y(k) = aX_1(k) + bX_2(k), \quad 0 \leqslant k \leqslant N-1 \tag{3.2.1}$$

线性特性表明序列叠加、比例增长时，其离散谱序列 $X(k)$ 也进行相同的线性运算。

（2）时域循环移位定理

设 $x(n)$ 是长度为 N 的有限长序列，$x(n)$ 的 N 点 DFT 记为 $\mathrm{DFT}[x(n)] = X(k)$，$x(n)$ 左移 m 位 $(m>0)$ 的 N 点循环移位序列为 $x((n+m))_N$，令 $x((n+m))_N$ 的主值序列为 $y(n) = x((n+m))_N R_N(n)$，则 $y(n)$ 的 N 点 DFT 为：

$$Y(k) = W_N^{-km} X(k) \tag{3.2.2}$$

【例 3.2.1】 已知某序列 $x(n)$ 的离散傅里叶变换为 $X(k) = \{\underline{1}, 2, 3, 4, 5, 4, 3, 2\}$，求 $x(n)$ 循环左移位 4 位后序列的离散傅里叶变换 8 点 DFT 的解析式及集合形式。

解：∵已知 $x(n)$ 的 8 点 DFT 序列，令 $x_1(n) = ((x+4))_8$，根据 DFT 的时域循环移位定理，有：

$$X_1(k) = W_N^{-km} X(k) = W_8^{-4k} X(k) = W_2^{-k} X(k)$$

即当 $k=0$ 时，$X_1(0) = X(0)$

当 $k = 2i (i = 0,1,2,3)$ 时，$X_1(k) = W_2^{-2i} X(k) = X(k)$

当 $k = 2i+1 (i = 0,1,2,3)$ 时，$X_1(k) = W_2^{-(2i+1)} X(k) = -X(k)$

即对于已知的 $X(k)$，序号为偶数位 $k = 0,2,4,6$ 的 $X(k)$ 不变，序号为奇数位 $k = 1,3,5,7$ 的 $X(k)$ 取反。

$$\therefore X_1(k) = \{\underline{1}, -2, 3, -4, 5, -4, 3, -2\}$$

注意：旋转因子的计算过程 $W_2^{-2i}=\mathrm{e}^{\mathrm{j}\frac{2\pi}{2}2i}=\mathrm{e}^{\mathrm{j}2\pi i}=1$；$W_2^{-(2i+1)}=\mathrm{e}^{\mathrm{j}\frac{2\pi}{2}(2i+1)}=\mathrm{e}^{\mathrm{j}\pi}=-1$。应用了旋转因子的可约性。

（3）频域循环移位定理

设 $x(n)$ 是长度为 N 的有限长序列，$x(n)$ 的 N 点 DFT 记为 $\mathrm{DFT}[x(n)]=X(k)$，则 $W_N^{ln}x(n)$ 的 N 点 DFT 为：

$$\mathrm{DFT}[W_N^{ln}x(n)]=X((k+l))_N R_N(k) \tag{3.2.3}$$

上式表明，DFT 序列 $X(k)$ 左移 l 位循环移位取主值相当于频域序列的一种频移操作，即如果时域序列相位发生变化，离散频谱 $X(k)$ 会发生频域的循环移位。

【例 3.2.2】 求序列 $y(n)=\cos\left(\dfrac{2\pi q}{N}n\right)$ 的 N 点 DFT（$q\geqslant 1$ 为整数，$0\leqslant n\leqslant N-1$）。

解： 用欧拉公式将余弦序列分解得到：

$$y(n)=\cos\left(\frac{2\pi q}{N}n\right)=\frac{1}{2}\left(\mathrm{e}^{\mathrm{j}\frac{2\pi}{N}qn}+\mathrm{e}^{-\mathrm{j}\frac{2\pi}{N}qn}\right)=\frac{1}{2}(W_N^{-qn}+W_N^{qn})$$

令 $x(n)=1$，$0\leqslant n\leqslant N-1$，则有：

$$X(k)=\begin{cases}N & k=0\\ 0 & k=1,2,\cdots,N-1\end{cases}$$

所以，$Y(k)=\mathrm{DFT}\left[\dfrac{1}{2}(W_N^{-qn}+W_N^{qn})x(n)\right]=\begin{cases}\dfrac{N}{2} & k=q,N-q\\ 0 & \text{其他}\end{cases}$

上式也可以表示为：

$$Y(k)=\frac{N}{2}[\delta(k-q)+\delta(k-N+q)]$$

设 $q=1$，$N=8$，画出 $y(n)=\cos\left(\dfrac{2\pi q}{N}n\right)$ 的 8 点 DFT 波形如图 3-4 所示。

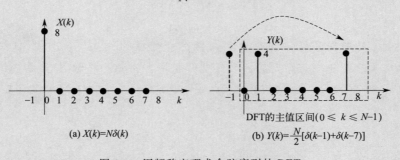

(a) $X(k)=N\delta(k)$ (b) $Y(k)=\dfrac{N}{2}[\delta(k-1)+\delta(k-7)]$

图 3-4　用频移定理求余弦序列的 DFT

注意：① 图 3-4（b）中 $k=-1$ 的谱线经过循环移位进入主值区间，对应 $k=7$ 的样值。

② N、q 必须同为整数，也就是 DFT 的点数 N 必须是 q 的整数倍，才会出现两根独立的谱线，可以通过数字频率转换到模拟频率，对应单频模拟信号的精确频率。如果 DFT 的

点数不是序列周期的整数倍，则会按照 $\cos(\omega_0 n)$ 的 DFT 形式，出现振荡的谱峰，其最大谱峰位置接近模拟频率值，但会有一定误差。

③ 对 $y(n)=W_N^{qn}x(n)$ 应用频域循环移位定理得到 $Y(k+q)$，是 $Y(k)$ 左移 q，出现 $n<0$ 的值，所以将其循环移位到主值区间对应的序号应为 $N-q$，移出的样值补在序列的最后，$Y(k+q)=Y(k-N+q)$，这是 DFT 隐含周期性的应用。

④ 因为 DFT 是对频率的等间隔抽样，每个 k 值对应一个频率，在 $k=q$ 出现非零值，说明频率偏移了 $q\dfrac{2\pi}{N}$，同理，另一个非零值出现的频率为 $(N-q)\dfrac{2\pi}{N}$。

⑤ 长度为 N 的正弦余弦序列的 DFT 公式总结如下：

$$\text{DFT}\left[\cos\left(\frac{2\pi q}{N}n\right)\right]=\frac{N}{2}\left[\delta(k-q)+\delta(k-N+q)\right], \tag{3.2.4}$$

$$\text{DFT}\left[\sin\left(\frac{2\pi q}{N}n\right)\right]=\frac{N}{2\text{j}}\left[\delta(k-q)-\delta(k-N+q)\right] \tag{3.2.5}$$

以上两式中，$k=0,1,2\cdots N-1$。

（4）时域循环卷积定理

设序列 $x_1(n)$、$x_2(n)$ 为有限长序列，长度分别为 N_1、N_2，且 $\text{DFT}[x_1(n)]=X_1(k)$、$\text{DFT}[x_2(n)]=X_2(k)$，$L\geqslant\max[N_1,N_2]$，则 $x_1(n)$、$x_2(n)$ 的 L 点循环卷积 $y(n)=x_1(n)\textcircled{L}x_2(n)$ 的 L 点 DFT 为：

$$Y(k)=\text{DFT}[y(n)]=\text{DFT}[x_1(n)\textcircled{L}x_2(n)]=X_1(k)X_2(k),0\leqslant k\leqslant L-1 \tag{3.2.6}$$

时域循环卷积定理也可以称为 DFT 的时域卷积特性或圆周卷积特性。

（5）$X(k)$ 的共轭对称性

离散傅里叶变换 DFT 是计算机计算信号频谱的理论基础，在实际中由信号采样得到的序列一般都是实序列，但是其频谱具有复数性质，利用 DFT 的对称性，可以减少 DFT 的计算量。

设 $x(n)$ 是长度为 N 的有限长实序列，且 N 点 $\text{DFT}[x(n)]=X(k)$，则 $X(k)$ 满足如下特性。

① $X(k)$ 共轭对称，即：

$$X(k)=X^*(N-k),0\leqslant k\leqslant N-1 \tag{3.2.7}$$

② 若 $x(n)$ 是实偶对称序列，即 $x(n)=x(N-n)$，则 $X(k)$ 实偶对称，即：

$$X(k)=X(N-k),0\leqslant k\leqslant N-1 \tag{3.2.8}$$

③ 若 $x(n)$ 是实奇对称序列，即 $x(n)=-x(N-n)$，则 $X(k)$ 纯虚奇对称，即：

$$X(k)=-X(N-k),0\leqslant k\leqslant N-1 \tag{3.2.9}$$

如果从序列 $x(n)$ 及其频谱的数学特性来分析，它们都具有复数特性，因此其对称性还可以推广出以下结论。

① $x(n)$ 为复数，且 $x(n)=\text{Re}[x(n)]+\text{jIm}[x(n)]$，则实部与虚部的 N 点 DFT 为：

$$\mathrm{DFT}\{\mathrm{Re}\,[x(n)]\}=\frac{1}{2}\,[X(k)+X^*(N-k)] \tag{3.2.10}$$

$$\mathrm{DFT}\{\mathrm{jIm}\,[x(n)]\}=\frac{1}{2}\,[X(k)-X^*(N-k)] \tag{3.2.11}$$

其中，$\frac{1}{2}\,[X(k)+X^*(N-k)]=X_e(k)$ 称为共轭对称分量，$\frac{1}{2}\,[X(k)-X^*(N-k)]=X_o(k)$ 称为共轭反对称分量。

② $x(n)$ 为复数，且 $x(n)=x_o(n)+x_e(n)$，则 $x_o(n)$ 与 $x_e(n)$ 的 N 点 DFT 为：

$$X_e(k)=\mathrm{DFT}\,[x_e(n)]=\mathrm{Re}\,[X(k)] \tag{3.2.12}$$

$$X_o(k)=\mathrm{DFT}\,[x_o(n)]=\mathrm{jIm}\,[X(k)] \tag{3.2.13}$$

其中，$\frac{1}{2}\,[x(n)+x^*(N-n)]=x_e(n)$ 称为序列 $x(n)$ 共轭对称分量，$\frac{1}{2}\,[x(n)-x^*(N-n)]=x_o(n)$ 称为序列 $x(n)$ 共轭反对称分量。

由公式可知，序列共轭对称分量的 DFT 为序列 DFT 的实部，序列共轭反对称分量的 DFT 对应的是序列 DFT 的虚部（包括 j）。

（6）帕斯维尔定理（能量定理）

$$\sum_{n=0}^{N-1}|x(n)|^2=\frac{1}{N}\sum_{k=0}^{N-1}|X(k)|^2 \tag{3.2.14}$$

序列是由 N 个样值组成的，序列的离散谱 $X(k)$ 也是长度为 N 的序列，这个定理既能说明序列能量可以分别通过时域 $x(n)$ 和频域 $X(k)$ 求解，同时也能说明，时域频域能量是相等的。

（7）序列周期延拓的 rN 点 DFT

序列周期延拓是指有限长序列按照一定的周期延拓。延拓后的离散傅里叶变换也会发生有规律的变化。

若已知序列 $x(n)$ 长度为 N，且 $N=2^M$，$x(n)$ 的 N 点 DFT 记为 $X(k)$，$0\leqslant k\leqslant N-1$。

令 $y(n)=x((n))_N R_{rN}(n),0\leqslant n\leqslant rN-1$，$y(n)$ 是由 $x(n)$ 周期延拓 $r-1$ 次得到的[即 $x(n)$ 重复 r 次]，设 $y(n)$ 的 rN 点 DFT 为 $Y(k_1)$，则 $Y(k_1)$ 与 $X(k)$ 的关系为：

$$Y(k_1)=\begin{cases} rX\left(\dfrac{k_1}{r}\right) & \dfrac{k_1}{r}=\text{整数} \\[2mm] 0 & \dfrac{k_1}{r}\neq\text{整数} \end{cases} \tag{3.2.15}$$

即长度为 N 的序列以周期 N 周期延拓 $r-1$ 次（一共重复 r 次），其 rN 点 DFT 变换为原序列 DFT 插值并乘以重复次数。

【例 3.2.3】 已知实序列 $x(n)$ 是长度 $N=8$ 的序列，其 8 点 DFT 为：

$$X_8(k)=\{0.9,0.5,0.3,0.2,0.1,0.2,0.3,0.5\}$$

设序列 $y(n)=x((n))_8R_{16}(n)$，求 $y(n)$ 的 16 点 DFT $Y(k_1)$，$0\leqslant k_1\leqslant15$。

解：$\because x((n))_8R_{16}(n)$ 是以 8 为周期延拓取 16 点，则根据式 (3.2.15)，重复次数为 $r=2$。

当 $\dfrac{k_1}{r}=$ 整数，即 $k_1=0,2,4,6,8,10,12,14$ 时，$Y(k_1)=2X\left(\dfrac{k_1}{r}\right)$；当 k_1 为其他值时，$Y(k_1)=0$。

所以有 $Y(k_1)=\{1.8,0,1,0,0.6,0,0.4,0,0.2,0,0.6,0,1,0\}$。

（8）序列插值的 DFT

序列插值是指在原序列的两个样值之间补入一定数量的零值，这也会使序列的长度发生变化。假设 $x(n)$ 是 N 点有限长序列，$X(k)=\mathrm{DFT}[x(n)]$，现将 $x(n)$ 每两点之间补进 $r-1$ 个零，得到 rN 点的有限长序列：

$$y(n)=\begin{cases}x\left(\dfrac{n}{r}\right) & n=ir,i=0,1,2,\cdots \\ 0 & \text{其他}\end{cases}$$

则 $y(n)$ 的 rN 点 DFT 变换 $Y(k)$ 为：

$$Y(k)=X(k)+X(k-N)+\cdots+X(k-rN)=X((k))_N,0\leqslant k\leqslant rN-1 \quad (3.2.16)$$

即 $Y(k)$ 是 $X(k)$ 以 N 为周期的 r 次的周期延拓。

（9）时域序列相乘的 DFT 变换

设 $x(n)$、$y(n)$ 都是长度为 N 的序列，$X(k)$ 和 $Y(k)$ 分别是它们的 N 点 DFT。若存在一个长度为 N 的序列 $w(n)=x(n)y(n)$，其 N 点 DFT $W(k)$ 为：

$$W(k)=\frac{1}{N}\sum_{l=0}^{N-1}Y(l)X((k-l))_N=\frac{1}{N}[X(k) Ⓝ Y(k)],0\leqslant k\leqslant N-1 \quad (3.2.17)$$

这个结果表示，时域序列相乘，其频域是两个序列 DFT 的循环卷积再除以 N。

3.3 离散傅里叶反变换（IDFT）与频域抽样定理

序列 $x(n)$ 通过离散傅里叶变换得到离散谱序列 $X(k)$，$X(k)$ 从理论上讲也能够通过离散傅里叶反变换 IDFT 将原序列还原。本节主要讨论离散傅里叶反变换 IDFT 与原序列的关系、IDFT 的算法实现、IDFT 是否能正确逼近原序列频谱，以及利用 DFT 算法实现 IDFT 等内容。

3.3.1 离散傅里叶反变换（IDFT）与原序列的关系

由于离散傅里叶变换是固定变换长度的计算，不同长度的处理会带来序列还原的不同情况。假设原序列为 $x(n)$，反变换序列 $x_N(n)=\mathrm{IDFT}[X(k)]$，可分以下情况进行 IDFT

计算。

（1）反变换序列 $x_N(n)$ 与原序列 $x(n)$ 长度相等情况下的 IDFT

原序列 $x(n)$ 的长度与 DFT 变换的长度相同，均为 N 时，反变换与正变换的运算步骤基本是相同的，所以当已知 $X(k)$ 时，代入公式用直接计算的方法即可求解已知频谱的原序列。

（2）反变换序列 $x_N(n)$ 与原序列 $x(n)$ 长度不相等情况下的 IDFT

在一般情况下，对于长度为 N 的有限长序列 $x(n)$，在之前的计算中，默认了一定是采用变换区间为 N 的 N 点 DFT 来完成序列的离散傅里叶变换。当序列的长度与我们设计的 DFT 点数不同时，IDFT 的输出序列 $x_N(n)$ 就与原序列 $x(n)$ 会有区别。

$$x_N(n) = \left[\sum_{r=-\infty}^{+\infty} x(n+rN) \right] R_N(n) = x((n))_N R_N(n) \tag{3.3.1}$$

上式表明，IDFT 序列 $x_N(n)$ 是原序列 $x(n)$ 以 N 为周期的周期延拓序列的主值序列。

【例 3.3.1】 若序列 $x(n) = \{\underline{1},1,1,1,1\}$，长度为 $M=5$，求 $N=3$ 及 $N=6$ 时的序列 $x_N(n)$。

解： 先求序列 $x(n)$ 以 N 为周期的周期延拓，再取主值即可。

当 $N=3$ 时，周期延拓的周期小于序列长度，即 $N<M$ 时，需要将 $x(n)$ 按 3 位截断，剩余的 2 位序列补 1 个 0，形成新序列与截断序列相加，得到：
$$x_N(n) = \{\underline{1},1,1\} + \{\underline{1},1,0\} = \{\underline{2},2,1\}$$

当 $N=6$ 时，周期延拓的周期大于序列长度，即 $N>M$ 时，应在 $x(n)$ 补一个 0，即：
$$x_N(n) = \{\underline{1},1,1,1,1,0\}$$

实际上 $x_N(n)$ 的求解与 DFT 特性中关于 $x(n)$ 在 DFT 变换时的三种处理结果是一样的。

3.3.2 用 DFT 实现 IDFT 算法

在实际系统设计中，如果已经有了一个关于 DFT 的算法程序或者数字信号处理系统，利用这个 DFT 系统同时完成 IDFT 计算，下面推导实现该算法的原理。

将 IDFT 的变换公式

$$x(n) = \frac{1}{N} \sum_{k=0}^{N-1} X(k) W_N^{-nk}$$

与 DFT 变换公式进行对比可以发现，它们的主要区别是旋转因子的上标，根据旋转因子的性质，有 $W_N^{-nk} = (W_N^{nk})^*$，将 $X(k)$ 同时取共轭，上式改写为：

$$x(n) = \frac{1}{N} \left[\sum_{k=0}^{N-1} X^*(k) W_N^{nk} \right]^* \tag{3.3.2}$$

这样，方括号内的旋转因子与正变换相同，就可以利用 DFT 的算法来实现 IDFT 运算了。根据式(3.3.2) 总结利用 DFT 求 IDFT 的步骤如下：

步骤一　对离散谱序列 $X(k)$ 取共轭得到离散谱共轭序列 $X^*(k)$；

步骤二　对 $X^*(k)$ 进行 DFT 运算；

步骤三　对变换后的序列取共轭，并乘以常数 $\frac{1}{N}$，得到的数据即为 $x(n)$。

一套同时完成 DFT 和 IDFT 的系统结构如图 3-5 所示。

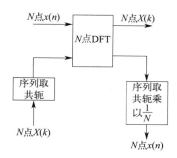

图 3-5　同时完成 DFT 和 IDFT 的系统结构示意图

3.3.3　频域抽样定理

频域抽样定理的表述为：如果序列 $x(n)$ 的长度为 M，则只有当频域抽样点数 $N \geqslant M$ 时，通过 IDFT 恢复的序列 $x_N(n)$ 与原序列 $x(n)$ 相同。也就是说，如果长度为 M 的序列 $x(n)$，当频域抽样点数 $N \geqslant M$ 时，可以由频域抽样序列 $X(k)$ 通过 DFT 反变换还原出原序列 $x(n)$，否则序列会产生时域混叠。

【例 3.3.2】　长度为 40 的三角形序列 $x(n)$ 如图 3-6(a) 所示，通过对序列的频谱做 $N=32$ 和 $N=64$ 的 IDFT 处理，分别比较反变换序列结果 $x_N(n)$ 与原序列 $x(n)$ 的关系，验证频域采样理论。

图 3-6 所示是通过 MATLAB 程序编程运行的结果。图 3-6(a) 和 3-6(b) 分别为 $|X(e^{j\omega})|$ 和 $x(n)$ 的波形图；图 3-6(c) 和 3-6(d) 分别为 $X(e^{j\omega})$ 的 32 点采样 $|X_{32}(k)|$ 和 $x_{32}(n)=\text{IDFT}[X_{32}(k)]$ 波形图；图 3-6(e) 和 3-6(f) 分别为 $X(e^{j\omega})$ 的 64 点采样 $|X_{64}(k)|$ 和 $x_{64}(n)=\text{IDFT}[X_{64}(k)]$ 波形图。由于实序列的 DFT 满足共轭对称性，因此频谱图仅画出 $[0, \pi]$ 上的幅频特性波形，相应地，频域抽样点数也给出 $\frac{N}{2}$ 对应的波形。

本例中，$x(n)$ 的长度 $M=40$。从图 3-6(d) 中可以看出，当频域抽样点数 $N=32<M$ 时，$x_{32}(n)$ 等于原三角序列 $x(n)$ 以 32 为周期的周期延拓序列的主值序列，IDFT 得到的 32 点样值由于存在时域混叠失真，$x_{32}(n) \neq x(n)$；图 3-6(f) 中，频域抽样点数 $N=64>M$，IDFT 得到的 64 点样值中，0～39 点与 $x(n)$ 完全相同，40～63 点全为零，可以忽略不计，即 $x_{64}(n)=\text{IDFT}\left[X_{64}(k)\right]=x(n)$，所得波形无时域混叠失真。由此可以验证频域抽样定理的正确性，同时也说明，如果仅是为了反变换的时域序列没有混叠，只需要满足频域抽样点数 $N=M$ 即可，抽样点数太高会增加计算复杂性，降低效率。

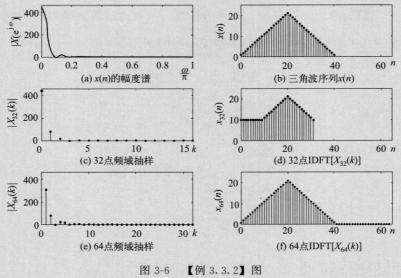

图 3-6 【例 3.3.2】图

3.3.4 频域插值重构

满足频域抽样定理时，频域抽样序列 $X(k)$ 就是原序列 $x(n)$ 的 N 点 DFT，所以 $X(k)$ 的 N 点 IDFT 是原序列 $x(n)$，必然可以由 $X(k)$ 恢复 $X(z)$ 和 $X(\text{e}^{\text{j}\omega})$。通过采样插值公式，由 N 个频域抽样值 $X_N(k)$ 来重构连续频率函数，称为频域插值重构。

下面推导用频域抽序列样 $X(k)$ 来表示 $X(z)$ 和 $X(\text{e}^{\text{j}\omega})$ 的内插公式和内插函数。

设序列 $x(n)$ 长度为 M，在频域 $[0,2\pi]$ 上等间隔采样 N 点，$N\geqslant M$，则有：

$$X(z)=\sum_{n=0}^{N-1}x(n)z^{-n}$$

$$X(k)=X(z)\Big|_{z=\text{e}^{\text{j}\frac{2\pi}{N}k}},k=0,1,2,\cdots,N-1$$

因为满足频域采样定理，所以上式中

$$x(n)=\text{IDFT}\left[X(k)\right]=\frac{1}{N}\sum_{k=0}^{N-1}X(k)\text{e}^{\text{j}\frac{2\pi}{N}nk}$$

代入 $X(z)$ 的表达式中，得到：

$$X(z)=\sum_{n=0}^{N-1}\left[\frac{1}{N}\sum_{k=0}^{N-1}X(k)\text{e}^{\text{j}\frac{2\pi}{N}nk}\right]z^{-n}=\frac{1}{N}\sum_{k=0}^{N-1}X(k)\left(\sum_{n=0}^{N-1}\text{e}^{\text{j}\frac{2\pi}{N}nk}z^{-n}\right)$$

$$=\frac{1}{N}\sum_{k=0}^{N-1}X(k)\ \frac{1-z^{-N}}{1-\text{e}^{\text{j}\frac{2\pi}{N}k}z^{-1}}$$

$$(3.3.3)$$

令：

$$\varphi_k(z) = \frac{1}{N} \times \frac{1 - z^{-N}}{1 - e^{j\frac{2\pi}{N}k} z^{-1}} \qquad (3.3.4)$$

则有：

$$X(z) = \sum_{k=0}^{N-1} X(k) \varphi_k(z) \qquad (3.3.5)$$

式（3.3.4）称为用 $X(k)$ 表示 $X(z)$ 的复频域内插公式，$\varphi_k(z)$ 称为复频域内插函数。

将 $z = e^{j\omega}$ 代入式（3.3.5），并进行整理化简得到：

$$X(e^{j\omega}) = \sum_{k=0}^{N-1} X(k) \varphi\left(\omega - \frac{2\pi}{N}k\right) \qquad (3.3.6)$$

$$\varphi(\omega) = \frac{1}{N} \times \frac{\sin\frac{\omega N}{2}}{\sin\frac{\omega}{2}} e^{-j\omega(\frac{N-1}{2})} \qquad (3.3.7)$$

式（3.3.6）称为用 $X(k)$ 表示的频域内插公式，式（3.3.7）中的 $\varphi(\omega)$ 称为频域内插函数。

由公式可知，频域插值重构所得的 $X(e^{j\omega})$ 是由频域样本值 $X(k)$ 对各个频率采样点的插值函数加权后求和得到的。在每个频域抽样点 $\omega = \frac{2\pi}{N}k$ 上，频域内插函数值 $\varphi(0)$ 取值为 1，保证了输出结果在各个频域抽样点取值与采样值完全相等，在频域抽样点之间，输出结果的波形由各内插函数波形叠加而成。

3.4　DFT 的应用

连续时间信号的傅里叶变换在信号分析中的主要作用是理论价值，而离散傅里叶变换 DFT 可以用于实际系统，特别是快速傅里叶变换 FFT 的出现，大大提高了 DFT 的计算效率，可以将 DFT 直接应用于系统，实现实时的转换。本节主要介绍利用 DFT 实现循环卷积和利用 DFT 对模拟信号进行谱分析两个应用。

3.4.1　利用 DFT 实现循环卷积

由时域循环卷积定理可知，循环卷积可在频域计算后通过反变换得到。设序列 $x_1(n)$、$x_2(n)$ 为有限长序列，长度分别为 N_1、N_2，且 $\text{DFT}[x_1(n)] = X_1(k)$、$\text{DFT}[x_2(n)] = X_2(k)$，$L \geqslant \max[N_1, N_2]$，则利用 DFT 计算 $y(n) = x_1(n) ⓛ x_2(n)$ 的实现框图如图 3-7 所示。

这个系统结构表明，为了计算 $x_1(n) ⓛ x_2(n)$ 的值，可以先对它们分别做 L 点 DFT，根据 DFT 的时域卷积定理，对两个序列的 DFT 值进行乘法运算，通过乘法器计算 $X_1(k)X_2(k)$，再用反变换系统实现 $X_1(k)X_2(k)$ 的 IDFT，即得到两序列的时域卷积结果 $x_1(n) ⓛ x_2(n)$。

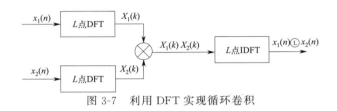

图 3-7　利用 DFT 实现循环卷积

【例 3.4.1】 已知序列 $x(n)=2\delta(n)+\delta(n-1)+\delta(n-3)$ 的 5 点 DFT 为 $X(k)$，求 $Y(k)=X^2(k)$ 的 IDFT；若令 $x(n)$ 的 8 点 DFT 为 $X_1(k)$，计算 $Y_1(k)=X_1^2(k)$ 的 IDFT。

解： 由时域卷积定理可知，当 DFT 为 $Y(k)=X^2(k)$ 时，对应的时域运算是 $y(n)=x(n)\textcircled{L}x(n)$，正好是图 3-7 所示利用 DFT 实现循环卷积的例子。序列用集合形式表示为：$x(n)=\{\underline{2},1,0,1\}$。

① $X(k)$ 为 $x(n)$ 的 5 点 DFT 时，代入 DFT 公式：

$$X(k)=\sum_{n=0}^{4}x(n)W_5^{nk}=2+W_5^k+W_5^{3k}$$

则：

$$
\begin{aligned}
Y(k)=X^2(k)&=(2+W_5^k+W_5^{3k})^2=4+W_5^{2k}+W_5^{6k}+4W_5^k+4W_5^{3k}+2W_5^{4k}\\
&=4+5W_5^k+W_5^{2k}+4W_5^{3k}+2W_5^{4k}
\end{aligned}
$$

$$\therefore y(n)=4\delta(n)+5\delta(n-1)+\delta(n-2)+4\delta(n-3)+2\delta(n-4)$$

用集合形式表示为：

$$y(n)=\{\underline{4},5,1,4,2\}$$

② $X_1(k)$ 为 $x(n)$ 的 8 点 DFT 时，代入 DFT 公式：

$$X_1(k)=\sum_{n=0}^{7}x(n)W_8^{nk}=2+W_8^k+W_8^{3k}$$

则：

$$Y_1(k)=X_1^2(k)=(2+W_8^k+W_8^{3k})^2=4+4W_8^k+W_8^{2k}+4W_8^{3k}+2W_8^{4k}+W_8^{6k}$$

$$\therefore y_1(n)=4\delta(n)+4\delta(n-1)+\delta(n-2)+4\delta(n-3)+2\delta(n-4)+\delta(n-6)$$

因为 $X_1(k)$ 是 8 点 DFT，则 $Y_1(k)$ 的 8 点 IDFT 得到的反变换序列也是 8 点的，其集合形式为：$y_1(n)=\{\underline{4},4,1,4,2,0,1,0\}$。

在本例中，$X(k)$ 为 5 点 DFT，$Y(k)$ 的 IDFT 也默认为 5 点，所以反变换得到的序列 $y(n)$ 也是 5 点的；而 $X_1(k)$ 是 8 点 DFT，$Y_1(k)$ 的 IDFT 为 8 点，计算的 $y_1(n)$ 也是 8 点。同样是序列 $x(n)$ 进行的循环卷积计算，为什么结果不同呢？这其实就是从另一个角度解释了 DFT 点数与序列长度关系的问题。假设时域运算为卷积和，即 $y(n)=x(n)*x(n)$，$y(n)$ 的长度应为 7，按照 DFT 与序列长度的关系，如果做 5 点 DFT，则序列 $y(n)$ 在时域先按 5 做周期延拓然后取主值进行 DFT，反变换得到的是一个原序列时域混叠的新序列；做 8 点 DFT，则是序列 $y(n)$ 补零后按 8 做周期延拓取主值进行 DFT。所以 $y(n)$ 可以理解为 $y_1(n)$ 前 5 点和后 3 点折叠相加得到的时域序列。

3.4.2 利用 DFT 对模拟信号进行谱分析

所谓的谱分析就是利用离散傅里叶变换 DFT 计算信号的频谱。谱分析的典型应用是寻找信号的频谱特征，用于检测、诊断和控制等系统，诸如声学分析、男女声辨别、信号消噪、电池材料声子谱计算和图像处理等。另外，DFT 谱分析还有一个大家熟知的频谱分析的仪器频谱仪，当我们输入一段时域波形，频谱仪屏幕上看到一个个反映频率大小的幅度尖峰，信号中包含的频率成分及其大小可以实时计算出来。这就是利用 DFT 进行谱分析且可视化的一个例子。

在工程实际中常见的时域信号 $x_a(t)$ 通常都是持续时间较长、频率成分复杂的随机信号，用 DFT 实现谱分析需要解决的问题是能够及时将信号的频谱计算出来，一般要进行如图 3-8 所示的变换。

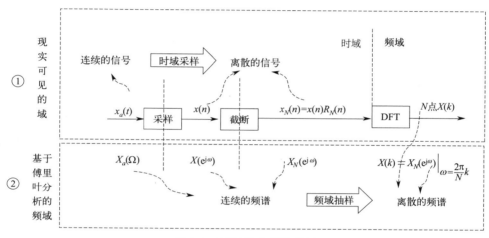

图 3-8 DFT 谱分析示意图

图中，①②两个虚线框示意了两个不同的域。

① 表示现实可见的域。即我们可以真实地通过实际电路系统输入输出的信号或者数据，一般来说这些都是在时域发生的。但是有了 DFT 变换之后，我们可以看到，频域的数据也可以通过离散频谱序列 $X(k)$ 存在于现实中，这可以说是 DFT 最伟大的突破。

② 表示基于傅里叶分析的频域。在 19 世纪之后的很长一段时间内，频谱分析是电路设计的一个辅助环节，通过分析信号的频谱，计算出其频率范围，并匹配到系统的滤波器、调制器等电路上，使之能够让信号所有有用频率成分通过或者抑制。②中的最后一个环节，将连续的频谱抽样成为离散的频谱，可以理解为离散频谱序列 $X(k)$ 的物理意义。

现实中一个完整的谱分析过程在虚线框①所示的过程中完成。

首先，为了便于计算机处理，必须对连续信号 $x_a(t)$ 进行采样得到离散时间序列 $x(n)$；接着，由于计算机存储容量和计算的要求，需要对 $x(n)$ 进行截断得到有限长序列 $x_N(n)$；最后，对 $x_N(n)$ 进行 N 点 DFT 变换得到序列的 N 点离散谱 $X(k)$。

显然，从需要谱分析的信号 $x_a(t)$ 到分析出来的 N 点离散谱 $X(k)$，经过了时域采样、序列截断的过程，只是理论计算频谱 $X_a(\Omega)$ 的一个近似结果。近似的结果是否可以更逼近理论值，与谱分析中各个过程的参数选择有直接关系。下面我们来介绍谱分析参数的定义，并对利用 DFT 对连续非周期信号、连续周期信号、离散序列谱分析的原理、参数选择以及一些实际问题进行讨论。

（1）谱分析的参数

① 频率分辨率 Δf 和谱分辨率 F　频率分辨率 Δf 是指谱分析中能分辨的两个频率分量峰值的频率间距，也称为模拟频率分辨率。在由多个频率成分构成的模拟信号中，它是指能够分辨的最小频差，可表示为：

$$\Delta f = |f_1 - f_2|_{\min} \tag{3.4.1}$$

频率分辨率为 1Hz 表示谱分析能分辨的最小频率差为 1Hz，而 5Hz 则表示能分辨的最小频率差为 5Hz，Δf 越小，频率分辨率越高。

谱分辨率 F 也称为数字频率分辨率，是指 DFT 谱分析时 $X(k)$ 相邻谱线的间隔，即：

$$F = \frac{f_s}{N} \tag{3.4.2}$$

在采样频率不变的情况下，频域抽样点数 N 越大，谱分辨率越高。

由于本质上谱分辨率是基于采样频率的数字频率，频率分辨率 Δf 则是以采样前的模拟频率作为参考，所以在谱分析中，要能够正确分辨出信号中的每个频率成分，最高谱分辨率 F_0 必须满足（注意，谱分辨率越高，F_0 越小，所以取小于等于符号）：

$$F_0 \leqslant \Delta f \tag{3.4.3}$$

② 最小记录时间 $T_{p\min}$　信号的记录时间也叫截断时间，是指信号在谱分析时截断的持续时长。

信号最小记录时间 $T_{p\min}$ 与最高谱分辨率 F_0 的关系为：

$$T_{p\min} \geqslant \frac{1}{F_0} \tag{3.4.4}$$

一般情况下，当频率分辨率 Δf 增加时，最高谱分辨率 F_0 也需要相应增加，则最小记录时间会增加，也就是需要记录更长时间的信号才能满足频率分辨率 Δf 的提高。

③ DFT 变换的点数 N　根据频域抽样定理，DFT 最小点数 $N_{\min}$ 应不小于序列的长度，则根据式(3.4.2)和式(3.4.4)有：

$$N_{\min} \geqslant \frac{f_s}{F_0} \tag{3.4.5}$$

根据 DFT 的物理意义，$N_{\min}$ 也称为最小频域抽样点数。

在选择谱分析的基本参数时，首先要根据要求的最小频差（即频率分辨率）确定最高频率分辨率 F_0（有时候这个指标是谱分析系统直接给定的），选择采样频率 f_s，由此确定最小记录时间 $T_{p\min}$ 和 DFT 的最小长度 $N_{\min}$。

【例 3.4.2】　对实信号进行谱分析，要求谱分辨率 $F_0 \leqslant 10$Hz，信号最高频率 $f_c = 2.5$kHz，试确定最小记录时间 $T_{p\min}$、时域最大采样间隔 T_s 和 DFT 的频域最小抽样点数 $N_{\min}$。若谱分辨率要求提高一倍，求 DFT 的最小点数和最小记录时间。

解：由已知谱分辨率可以求出信号的最小记录时间为：

$$T_{p\min} \geqslant \frac{1}{F_0} = \frac{1}{10} = 0.1(\text{s})$$

因为信号的最高频率为 $f_c = 2.5\text{kHz}$，根据采样定理计算采样频率：

$$f_s \geqslant 2f_c = 2.5\text{k} \times 2 = 5(\text{kHz})$$

则采样间隔为：

$$T_s = \frac{1}{f_s} = \frac{1}{5\text{k}} = 0.2 \times 10^3(\text{s})$$

则序列截断长度为：

$$N = \frac{f_s}{F_0} = \frac{5\text{k}}{10} = 500$$

即序列的截断长度应为 500 才能满足频率分辨率 $F_0 = 10\text{Hz}$ 要求，根据频域抽样定理，频域最小抽样点数为：

$$N_{\min} \geqslant N = 500$$

若谱分辨率提高一倍，则 $F'_0 \leqslant 5\text{Hz}$，此时：

$$T_{p\min1} \geqslant \frac{1}{F'_0} = \frac{1}{5} = 0.2(\text{s})$$

$$N_{\min} \geqslant \frac{f_s}{F'_0} = \frac{5\text{k}}{5} = 1000$$

当谱分辨率要求提高一倍时，则序列的截断长度应增加到 1000 点，相应地，DFT 的长度至少也要 1000 点。

（2）谱分析的误差

从图 3-8 所示的谱分析过程可知，从连续信号 $x_a(t)$ 到 N 点离散谱 $X(k)$，经过了时域采样、序列截断的过程，每个过程都将出现一些由近似引入的误差，下面分别讨论误差引起的原因及解决的办法。

① 频谱混叠失真　采样序列的频谱是由被采样的连续时间信号的频谱周期延拓得到的。当采样频率不满足采样定理时，就会发生频谱混叠现象，使得采样后信号的频谱不能真实反映原信号的频谱。

解决频谱混叠的唯一方法是保证时域采样频率足够高。在实际应用中，对于一些频谱很宽的信号，可能存在一些频率成分高于系统设计的最高频率，为了防止时域采样后产生频谱混叠失真影响后续的分析结果，可以在图 3-8① 所示的系统前加入一个抗混叠预滤波器，滤除大于 $\frac{f_s}{2}$ 的频率成分。当然，这个操作可能会失去部分高频部分的谱信息。

② 截断效应　在 DFT 谱分析中，需要将序列 $x(n)$ 截断，得到有限长序列 $x_N(n)$，这个截断的计算公式为：

$$x_N(n) = x(n)R_N(n) \tag{3.4.6}$$

即 $x_N(n)$ 是 $x(n)$ 与长度为 N 的矩形序列 $R_N(n)$ 相乘得到的，则由频域卷积定理可知

$x_N(n)$ 的频谱如下：

$$X_N(e^{j\omega}) = \frac{1}{2\pi} X(e^{j\omega}) * e^{-j(N-1)\frac{\omega}{2}} \frac{\sin\frac{\omega N}{2}}{\sin\frac{\omega}{2}} \tag{3.4.7}$$

截断后序列的 N 点 DFT 为：

$$X(k) = X_N(e^{j\omega})\big|_{\omega = \frac{2\pi}{N}k} \tag{3.4.8}$$

由式(3.4.3)可知，截断序列的频谱将发生较复杂的变化，总结起来有两种影响，一种是频谱泄漏，另一种是谱间干扰。下面分别用两个例题来分析截断后的频谱变化。

【例 3.4.3】 已知信号的 z 变换为 $X(z) = \dfrac{1}{1 - 1.35z^{-1} + 0.98z^{-2}}$，$|z| > 0.85$，求：

① 序列 $x(n)$ 及其频谱 $X(e^{j\omega})$；

② 画出 $x(n)$ 及并用几何法大致画出幅度谱 $|X(e^{j\omega})|$ 的波形；

③ 假设截断长度为 $N=16$ 和 $N=64$，分别计算截断后的幅度谱，并比较谱泄漏的程度。

解： 令 $X(z)$ 分子分母同时乘以 z^2，可得：

$$X(z) = \frac{z^2}{z^2 - 1.35z + 0.98}$$

① 令分母 $z^2 - 1.35z + 0.98 = 0$，得到两个共轭复数极点 $p_{1,2} = 0.175 \pm j0.724$，用留数法求得当 $n \geq 0$ 时，两个留数分别为：

$$\text{Res}[X(z)z^{n-1}]_{z=p_1} = (z - p_1)[X(z)z^{n-1}]\big|_{z=p_1}$$

$$= (z - p_1)\left[\frac{z^2}{z^2 - 1.35z + 0.98}z^{n-1}\right]\bigg|_{z=p_1} = (0.5 - 0.466j)(0.175 + j0.724)^n$$

$$\text{Res}[X(z)z^{n-1}]_{z=p_2} = (z - p_2)[X(z)z^{n-1}]\big|_{z=p_2}$$

$$= (z - p_2)\left[\frac{z^2}{z^2 - 1.35z + 0.98}z^{n-1}\right]\bigg|_{z=p_2} = -(0.5 - 0.466j)(0.175 - j0.724)^n$$

$$x(n) = [(0.5 - 0.466j)(0.175 + j0.724)^n - (0.5 - 0.466j)(0.175 - j0.724)^n]u(n)$$

因为 $X(z)$ 的极点都在单位圆内，且收敛域为 $|z| > 0.85$，收敛域包含单位圆，则有：

$$X(e^{j\omega}) = X(z)\big|_{z=e^{j\omega}} = \frac{1}{1 - 1.35e^{-j\omega} + 0.98e^{-j2\omega}}$$

② 用几何法画出 $x(n)$ 的幅频特性曲线如图 3-9(b) 所示。

③ 取截断长度为 $N=16$ 和 $N=64$，分别画出序列的波形如图 3-9(c)、图 3-9(e) 所示，它们的幅度谱波形分别为图 3-9(d) 和图 3-9(f)。

根据图 3-9 可以看出，图 3-9(d) 谱峰较图 3-9(b) 要平缓很多，波峰也下降到原来的 1/6 左右，在谱峰附近出现了许多小的谱峰，这种现象称为频谱泄漏。当截断长度增加到 64，即图 3-9(f) 的频谱，与图 3-9(d) 的谱峰相比又变得尖锐了许多，波峰大约为图 3-9(d) 的 1/2，但是谱峰边上依然有很多小谱峰，且相比图 3-9(d) 的小谱峰更密集，数量更多，也就是说，即使增加截断序列的长度，频谱泄漏仍不可避免。

对比图 3-9(b)、图 3-9(d)、图 3-9(f) 三个波形，可以看到，图 3-9(b) 中的谱峰非常尖，而图 3-9(d) 中的谱峰比较平缓，下降也慢，延伸到横坐标 3 的位置时，小谱峰的幅度还比较高，这种现象叫谱间干扰，即假设后面频点还有一个谱峰，那么这个小谱峰就会与后面的谱峰叠加从而使得谱信息失真。图 3-9(f) 是截断长度为图 3-9(d) 的 4 倍的情况，它的主峰比较陡，小谱峰延伸到横坐标 2 的时候已经非常小了，也就是说，如果增加截断长度，可以有效地减少谱间干扰。但是由于窗函数的频谱特性是谱间干扰的本质原因，因此很难完全消除。如果要切实降低截断效应带来的谱间干扰，只能选择通过采用其他收敛特性更好的窗函数来实现。

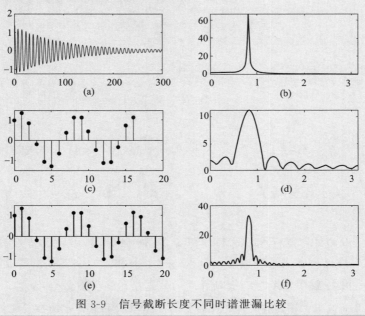

图 3-9　信号截断长度不同时谱泄漏比较

（3）栅栏效应与 DFT 的谱分辨率

DFT 计算的频谱是离散的，不再是一个关于频率自变量连续的函数，即直接分析 $X(k)$ 不能得到 $X(\mathrm{e}^{\mathrm{j}\omega})$ 的全部信息，只能看到 N 个离散抽样点的谱线，这就是所谓的栅栏效应，即谱线之间的频率成分就像被栅栏挡住的部分，是观察不到的。栅栏效应示意图如图 3-10 所示，黑点是 DFT 能够计算的频率成分，即 $X(k)$，虚线部分的频谱是观察不到的。

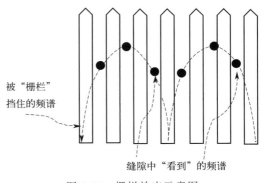

图 3-10　栅栏效应示意图

若序列 $x(n)$ 的长度为 M，根据频域抽样定理，DFT 的变换区间长度会 $N \geqslant M$ 即可由频域抽样序列 $X(k)$ 恢复原序列 $x(n)$。通常情况下，为了提高计算效率，会选取 $N = M$ 作为 DFT 变换区间长度。为了改善栅栏效应，通过增加 DFT 变换区间的长度来实现。当 DFT 变换区间的长度 N 大于序列长度 M 时，DFT 反变换序列是由原序列补零得到的。

【例 3.4.4】 已知 $X(\mathrm{e}^{\mathrm{j}\omega})=\mathrm{DFT}[R_8(n)]$，对 $X(\mathrm{e}^{\mathrm{j}\omega})$ 在 $[0,2\pi]$ 上进行 8 点等间隔采样（从 $\omega=0$ 开始）得到 $X(k)$。为减小栅栏效应，观察到更多其他谱线值，应采用什么方法？若希望观察到原来的 3 倍谱线，应采用多少点 DFT 实现？试写出 8 点 $X(k)$ 的数学表达式，若令新方案的 DFT 变换记为 $H(k)$，写出 $H(k)$ 的数学表达式，并画出 $|X(k)|$、$|H(k)|$ 的波形。

解：根据长度为 N 矩形序列 $R_N(n)$ 的傅里叶变换公式，令 $N=8$ 得到：

$$X(\mathrm{e}^{\mathrm{j}\omega})=\mathrm{e}^{-\mathrm{j}\frac{7\omega}{2}}\frac{\sin(4\omega)}{\sin\frac{\omega}{2}}$$

8 点 DFT 是对 $X(\mathrm{e}^{\mathrm{j}\omega})$ 频率的 8 点抽样，即：

$$X(k)=X(\mathrm{e}^{\mathrm{j}\omega})\Big|_{\omega=\frac{2\pi}{N}k=\frac{\pi}{4}k}=\mathrm{e}^{-\mathrm{j}\frac{7}{2}\frac{\pi}{4}k}\frac{\sin\left(4\times\frac{\pi}{4}k\right)}{\sin\left(\frac{1}{2}\times\frac{\pi}{4}k\right)}=\mathrm{e}^{-\mathrm{j}\frac{7\pi k}{8}}\frac{\sin(\pi k)}{\sin\left(\frac{\pi}{8}k\right)},0\leqslant k\leqslant 7$$

$$(3.4.9)$$

若要观察原来的 3 倍谱线，可在 $[0,2\pi]$ 上进行 24 点采样，则令 24 点 DFT 为 $H(k)$，有：

$$H(k)=X(\mathrm{e}^{\mathrm{j}\omega})\Big|_{\omega=\frac{2\pi}{N}k=\frac{\pi}{12}k}=\mathrm{e}^{-\mathrm{j}\frac{7\pi k}{8}}\frac{\sin\left(\frac{\pi}{3}k\right)}{\sin\left(\frac{\pi}{24}k\right)},0\leqslant k\leqslant 23 \qquad (3.4.10)$$

根据正弦函数的特点可知，式(3.4.9) 中，除第一个点外，k 的每个值都可以令分子的 $\sin(\pi k)$ 项为零，即使得 $X(k)$ 都为零；而式(3.4.10) 中，k 为 3 的整数倍时才出现零值，即在两个零值之间多了两个 $X(\mathrm{e}^{\mathrm{j}\omega})$ 上抽样到的非零频谱值。图 3-11 仿真了 $R_8(n)$ 的 8 点 DFT 和 24 点 DFT 波形：图 3-11(a) 是序列 $x(n)=R_8(n)$ 的波形；图 3-11(b) 是 $x(n)$ 补 16 个零得到的 24 点序列 $h(n)$；图 3-11(c) 中黑色样值是仿真到的 8 点 DFT 频谱序列波形，灰色样值表示被栅栏效应遮挡看不到的部分；图 3-11(d) 是 24 点 DFT 的波形，频域抽样点数增加了，原来被栅栏阻挡看不见的谱线就暴露出来，提高了 DFT 谱分析观察的效果。

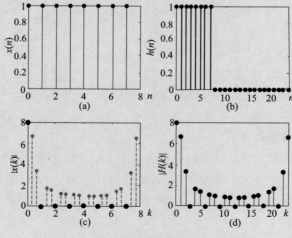

图 3-11　序列补零改善栅栏效应示意图

通过上述例子可以看到，对截断序列补零的操作可以改变序列的频谱谱线的密度，提高谱分辨率。但是从另一个方面看，因为"栅栏"的位置发生了改变，可能遮挡住其他的频率，而且由于序列本身有效样值没有发生改变，即能分辨的最小频差 Δf 不变。

【例 3.4.5】 设序列中含有三种频率成分，$f_1 = 2\text{Hz}$，$f_2 = 2.05\text{Hz}$，$f_3 = 1.9\text{Hz}$，采样频率为 10Hz。试分析：分别取序列截断长度为 $N_1 = 128$ 点，$N_2 = 512$ 点。

① 若取截断序列为 128 点，求此时信号的最小记录时间为多大？谱分辨率为多少？通过仿真用波形定性说明如 DFT 的点数分别取 128 点和 512 点，其谱分析准确性如何？

② 取截断序列长度为 256 点，即序列的有效长度为 512，再分别用 256 点和 512 点 DFT 进行谱分析，与①中的 512 点 DFT 谱分析效果相比，有何结论？

解：①由公式 $N_{\min} \geqslant \dfrac{f_s}{F_0}$ 及 $T_{p\min} \geqslant \dfrac{1}{F_0}$，取最小值并转换得到：

$$T_{p1} = \frac{N_{\min}}{f_s} = \frac{128}{10} = 12.8(\text{s})$$

则谱分辨率为：

$$F_{01} = \frac{f_s}{N_{\min 1}} = \frac{10}{128} = 0.078125(\text{Hz})$$

分别仿真出 128 点 DFT 和 512 点 DFT 如图 3-12 所示，图 3-12①是截取 128 点的谱分析结果，图中可看到两个谱峰，说明没有正确将三个频率分辨出来；图 3-12②是补 128 个零，进行 512 点 DFT 的频谱，仍然不能正确分辨出三个频率。

② 增加信号最小记录时间，序列有效长度增加到 256，此时谱分辨率为：

$$F_{02} = \frac{f_s}{N_{\min 2}} = \frac{10}{256} = 0.0390625(\text{Hz})$$

这个谱分辨率比频率分辨率 $\Delta f = |f_1 - f_2| = 2.05 - 2 = 0.05$ 小，可以分辨出三个频率。同样对截取的 256 点序列做 256 点 DFT 和 512 点 DFT，所得波形如图 3-12③和图 3-12④所示，可以明显看到三个谱峰。这说明通过增加序列的截断长度，本质上提高系统的频率分辨率，才能真正提高谱分析能力。

从图 3-12②和图 3-12④还可以看到，由于 512 点不是序列周期的整数倍，因此发生了频谱泄漏，出现了很多小波峰。

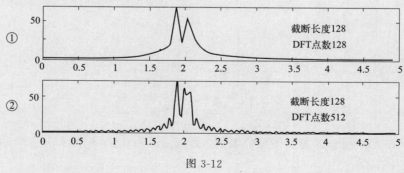

图 3-12

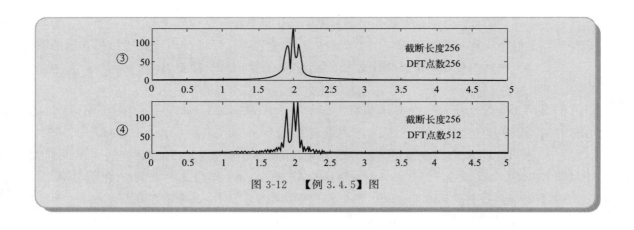

图 3-12　【例 3.4.5】图

3.5　离散周期序列的傅里叶级数

连续时间信号采样后得到离散序列，序列傅里叶变换的条件是绝对可和，周期序列因为是无限长序列，不满足这个条件。但是如果参照连续域周期信号的处理方法，在频域引入冲激函数 $\delta(\omega)$（注意与连续域不同的是，序列傅里叶变换中的 ω 是数字频率），则借助傅里叶级数，可以将周期离散序列的傅里叶分析也同样纳入到序列傅里叶变换（DTFT）的框架下进行讨论。

3.5.1　离散傅里叶级数（DFS）

对一个以 N 为周期的序列 $\widetilde{x}(n)$，假设可以展开为傅里叶级数

$$\widetilde{x}(n) = \sum_{k=-\infty}^{+\infty} X_k \mathrm{e}^{\mathrm{j}\frac{2\pi}{N}kn} \tag{3.5.1}$$

式中，X_k 是傅里叶级数的系数，且有：

$$X_k = \frac{1}{N} \sum_{n=0}^{N-1} \widetilde{x}(n) \mathrm{e}^{-\mathrm{j}\frac{2\pi}{N}kn} \tag{3.5.2}$$

因 $\widetilde{x}(n)$ 和 $\mathrm{e}^{-\mathrm{j}\frac{2\pi}{N}kn}$ 均是周期为 N 的周期函数，故 X_k 也是周期为 N 的周期函数，即有：

$$X_k = X_{k+Nl}(l \text{ 为整数})$$

令：

$$\widetilde{X}(k) = NX_k \tag{3.5.3}$$

将式（3.5.2）代入式（3.5.3）中，得到：

$$\widetilde{X}(k) = \sum_{n=0}^{N-1} \widetilde{x}(n) \mathrm{e}^{-\mathrm{j}\frac{2\pi}{N}kn} \tag{3.5.4}$$

一般称 $\widetilde{X}(k)$ 为 $\widetilde{x}(n)$ 的离散傅里叶级数（Discrete Fourier Series，DFS），记为 DFS$[\widetilde{x}(n)] = \widetilde{X}(k)$。

由式（3.5.2）和式（3.5.4）可得：

$$\widetilde{x}(n) = \frac{1}{N} \sum_{k=0}^{N-1} \widetilde{X}(k) \mathrm{e}^{\mathrm{j}\frac{2\pi}{N}kn} \qquad (3.5.5)$$

式（3.5.5）是离散傅里叶级数的反变换，记为 IDFS。在以上公式中，定义 W_N 为旋转因子，有 $W_N = \mathrm{e}^{-\mathrm{j}\frac{2\pi}{N}}$，$W_N^{nk} = \mathrm{e}^{-\mathrm{j}\frac{2\pi}{N}nk}$，可将式（3.5.4）和式（3.5.5）记为如下形式：

$$\widetilde{X}(k) = \mathrm{DFS}[\widetilde{x}(n)] = \sum_{n=0}^{N-1} \widetilde{x}(n) W_N^{nk} \qquad (3.5.6)$$

$$\widetilde{x}(n) = \mathrm{IDFS}[\widetilde{X}(k)] = \frac{1}{N} \sum_{k=0}^{N-1} \widetilde{X}(k) W_N^{nk} \qquad (3.5.7)$$

式（3.5.6）和式（3.6.7）表明，一个周期序列可以分解为若干具有谐波关系的指数序列之和，k 次谐波的频率为 $\omega_k = \frac{2\pi}{N}k$，总数为 N。$\widetilde{X}(k)$ 是离散傅里叶级数，反映了每个谐波分量的幅度值和相位值，具有复数性质。离散傅里叶级数是有限项和，因而总是收敛的。

3.5.2　从离散傅里叶级数到离散傅里叶变换

$\widetilde{X}(k)$ 和 $\widetilde{x}(n)$ 都是周期为 N 的序列，如果对它们取主值，即只针对其中一个周期的数据进行计算，可以得到：

$$\widetilde{X}(k) R_N(k) = \sum_{n=0}^{N-1} [\widetilde{x}(n) R_N(n)] W_N^{nk}, k = 0,1,2\cdots N-1 \qquad (3.5.8)$$

定义 $X(k) = \widetilde{X}(k) R_N(k)$、$x(n) = \widetilde{x}(n) R_N(n)$，可以将式（3.5.6）简化成：

$$X(k) = \mathrm{DFT}[x(n)] = \sum_{n=0}^{N-1} x(n) W_N^{nk}, k = 0,1,2\cdots N-1 \qquad (3.5.9)$$

此处 $X(k)$ 本身也是一个长度为 N 的序列，与序列 $x(n)$ 有相同的长度。对比离散傅里叶变换 DFT 的定义式，同理，还可以推导出离散傅里叶反变换 IDFT 公式如下：

$$x_N(n) = \mathrm{IDFT}[X(k)] = \frac{1}{N} \sum_{k=0}^{N-1} X(k) W_N^{-nk}, n = 0,1,2\cdots N-1 \qquad (3.5.10)$$

式（3.5.9）和式（3.5.10）是由周期序列傅里叶级数推出的离散傅里叶变换公式，与式（3.1.2）和式（3.1.3）所表示的完全相同，只是由周期序列傅里叶级数推出的离散频谱 $X(k)$ 与傅里叶级数系数谱 $\widetilde{X}(k)$ 有明显的取主值运算关系，同时周期序列的傅里叶级数系数谱序列 $\widetilde{X}(k)$ 也是一个与时域序列周期相同的周期序列，可以更好地理解 DFT 的隐含周期性。

 拓展阅读

两个诺贝尔奖支撑起的 CT

计算机辅助 X 射线断层成像仪（Computer assisted Tomography，CT）能够在不损伤病人的情况下，提供病人体内的组织断层结构信息，帮助医生观察人体内微小的病变和病灶分布，从而及早采取正确的治疗措施，挽救无数患者生命。与 CT 有关的原理获得过两次诺贝尔奖。第一次是德国物理学家威廉·康拉德·伦琴（Wilhelm Conrad Rontgen，1845—1923）在 1895 年发现了 X 射线，获得了 1901 年首届诺贝尔物理学奖；第二次是美国阿兰·麦克莱德·柯马克（Allan Macleod Cormack，1924—1998）和英国豪斯菲尔德（Godfrey Newbold Hounsfield，1919—2004）发明了"计算机辅助 X 射线断层成像技术"，获得了 1979 年的诺贝尔医学奖。

X 射线具有强大的穿透能力，通过人体时，对不同组织，如肌肉、血管、骨骼、脏腑等，有不同的穿透率，将人体置于 X 射线源与感应胶片之间，就能在胶片上留下人体组织的 X 射线投影像，这是 X 射线成像仪的工作原理。X 射线成像仪所形成的是人体内部纵向面的投影像，只包含了体内组织的二维结构信息，无法提供体内横截面（断层）上的组织情况，所以 X 射线成像仪可以用于诊断骨骼、牙体和肺部感染等相关疾病，对于诊断脑部肿瘤疾病或内脏肿瘤之类的疑难杂症却无能为力。

获得人体组织的断层结构需要得到维数更高的结构信息，CT 是如何做到在不损伤病人的情况下获得病人体内组织的断层结构信息的呢？人体不同组织具有不同的 X 射线衰减率（穿透率），体内病变组织的穿透率则与正常组织不同。想要得到体内组织的图像，就必须知道人体内 X 射线衰减率分布。当一束 X 射线从一个定点穿过人体到达另一个点时，由于两点之间物质吸收率不同，接收端 X 射线的强度较发送端会有一定的衰减，这与两点之间的平均 X 射线衰减率有关；将 X 射线沿圆周移动一圈，以不同角度分别发射 X 射线穿透人体，就得到无数的不同角度直线上的平均 X 射线衰减率。

1917 年，奥地利数学家拉东（Johann Radon，1887—1956）发表了一篇论文，其中提出对于一个定义在一定区域的函数 f，如何从该函数在以不同角度穿过该区域的直线上的积分值，来求其分布解的变换方法，其表达式为：

$$R[f](\alpha,s) = \int_{-\infty}^{+\infty} f[x(t),y(t)]\,dt$$

f 函数的分布可以通过 R 进行逆变换得到，这个变换称为拉东变换。把人体中不同组织的 X 射线吸收率当成一个函数，平均 X 射线衰减率是函数在该直线上的积分值，利用拉东变换，就得到了人体内部的 X 射线分布解，从而获得体内的组织结构三维图像。

柯马克是美国理论物理学家，他在 X 射线成像方面的工作是奠基性的。柯马克出生于南非的约翰内斯堡。柯马克在南非开普敦大学获得电气工程专业学士和硕士学位，有扎实的数学和物理基础。1956 年移居美国，在波士顿的一所大学任物理学教授。1955 年，时任开普敦大学物理学讲师的柯马克接受了一项任务，要为南非医院的放射科监测肿瘤患者确定放射性同位素治疗的剂量。接受治疗的患者体内同位素剂量及其分布需要受到严格控制，如果同位素剂量太小，将达不到理想疗效，剂量太大，则会危害患者的健康，同时，同位素的浓度应该在肿瘤组织内较高，在健康组织内尽可能低。柯马克在研究中意识到，通过体外测量同位素发出的射线来确定其在体内的浓度分布问题是一个数学问题。经过多年研究，他终于在 1963 年发表了题为"函数的直线积分表示及其在放射学应用"的开创性论文，首次建议使用 X 射线扫描进行图像重建，并提出了精确的数学推算方法。柯马克为 CT 扫描仪的诞生奠定了基础，实现了数学和医学的完美结合。

值得一提的是，柯马克研究 X 射线成像问题纯属业余爱好，既没有任何经费资助，也不算他作为大学物理学教师的工作量。他的成果在开始时也没有引起人们的注意，因为要重建能够用于临床诊断的高质量人体图像必须经过大量数值计算，靠纯手工计算显然很难。

豪斯菲尔德出生于英国诺丁汉郡，毕业于一家电气工程专科学院。1969 年在英国 EMI 公司工作的时候，他设计制作了第一台利用计算机辅助计算应用于临床的高精度 CT 仪，并于 1971 年 9 月正式安装在伦敦的一家医院，从此开启了医学诊断的新时代。

作为 CT 技术数学原理的拉东变换有着广泛的应用。例如，用正电子代替 X 射线得到正电子 CT（PET），可以提供病人体内新陈代谢水平分布图像。此外，拉东变换还可以用于测量海水温度分布、观察天体运动等。

利用 X 射线穿透晶体时会发生衍射的规律还可以用于晶体结构测定，利用 X 射线晶体学确定大分子，尤其是蛋白质和核酸构成的方法称为 X 射线衍射方法。由全世界生物学家合作建设的蛋白质数据库包含了数万蛋白质和核酸等分子的结构信息，其中大部分都是通过 X 射线衍射方法测定的。

习题

（1）计算以下序列的 N 点 DFT。在变换区间 $0 \leqslant n \leqslant N-1$ 内，序列定义为：

① $x(n)=1$ ② $x(n)=\delta(n)$

③ $x(n)=\delta(n-n_0)$，$0<n_0<N$ ④ $x(n)=R_m(n)$，$0<m<N$

⑤ $x(n)=\cos\left(\dfrac{2\pi}{N}qn\right)$，$q$ 为整数 ⑥ $x(n)=e^{j\omega_0 n}R_N(n)$

（2）已知有限长序列 $x(n)$ 如下式：$x(n)=\{\underline{1},1,0,0\}$，$N=4$。计算 $X(k)=\text{DFT}[x(n)]$。

（3）已知 $x(n)=R_4(n)$，分别求该序列的 4 点和 8 点 DFT。

（4）计算下列有限长序列 $x(n)$ 的 N 点 DFT。

① $x(n)=a^n$，$0 \leqslant n \leqslant N-1$ ② $x(n)=\{1,2,-3,-1\}$

（5）已知两个有限长序列为：

$$x_1(n)=\begin{cases} n+1 & 0\leqslant n\leqslant 3 \\ 0 & 4\leqslant n\leqslant 6 \end{cases}$$

$$x_2(n)=\begin{cases} -1 & 0\leqslant n\leqslant 4 \\ 1 & 5\leqslant n\leqslant 6 \end{cases}$$

求 $y(n)=x_1(n)+x_2(n)$ 的 8 点 DFT。

（6）已知 $X(k)$ 和 $Y(k)$ 是两个 N 点实序列 $x(n)$ 和 $y(n)$ 的 DFT，希望从 $X(k)$ 和 $Y(k)$ 求 $x(n)$ 和 $y(n)$，为提高运算效率，试设计用一次 N 点 DFT 来完成的算法。

（7）已知 $x(n)$ 是 N 点有限长序列，$X(k)=\text{DFT}[x(n)]$，$0 \leqslant k \leqslant N-1$。现将长度变成 rN 点的有限长序列 $y(n)$：

$$y(n)=\begin{cases} x(n) & 0\leqslant n\leqslant N-1 \\ 0 & N\leqslant n\leqslant rN-1 \end{cases}$$

试用 $X(k)$ 表示 $y(n)$ 的 rN 点 DFT $Y(k_1)$，$0\leqslant k_1\leqslant rN-1$。

（8）已知 x(n)是 N 点有限长序列，X(k)$=DFT[x(n)]$。现将 x(n)的每两点之间补进 r

−1个零值点，得到一个长度为 rN 的有限长序列 y(n)：

$$y(n)=\begin{cases} x\left(\dfrac{n}{r}\right) & n=ir,\quad 0\leqslant i\leqslant N-1 \\ 0 & \text{其他 } n \end{cases}$$

试用 $X(k)$ 表示 $y(n)$ 的 rN 点 DFT $Y(k_1)$，$0\leqslant k_1\leqslant rN-1$。

（9）已知实序列 $x(n)$ 是长度 $N=8$ 的序列，其 8 点 DFT 为：

$$X_8(k)=\{0.9,0.5,0.3,0.2,0.1,0.2,0.3,0.5\}$$

设序列 $y(n)=x((n))_8 R_{16}(n)$，求 $y(n)$ 的 16 点 DFT $Y(k)$。

（10）已知序列 $x(n)$ 的 6 点 DFT 为 $X(k)=\{0,1-j\sqrt{3},0,1,0,1+j\sqrt{3}\}$，求 $x\left(\dfrac{n}{3}\right)$ 的 18 点 DFT。

（11）已知一个有限长序列 $x(n)=\delta(n)+2\delta(n-5)$。

① 求它的 10 点离散傅里叶变换 $X(k)$。

② 若已知序列 $y(n)$ 的 10 点离散傅里叶变换为 $Y(k)=W_{10}^{2k}X(k)$，求序列 $y(n)$。

（12）令 $X(k)$ 表示 N 点序列 $x(n)$ 的 N 点 DFT，试证明：

① 如果 $x(n)$ 满足关系式 $x(n)=-x(N-1-n)$，则 $X(0)=0$。

② 当 N 为偶数时，如果 $x(n)=x(N-1-n)$，则 $X\left(\dfrac{N}{2}\right)=0$。

（13）对有限长序列 $x(n)=\{1,0,1,1,0,1\}$ 的 z 变换 $X(z)$ 在单位圆上进行 5 等份取样，得到取样值 $X_5(k)$，即 $X_5(k)=X(z)\big|z=W_5^{-k}$，$k=0,1,2,3,4$，求 $X_5(k)$ 的逆傅里叶变换 $x_5(n)$。

（14）为了说明循环卷积计算（用 DFT 算法），分别计算两矩形序列 $x(n)=R_N(n)$ 的卷积，如果 $x(n)=R_6(n)$，求：

① 6 点循环卷积。

② 12 点循环卷积。

（15）证明：若 $x(n)$ 为实序列，$X(k)$ 表示 $x(n)$ 的 N 点 DFT，则 $X(k)$ 为共轭对称序列，即 $X(k)=X^*(N-k)$；若 $x(n)$ 为实偶对称，即 $x(n)=x(N-n)$，则 $X(k)$ 也为实偶对称；若 $x(n)$ 为实奇对称，即 $x(n)=-x(N-n)$，则 $X(k)$ 为纯虚函数并奇对称。

（16）已知实序列 $x(n)$ 的 8 点 DFT 中前 5 点是

$$\{0.25,0.125-j0.3018,0,0.125-j0.3018,0\}$$

求该 DFT 其余点的值。

（17）利用 DFT 的共轭对称性，通过计算一个 $N=4$ 点的 DFT，求出 $x_1(n)=\{1,2,2,1\}$ 和 $x_2(n)=\{1,2,3\}$ 两个序列的 4 点 DFT。

（18）设 $x(n)=\{1,2,4,3,0,5\}$，其 $N=6$ 点的 DFT 为 $X(k)$，试确定以下表达式的值：

① $X(0)$ ② $X(3)$ ③ $\displaystyle\sum_{k=0}^{5}X(k)$ ④ $\displaystyle\sum_{k=0}^{5}|X(k)|^2$

（19）已知 $X(k)$ 为实序列 $x(n)$ 的 8 点 DFT，且已知 $X(0)=6$，$X(1)=4+j3$，$X(2)=-3-j2$，$X(3)=2-j$，$X(4)=4$，试确定以下表达式的值：

① $x(0)$　　　　　② $x(4)$　　　　　③ $\sum\limits_{n=0}^{7} x(n)$　　　　　④ $\sum\limits_{n=0}^{7} |x(n)|^2$

（20）用某台频谱分析仪做谱分析。使用该仪器时，选用的抽样点数 N 必须是 2 的整数次幂。已知待分析的信号中，上限频率≤1025kHz。要求谱分辨率≤5Hz。试确定下列参数：

① 一个记录中的最少抽样点数；

② 相邻样点间的最大时间间隔；

③ 信号的最小持续时间。

（21）设有一谱分析要求频率分辨率≤10Hz，采样时间间隔为 0.1ms，试确定：

① 最小记录长度；

② 所允许处理的信号的最高频率；

③ 在一个记录中的最少点数。

（22）已知信号 $x(t)$ 的不同成分中最高频率为 $f_m=2500\text{Hz}$，用采样频率 $f_s=8\text{kHz}$ 对 $x(t)$ 时域采样，之后再对采样序列进行 1600 点 DFT。试确定 $X(k)$ 中 $k=10$、50、150、300、1200、1500 点分别对应原连续信号连续频谱点 f_1、f_2、f_3、f_4、f_5、f_6。

（23）已知信号由 10Hz、25Hz、50Hz、100Hz 四个频率成分组成。完成下列各问：

① 采用 DFT 分析其频谱，请选取合适的采样频率 f_s、截取时长 T_p；

② 选取合适的采样点数 N，并计算信号各频率成分在 N 点 DFT 分析结果中对应的序号 k。

（24）设 $x_a(t)=\sin(2\pi f_1 t)+\sin(2\pi f_2 t)+\sin(2\pi f_3 t)$，其中，$f_1(t)=2\text{Hz}$，$f_2(t)=2.02\text{Hz}$，$f_3(t)=2.07\text{Hz}$，现用 $f_s(t)=10\text{Hz}$ 对其抽样，试计算在信号记录时长为 $T_{p1}=25.6\text{s}$，$T_{p2}=102.4\text{s}$ 的情况下的频谱分辨率，能否将各谱峰分开。

第 4 章

快速傅里叶变换（FFT）

快速傅里叶变换（Fast Fourier Transform，FFT）并不是一种新型的傅里叶变换，它是指计算 DFT 的高效快速算法。DFT 变换从理论上解决了傅里叶变换应用于实际的可能性，特别适用于数字信号处理。但是若直接按 DFT 公式计算，涉及复杂的复数乘法和加法，其运算量也是非常大的。导致在很长一段时间里，DFT 并没有得到广泛的应用。1965 年，库利（T. W. Cooley）和图基（J. W. Tukey）发表《一个复数傅立叶级数之机械计算算法》论文，首次提出了 DFT 运算的一种快速算法。人们开始认识到 DFT 运算的内在规律，从而很快发展和完善了一套高效的运算方法。使用 FFT 计算 DFT 将运算时间减少了 1～2 个数量级，从而使 DFT 技术获得了广泛的应用。

4.1 FFT 的基本思想

快速傅里叶变换的本质还是 DFT，通过总结 DFT 计算式潜在的规律，降低运算复杂度和减少运算次数，来提高 DFT 变换的效率，从而实现 DFT 的快速运算。

4.1.1 DFT 的计算量

有限长序列 $x(n)$ 长度为 N 时，它的 N 点 DFT 为：

$$X(k) = \sum_{n=0}^{N-1} x(n) W_N^{nk}, k = 0,1,2\cdots N-1$$

由于复数计算是无法直接实现的，所以通常会将旋转因子利用欧拉公式展开为：

$$X(k) = \sum_{n=0}^{N-1} x(n) \left[\cos\left(\frac{2\pi}{N}nk\right) - \mathrm{j}\sin\left(\frac{2\pi}{N}nk\right) \right] \tag{4.1.1}$$

此时，DFT 的离散频谱序列 $X(k) = \{X(0), X(1) \cdots X(N-1)\}$ 也是 N 点序列，当 $x(n)$ 为复数时，N 点 DFT 的运算量为：

$$C_R = N \times N \text{ 次复数乘法运算} + N \times (N-1) \text{ 次复数加法运算} \tag{4.1.2}$$

式中，C_R 是复数乘法和复数加法次数的总数。复数乘法和加法的运算复杂度比实数要高得多，因此实际的运算次数还远远高于式(4.1.2)所示的运算次数。

4.1.2　DFT 变换的计算复杂度

数字信号处理可以在通用计算机上由 DSP 软件实现，也可以采用普通单片微处理器（MCU）实现。前者用软件方法实现，灵活但实时性较差，主要用于教学或科研的前期研制阶段；后者因为计算乘法需要 4 倍于加法的计算时间，导致计算效率很低，可以用来做一些简单的信号处理用于简单的控制场合，比如小型嵌入系统、仪表等。

通用数字信号处理（DSP）芯片具有内部硬件乘法器、流水线和多总线结构，专用 DFT 处理指令，有很高的处理速度和复杂灵活的处理功能。与微处理器 MCU 相比，其突出优点之一就是只需要 1 个机器周期就可以完成一次复数乘法运算，大大提高了计算效率。

【例 4.1.1】 如果某通用计算机的一个机器周期为 1μs，计算一次加法需要一个机器周期，计算一次乘法需要 4 个机器周期；而使用数字信号处理专用单片机 TMS320 系列，其计算乘法和加法各需要 10ns 时间，试分析直接计算一次 1024 点 DFT 需要的时间是多少？

解： 当 $N=1024$ 时，直接计算 DFT 的次数为：

$$C_R = N^2 \text{ 次复数乘法运算} + N(N-1) \text{ 次复数加法运算}$$

$$= 1024^2 \text{ 次复数乘法运算} + 1024 \times (1024-1) \text{ 次复数加法运算}$$

$$= 1048576 \text{ 次复数乘法运算} + 1047552 \text{ 次复数加法运算}$$

采用通用计算机时，所需要的时间为：

$$T_1 = (1048576 \times 4 + 1047552) \times 10^{-6} \approx 5.24(\text{s})$$

使用数字信号处理专用单片机计算的时间：

$$T_2 = (1048576 + 1047552) \times 10^{-9} \approx 2.09(\text{ms})$$

对比两次处理时间可知，尽管采用专用数字信号处理芯片计算时间大大缩短，这个计算时间仍然太长，不能用于通信系统的实时传输，必须采用效率更高的快速算法才能使 DFT 真正用于实际系统。

4.1.3　减少 DFT 运算量的基本思路

减少 DFT 运算量的基本思想是把长序列分成较短的序列，利用旋转因子 W_N^{nk} 的特性减少 DFT 的运算复杂度和运算次数。

（1）旋转因子的简化与生成

由式（4.1.1）可知，旋转因子可由欧拉公式展开为 $W_N^{nk} = \cos\left(\dfrac{2\pi}{N}nk\right) - \mathrm{j}\sin\left(\dfrac{2\pi}{N}nk\right)$，求正弦余弦函数值的计算量是很大的，因此产生旋转因子的方法直接影响运算速度。

直接计算旋转因子时，利用旋转因子 W_N^{nk} 的周期性、对称性、可约性和特殊值，通过选取使得计算简单的旋转因子从根本上降低计算的复杂性。比如 $W_N^0 = 1$、$W_N^{N/2} = -1$、$W_N^{N/4} = -\mathrm{j}$，这些计算就不需要做复杂的乘法，在后续的具体算例中会进一步说明。

旋转因子生成的另一种方法是预先计算出 W_N^r，$r=0,1,2,\cdots,\dfrac{N}{2}-1$，存放在数组中，作为旋转因子表，在程序执行过程中直接查表得到所需的旋转因子值，减少了旋转因子的计算，也可以使运算速度大大提高。但是不足之处在于旋转因子值表占用内存较多，会影响程序运行的效率。

（2）降低 DFT 变换的长度

由于 DFT 的计算量是与 N^2 近似成正比的，降低 DFT 变换的长度显然可以提高 DFT 的计算效率。如何利用 DFT 计算公式的特点将序列拆分成长度较小的 DFT 并方便地将结果转换成所需求解的序列，是研究提高 DFT 快速算法的一个重要方向。

4.2 基 2- FFT 算法

基 2-FFT 算法即 Tukey-Cooley 算法，是 1965 年提出的一种 DFT 快速算法。所谓的基 2，可以理解为基于 2 点 DFT 运算，其核心思想就是每次一分为二，不断地将 N 点 DFT 降低到 $\dfrac{N}{2}$ 点 DFT 运算，即将长序列的 DFT 计算用短序列的 DFT 计算逐级取代，同时将旋转因子个数逐级降低到原来的一半。

基 2-FFT 算法一般要求 DFT 的变换区间长度 $N=2^M$（M 为正整数），可以分别采用时域抽取和频域抽取两种算法实现。下面分别介绍两种算法的实现原理。

4.2.1 时域抽取的基 2-FFT 算法

（1）时域抽取的基 2-FFT 算法原理

时域抽取的基 2-FFT 算法（Decimation-In-Time Fast Fourier Transform，DIT- FFT）是最早的 FFT 算法之一。时域抽取是指将需要 DFT 的序列 $x(n)$ 按序号 n 进行奇偶抽取，然后计算两个 $\dfrac{N}{2}$ 点 DFT；每个 $\dfrac{N}{2}$ 点 DFT 又划分成两个 $\dfrac{N}{4}$ 点 DFT，不断基于一分为二的原则，将序列分成两份，最后基于一个 2 点 DFT 单元进行计算。

对于长度为 $N=2^M$ 的序列 $x(n)$，将其按 n 的奇偶性分为两组：

$$\begin{cases} x_1(r)=x(2r) \\ x_2(r)=x(2r+1) \end{cases} \tag{4.2.1}$$

其中，$r=0,1,2,\cdots,\dfrac{N}{2}-1$，令 $x_1(r)$、$x_2(r)$ 的 $\dfrac{N}{2}$ 点 DFT 为 $X_1(k)$、$X_2(k)$，则有：

$$\begin{cases} X_1(k)=\displaystyle\sum_{r=0}^{\frac{N}{2}-1} x_1(r) W_{\frac{N}{2}}^{rk} \\[2ex] X_2(k)=\displaystyle\sum_{r=0}^{\frac{N}{2}-1} x_2(r) W_{\frac{N}{2}}^{rk} \end{cases} \tag{4.2.2}$$

则 $x(n)$ 的 N 点 DFT 做如下变换得到：

$$X(k) = \sum_{n=0}^{N-1} x(n) W_N^{nk}$$

$$= \sum_{r=0}^{\frac{N}{2}-1} x_1(r) W_N^{2rk} + \sum_{r=0}^{\frac{N}{2}-1} x_2(r) W_N^{(2r+1)k}$$

$$= \sum_{r=0}^{\frac{N}{2}-1} x_1(r) W_{\frac{N}{2}}^{rk} + W_N^k \sum_{r=0}^{\frac{N}{2}-1} x_2(r) W_{\frac{N}{2}}^{rk}$$

$$= X_1(k) + W_N^k X_2(k), k = 0, 1, 2, \cdots, N-1$$

$$(4.2.3)$$

在上式中，$X_1(k)$ 只包含原序列的偶数点序列，而 $X_2(k)$ 是由原序列的奇数点序列构成的，且它们的周期都是 $\frac{N}{2}$，即有：

$$X_1(k) = X_1\left(k + \frac{N}{2}\right); X_2(k) = X_2\left(k + \frac{N}{2}\right)$$

则可由式（4.2.3）得到：

$$X\left(k + \frac{N}{2}\right) = X_1\left(k + \frac{N}{2}\right) + W_N^{k+\frac{N}{2}} X_2\left(k + \frac{N}{2}\right) = X_1(k) - W_N^k X_2(k) \qquad (4.2.4)$$

其中，$W_N^{k+\frac{N}{2}} = -W_N^k$ 是由旋转因子的周期性得到的。由上式结合 DFT 的周期性，可以总结为：

$$\begin{cases} X(k) = X_1(k) + W_N^k X_2(k), k = 0, 1, 2, \cdots, \dfrac{N}{2} - 1 \\ X\left(k + \dfrac{N}{2}\right) = X_1(k) - W_N^k X_2(k), k = 0, 1, 2, \cdots, \dfrac{N}{2} - 1 \end{cases} \qquad (4.2.5)$$

该式表明，序列的 N 点 DFT 可以由两个 $\frac{N}{2}$ 序列求出。按照这个方法，最后总能得到 $\frac{N}{2}$ 个 2 点 DFT。

当序列长度为 2 时，则 2 点 DFT 可表示为：

$$X(k) = \sum_{n=0}^{1} x(n) W_2^{nk} = x(0) + x(1) W_2^k$$

$$\rightarrow \begin{cases} X(0) = x(0) + W_2^0 x(1) \\ X(1) = x(0) - W_2^0 x(1) \end{cases} \rightarrow \begin{cases} X(0) = x(0) + x(1) \\ X(1) = x(0) - x(1) \end{cases} \qquad (4.2.6)$$

序列的 DFT 值看上去是直接可以由时域值加减计算出来的。

图 4-1 是 2 点 DFT 计算流程图，因为基 2-FFT 的每一级分解都以这个计算流程图为单位，参考 2 点 DFT 算法流程，结合式（4.2.5）可画出基 2-FFT 算法的基本单元的流程图及简化形式。特别是图 4-1(c)，看起来像张开翅膀的蝴蝶，所以基 2-FFT 算法也叫蝶形算法。

图 4-1(a) 是 2 点 DFT 的运算流程图。从图中可以清楚地看到，序列 $x(n)$ 的两个样值 $x(0)$、$x(1)$，计算得到两个离散频谱序列的值 $X(0)$ 和 $X(1)$，对应式（4.2.6）所示的计算

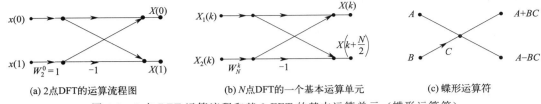

(a) 2点DFT的运算流程图　　　　(b) N点DFT的一个基本运算单元　　　　(c) 蝶形运算符

图 4-1　2 点 DFT 运算流程和基 2-FFT 的基本运算单元（蝶形运算符）

公式，可知完成一次蝶形运算需要一次复数乘法和两次复数加法。图 4-1（b）表示的是基 2-FFT 算法的一个基本运算单元，在图 4-1（b）的左边输入的是上一次计算得到的中间值，基 2-FFT 算法的核心还是对两个输入一加一减的运算，体现了式（4.2.5）所示的计算公式。

从两个计算表示式可以看到基 2-FFT 算法的核心，即通过将 N 点逐次二分最后得到 $\frac{N}{2}$ 个 2 点 DFT 运算，在各级运算中，因为 $k = 0，1，2，\cdots，\frac{N}{2} - 1$，旋转因子 W_N^k 的数量永远是点数的一半，这就一定程度上改善了计算的复杂度。图 4-1（c）是图 4-1（b）的一种抽象画法，称为蝶形运算符，A、B 表示输入，蝶形正中是一个加法器，则输出端向上表示加法，向下表示减法。这种蝶形运算符可以使基 2-FFT 的运算流程比较简洁，但是图 4-1（b）形式更接近信号流程图的表示方法。两种流程图表示方法在各类教材中都有应用。本书采用图 4-1（b）的形式。

根据上述原理，一个 4 点 DFT 分解成两个 2 点 DFT 计算，需要先将序列 x（n）进行奇偶抽取，奇偶序号的序列分别组成一组 2 点 DFT，输入采用这样的顺序，输出正好是 X（k）的正确顺序。其计算流程图如图 4-2 所示。

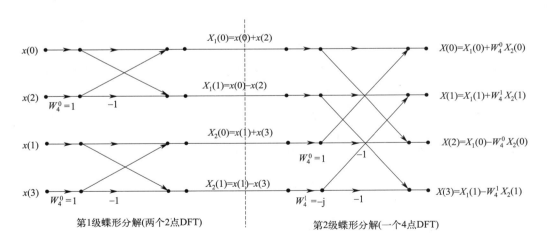

图 4-2　按时域抽取的 4 点 DFT 分解计算流程图

图中保留了旋转因子的符号，以便在更高点数分解时读者可以按规律推出更高点数的旋转因子，实际上，第 2 级蝶形分解得到两个 2 点 DFT。经过分解，4 点 DFT 用到的旋转因子只有 $W_2^0 = 1$，$W_4^0 = 1$，$W_4^1 = -j$ 这三个特别简单的实数复数值。因此，4 点 DFT 的两级蝶形计算可以由式（4.2.5）简化得到：

$$\begin{cases} X(k)=X_1(k)+W_2^k X_2(k), k=0,1 \\ X(k+2)=X_1(k)-W_2^k X_2(k), k=0,1 \end{cases} = \begin{cases} X(0)=X_1(0)+X_2(0) \\ X(1)=X_1(1)-\mathrm{j}X_2(1) \\ X(2)=X_1(0)-X_2(0) \\ X(3)=X_1(1)+\mathrm{j}X_2(1) \end{cases} \quad (4.2.7)$$

（2）时域抽取的 N 点 DFT 基 2-FFT（DIT-FFT）算法步骤

下面我们来总结 N 点 DFT 基 2-FFT 分解的步骤及各级旋转因子的一般公式。

一个长度为 $N=2^M$ 的序列 $x(n)$ 采用 DIT-FFT 算法计算其 N 点 DFT 的计算步骤：

步骤一　确定分解级数。一个长度为 $N=2^M$ 的序列，其基 2-FFT 分解的级数为 $M=\log_2 N$，第 1 级是 $\frac{N}{2}$ 个 2 点 DFT，第 M 级是 1 个 $\frac{N}{2}$ 点 DFT。由于基 2-FFT 至少要算一个 2 点 DFT，则 M 一定是大于等于 1 的，所以下面所提到的分解级数都是从第 1 级开始的。

步骤二　确定每级的旋转因子 W_N^r。N 点 DIT-FFT 运算流程图中，每级都有 $\frac{N}{2}$ 个蝶形运算。每个蝶形运算都要乘以旋转因子 W_N^r。用 L 表示从左到右的运算级数（$L=1$，2，$\cdots$，M），对于第 L 级计算，一个 DIT 蝶形运算的两节点间"距离"为 2^{L-1}，第 L 级共有 2^{L-1} 个不同的旋转因子。对于 $N=2^M$ 的一般情况，第 L 级旋转因子为：

$$W_N^r = W_{2^L}^J, J=0,1,2,\cdots,2^{L-1}-1$$

因为：

$$2^L = 2^M \times 2^{L-M} = N \times 2^{L-M}$$

所以：

$$W_N^r = W_{N \cdot 2^{L-M}}^J = W_N^{J \times 2^{M-L}}$$
$$r = J \times 2^{M-L}, J=0,1,2,\cdots,2^{L-1}-1$$

旋转因子 W_N^r 最后一列有 $\frac{N}{2}$ 个，顺序为 W_N^0，W_N^1，$\cdots$，$W_N^{(\frac{N}{2}-1)}$，其余可类推。

以 $N=4$ 为例说明旋转因子如何确定。

当 $N=4$ 时，$M=\log_2 4=2$，即有两级旋转因子，第 1 级旋转因子的计算如下：先确定旋转因子的数量，$2^{L-1}=1$，即一个旋转因子；然后确定 J 值，因为 J 最大值是 $2^{L-1}-1$，而 $2^{L-1}-1=0$，得 $J=0$，则可确定第 1 级旋转因子为 $W_4^{J \times 2^{2-1}}=W_4^0$。而第 2 级蝶形旋转因子的数量为 $2^{L-1}=2^{2-1}=2$；$2^{L-1}-1=2^{2-1}-1=1$，所以 $J=0$，1，则旋转因子为 $W_4^{0 \times 2^{M-L}}=W_4^0$，$W_4^{1 \times 2^{M-L}}=W_4^1$。这样计算比较适合计算机编程的时候用于确定旋转因子的循环程序。

步骤三　对输入序列的奇偶抽取。其规律是将序号的二进制数倒过来，所以称为倒序。

以 8 位输入数据为例，如果 n 用三位二进制数表示为 $n_2 n_1 n_0$，第一次分组，由图 4-3 可以看出，n 为偶数在上部分，n 为奇数在下部分，这可以观察 n 的二进制数的最低位 n_0，$n_0=0$ 则序列值对应于偶数抽样，$n_0=1$ 则序列值对应于奇数抽样。下一次则根据次低位 n_1 来分奇偶。这种不断分成偶数子序列和奇数子序列的过程可以用图 4-3 所示的二进制树状图来描述。这就是 DIT 的 FFT 算法输入序列的序数称为倒序的原因。

在硬件实现时可以直接将序号的二进制码倒序输出；在用软件编程时需要用到倒序算法，其规则是将序列序号的二进制码高位加1，如有进位则向次位进位。计算示例如图4-4所示。

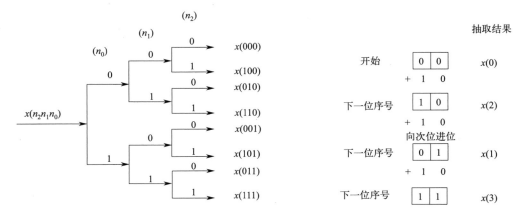

图 4-3 描述倒序的树状图   图 4-4 倒序算法原理

步骤四 利用流程图所示的过程依次计算。

根据这四个步骤我们可以画出 DIT-FFT 算法实现 8 点 DFT 的流程。

【例4.2.1】 已知序列 $x(n)$ 为 8 点实序列，试设计其基于时域抽取的基 2-FFT 算法流程图。分析该计算需要多少次蝶形运算，与 DFT 相比，其计算次数有何变化。

解：先计算 8 点 DFT 时域抽取的基 2-FFT 所需的参数。

① 确定分解级数 $M = \log_2 N = 3$，即应有 3 级蝶形运算。

② 确定各级旋转因子，根据公式，可知第 1 级有一个旋转因子，$W_8^0 = W_2^0$；第 2 级有两个旋转因子 W_8^0、W_8^2，由旋转因子的化简性质可得第 2 级两个 4 点 DFT 的旋转因子实际为 W_4^0、W_4^1。第三级有 4 个旋转因子 W_8^0、W_8^1、W_8^2、W_8^3（这个规律也可以简记为，旋转因子的个数对应该级 DFT 点数的一半，但是编程序时需要根据算法来实现）。

③ 确定序列抽取顺序：由倒序算法算出抽取顺序如表 4-1 所示。

表 4-1 确定序列抽取顺序

原顺序	$x(0)$	$x(1)$	$x(2)$	$x(3)$	$x(4)$	$x(5)$	$x(6)$	$x(7)$
原序	000	001	010	011	100	101	110	111
倒序	000	100	010	110	001	101	011	111
抽取顺序	$x(0)$	$x(4)$	$x(2)$	$x(6)$	$x(1)$	$x(5)$	$x(3)$	$x(7)$

则根据参数画出 8 点 DFT 时域抽取的基 2-FFT 分解运算流程图如图 4-5 所示。

由本例可以看出，8 点 DFT 计算中旋转因子在第 3 级已经变得复杂，如果分解更高的 DFT，旋转因子的计算复杂度会进一步增加，所以在实际应用时可利用一个成熟的 8 点 FFT 算法实现点数更高的 DFT 运算。

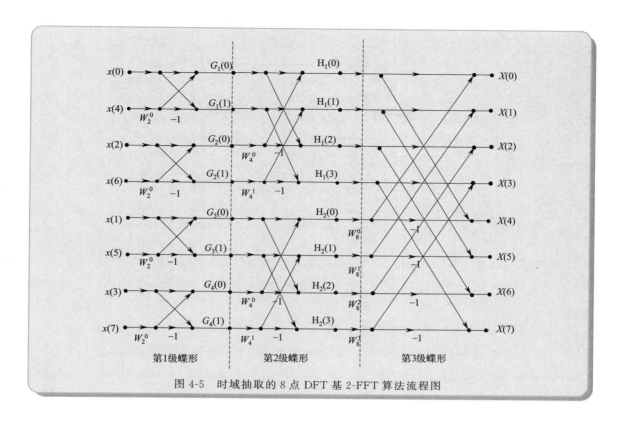

图 4-5 时域抽取的 8 点 DFT 基 2-FFT 算法流程图

【例 4.2.2】 试用两个 8 点 DIT-FFT 系统实现 16 点 DFT。

解：用已有的 8 点 DIT-FFT 算法来实现 16 点 DFT，主要问题是要注意输入序列样值顺序的处理。对于 16 点数据，输入序列的顺序用倒序法计算，如表 4-2 所示。

表 4-2 序列样值抽取顺序计算

原顺序	$x(0)$	$x(1)$	$x(2)$	$x(3)$	$x(4)$	$x(5)$	$x(6)$	$x(7)$
原序	0000	0001	0010	0011	0100	0101	0110	0111
倒序	0000	1000	0100	1100	0010	1010	0110	1110
抽取顺序	$x(0)$	$x(8)$	$x(4)$	$x(12)$	$x(2)$	$x(10)$	$x(6)$	$x(14)$
原顺序	$x(8)$	$x(9)$	$x(10)$	$x(11)$	$x(12)$	$x(13)$	$x(14)$	$x(15)$
原序	1000	1001	1010	1011	1100	1101	1110	1111
倒序	0001	1001	0101	1101	0011	1011	0111	1111
抽取顺序	$x(1)$	$x(9)$	$x(5)$	$x(13)$	$x(3)$	$x(11)$	$x(7)$	$x(15)$

16 点 DFT 分解级数 $M = \log_2 N = 4$，即应有 4 级蝶形运算，因为前三级已经用固定系统完成，所以只需要设计第 4 级的旋转因子，根据公式可知，第 4 级的旋转因子一共有 8 个，分别为 W_{16}^r，$r = 0, 1, 2, \cdots, 7$。根据这些参数画出基于 8 点 FFT 的 16 点 DIT-FFT 算法流程图，如图 4-6 所示。

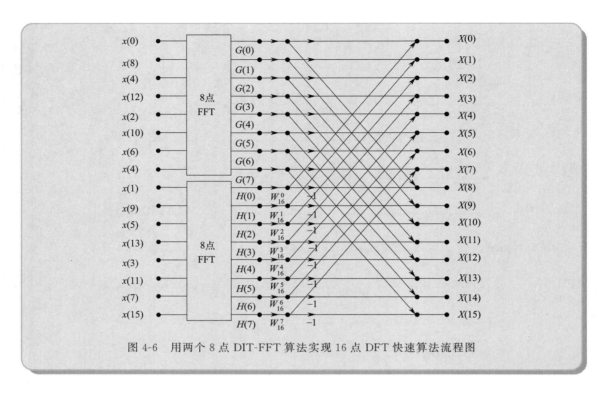

图 4-6 用两个 8 点 DIT-FFT 算法实现 16 点 DFT 快速算法流程图

（3）时域抽取的基 2-FFT（DIT-FFT）算法特点

按时域抽取 FFT 算法的一个重要特点是可以采取原位计算方式。所谓原位计算，就是当数据输入存储器以后，每一级运算的结果仍然存储在同一存储器中，直到最后输出，中间无其他的存储器。从图 4-5 可以看出，这种蝶形运算的每级计算都由 $\frac{N}{2}$ 个蝶形运算构成，每一级的 N 个输入数据经迭代运算后得出新的 N 个输出数据，又进行下一级的迭代运算，得到另外 N 个数，依此类推，直到最后的结果即为 $X(k)$。在迭代计算中，每个蝶形运算的输出数据都可以存放在原来存储输入数据的单元中，实行原位计算。因此，这个运算只需要 N 个数据存储单元，既可以存放输入的原始数据，又可以存放中间运算结果，还可以存放最后的运算结果，节省了存储单元，这是 FFT 算法的一个优点。

4.2.2 频域抽取的基 2-FFT 算法

频域抽取的基 2-FFT 算法（Decimation-In-Frequency Fast Fourier Transform，DIF-FFT）也称桑德-图基算法，与 DIT-FFT 算法不同的是，DIF-FFT 算法是先将输入序列按自然顺序等分成两组，之后不断等分得到点数为 $\frac{N}{2}$，$\frac{N}{4}$…的 DFT 计算单元，最后分解为一个 2 点 DFT 蝶形。下面来分析按频率抽取的基 2-FFT 算法原理。

对于长度为 $N=2^M$ 的序列 $x(n)$，按对偶原则将其分成前后两组，得到两个长度为 $\frac{N}{2}$ 的子序列：

$$x(n)=\begin{cases}x(n) & n=0,1,2,\cdots,\dfrac{N}{2}-1\\[2mm]x\left(n+\dfrac{N}{2}\right) & n=\dfrac{N}{2},\cdots,N-1\end{cases}\tag{4.2.8}$$

则 $x(n)$ 的 N 点 DFT：

$$X(k)=\sum_{n=0}^{N-1}x(n)W_N^{nk}=\sum_{n=0}^{\frac{N}{2}-1}x(n)W_N^{nk}+\sum_{n=\frac{N}{2}}^{N-1}x(n)W_N^{nk}\tag{4.2.9}$$

式（4.2.9）中第二项的处理方式，令 $m=n-\dfrac{N}{2}$，则 $n=m+\dfrac{N}{2}$，相应地，级数的上下限也做相应的变换，$m=n-\dfrac{N}{2}$，当 $n=\dfrac{N}{2}$ 时，$m=0$；当 $n=N-1$ 时，$m=N-1-\dfrac{N}{2}=\dfrac{N}{2}-1$。则有：

$$\sum_{n=\frac{N}{2}}^{N-1}x(n)W_N^{nk}=\sum_{m=0}^{\frac{N}{2}-1}x\left(m+\frac{N}{2}\right)W_N^{(m+\frac{N}{2})k}=W_N^{\frac{Nk}{2}}\sum_{m=0}^{\frac{N}{2}-1}x\left(m+\frac{N}{2}\right)W_N^{mk}$$

由旋转因子的约分特性，有 $W_N^{\frac{Nk}{2}}=W_2^k=(-1)^k$，将上式中 m 换回 n 表示，代入式（4.2.9）得：

$$\begin{aligned}X(k)&=\sum_{n=0}^{\frac{N}{2}-1}x(n)W_N^{nk}+(-1)^k\sum_{n=0}^{\frac{N}{2}-1}x\left(n+\frac{N}{2}\right)W_N^{nk}\\&=\sum_{n=0}^{\frac{N}{2}-1}\left[x(n)+(-1)^kx\left(n+\frac{N}{2}\right)\right]W_N^{nk}\end{aligned}$$

$(-1)^k$ 与 k 的奇偶性有关：

$$\begin{aligned}X(k)\text{ 的偶数点 }X(2r)&=\sum_{n=0}^{\frac{N}{2}-1}\left[x(n)+x\left(n+\frac{N}{2}\right)\right]W_N^{n2r}\\&=\sum_{n=0}^{\frac{N}{2}-1}\left[x(n)+x\left(n+\frac{N}{2}\right)\right]W_{\frac{N}{2}}^{nr}\end{aligned}\tag{4.2.10}$$

$$\begin{aligned}X(k)\text{ 的奇数点 }X(2r+1)&=\sum_{n=0}^{\frac{N}{2}-1}\left[x(n)-x\left(n+\frac{N}{2}\right)\right]W_N^{n(2r+1)}\\&=\sum_{n=0}^{\frac{N}{2}-1}\left[x(n)-x\left(n+\frac{N}{2}\right)\right]W_N^{n}W_{\frac{N}{2}}^{nr}\end{aligned}\tag{4.2.11}$$

式（4.2.10）为前一半输入与后一半输入之和的 $\dfrac{N}{2}$ 点 DFT，式（4.2.11）为前一半输入与后一半输入之差再与 W_N^n 相乘的 $\dfrac{N}{2}$ 点 DFT。根据这个原理，可以继续将序列分成 2 份，按照此算法分解，最后也可以得到一个 2 点 DFT 进行最简计算。上式可画出频域抽取的蝶形运算符如图 4-7 所示。

与时域抽取基本单元对比可知，频域抽取的蝶形运算符的旋转因子是在输出端与两个节点的和相乘。因为 $x(n)$ 的长度为 $N=2^M$，频域抽取的基 2-FFT 算法也可以经过 $M-1$

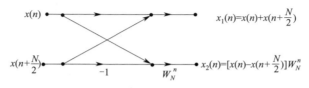

图 4-7　频域抽取的蝶形运算符

次分解最后分解为一个 2 点 DFT，分解方法与时域抽取的方法是类似的。如图 4-8 所示为 8 点频域抽取的计算流程图，对比图 4-2 可知，频域抽取的基 2-FFT 算法与时域抽取的基 2-FFT 算法的输入输出刚好对调，即输入为顺序，输出的 $X(k)$ 为倒序，需要在输出端倒序计算才能得到 $X(k)$ 的顺序值。另外，其蝶形级数的定义虽然方向与时域抽取不同，但是本质还是定义第 1 级为 2 点 DFT，在计算每级旋转因子的个数、旋转因子值时仍可采用时域抽取法中的步骤二所示的公式计算；直接输出的 $X(k)$ 序号也要经过倒序算法才能得到顺序的 $X(0)\sim X(k)$。

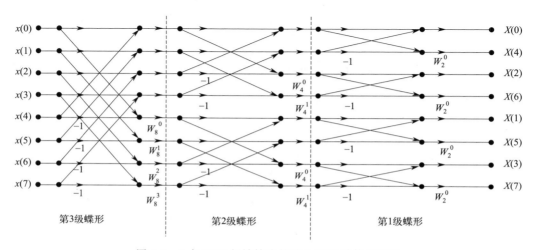

图 4-8　8 点 DFT 频域抽取的基 2-FFT 计算流程图

注意：在以上各级蝶形中标注的旋转因子，读者可以全部修改成 $N=8$ 的相应的旋转因子值，比如 $W_2^0 = W_8^0$，$W_4^0 = W_8^0$，$W_4^1 = W_8^2$。

4.2.3　基 2-FFT 算法的计算量分析

采用基 2-FFT 算法的突出优点是通过减少旋转因子的个数及降低 DFT 计算的实际次数能够大大减少直接计算 DFT 的计算量。从前面 2 节关于基 2-FFT 算法的原理中我们可以看到，无论是采用 DIT-FFT 还是 DIF-FFT，其运算流程图都是 M 级蝶形，每一级都由 $\frac{N}{2}$ 个蝶形运算构成，一个蝶形运算需要两次复数加法和一次复数乘法，由此可以得到基 2-FFT 算法的计算量为：

$$C_d = \frac{N}{2}\log_2 N \text{ 次复数乘法} + N\log_2 N \text{ 次复数加法} \qquad (4.2.12)$$

对比直接计算 DFT 的运算量公式，可知其计算效率大大提高。图 4-9 为直接计算 DFT 的运算量和基 2-FFT 快速运算量的对比，可以比较直观地看出，当 N 越大时，FFT 算法的优越性越明显。

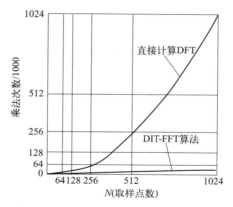

图 4-9 基 2-FFT 算法与直接计算 DFT 运算量比较曲线

【例 4.2.3】 已知一个 OFDM 符号码长为 2048bit。根据 OFDM 的原理，采用 N 点 DFT 实现其解调。请分析若用信号处理专用单片机 TMS320 系列使用基 2-FFT 算法产生一个 OFDM 符号需要多少时间，若要求传输速率为 2048bps，该芯片是否适合系统实时传输要求？（TMS320 系列芯片计算一次复数乘法和复数加法各需要 10ns）

解： 因为 OFDM 符号长度为 2048bit，所以应采用 2048 点 DFT。若采用基 2-FFT 算法实现，其运算量为：

$$C_d = \frac{N}{2}\log_2 N \text{ 次复数乘法} + N\log_2 N \text{ 次复数加法}$$

$$= \left(\frac{2048}{2}\log_2 2048\right) \text{ 次复数乘法} + (2048\log_2 2048) \text{ 次复数加法}$$

$$= 11264 \text{ 次复数乘法} + 22528 \text{ 次复数加法}$$

生成一个 OFDM 符号的所需的时间为 $T = 33792 \times 10 \times 10^{-9}(\text{s})$

速率为 $\frac{1}{T} \approx 2959\text{bps}$

所以该芯片产生的 OFDM 符号能够应用于系统传输。

4.3 其他快速算法简介

快速傅里叶变换是信号处理领域的一个重要研究课题。自基 2-FFT 算法之后，陆续出现了其他快速算法。比如基 4-FFT 算法是建立在 $N = 4^M$ 的基础上的算法，其原理与基 2-FFT 算法是类似的，选择了更大的基数，可以进一步减少计算量，比如 4 点 DFT 的 4 个旋转因子分别为 ± 1、$\pm j$，可以减少实际参与复数乘法运算的旋转因子个数，从一定程度上既提高了计算效率，也不会造成很明显的软硬件复杂度增加，计算量可以获得明显的降低。

但是基数继续增大，满足 N 值的灵活性也会降低。比如基 8-FFT 算法，长度是 $N = 8^M$，像 1024、2048 这些常见的点数都不是 8 的整数幂。即基数太大就会牺牲一定的灵活性，并且存储和计算更多的旋转因子也会导致软件或硬件结构的复杂度增加，实际意义不大。

1984 年，法国的杜梅尔和霍尔曼将基 2-FFT 和基 4-FFT 结合起来，提出了分裂基 FFT 算法，这种算法通过更合理地设计算法结构，进一步减少了参与复数乘法的旋转因子数量，编程简单，运算程序也短，并且获得了接近理论最小值的计算次数，是目前应用最广泛的一种 FFT 算法。由于篇幅所限，本书对 FFT 算法不做深入研究，需要的读者可以自行查阅相关文献资料。

在许多雷达、图像、深空探测等信号处理场合，需要进行大点数 FFT 运算来实现某些参数的测定与估计功能，当 N 较大时，单个通用 DSP 芯片已经无法完成这种运算，这时一种有效的办法是将大点数 FFT 算法进行并行分解，使每路处理运算复杂度在芯片的工作容限之内，再在末端进行数据合成，也可以得到大点数 FFT 计算功能。

4.4 利用基 2-FFT 实现快速卷积

移动通信中的解卷积，雷达、声呐信号处理中相关或匹配滤波器的实现及信号功率谱估计等应用，都要对大量输入数据进行卷积和处理。在计算长度不确定的情况下，无法提前确定计算的位数，计算机辅助设计时会给编程、数据存储带来诸多不便。

各种通信系统中数据处理的长度都由相关协议详细规定，并且计算机数据存储与数值计算都是以字节为单位的，所以固定长度的循环卷积在实际应用中具有很大的优势，可以根据系统要求的长度设计循环卷积的位数。在处理序列长度很长且不具备周期性的实时数据时，若需要计算卷积和实现数字信号处理，可以先将序列按设计的长度分段，结合 FFT 高效算法，计算分段序列循环卷积后再组合得到卷积和，可以大大提高计算效率。

4.4.1 分段卷积的原理

对于两个长度分别为 N_1 和 N_2 的序列，为了保证循环卷积与卷积和的结果相同，循环卷积的长度至少应与卷积和的长度相同，即 $L \geqslant N_1 + N_2 - 1$。此时参加卷积和的两个序列都需要补 0 以达到长度 L。

当两个序列长度相差很大的时候，需要对较短的序列补充很多零，长序列也必须全部输入计算机后才能进行运算，对计算机的存储容量要求很高，且计算时间也会根据计算长度而增加，导致计算延迟增大，很难适应实时性要求高的系统。比如通信系统中的语音信号传输，就是典型的输入序列长而要求传输时延很小的例子。另外，地震信号也是一种频率小周期长的信号。对于这类信号输入系统的数据处理，就可以采取将长序列分段的方法来解决。

设 $h(n)$ 是长度为 M 的有限长序列，$x(n)$ 为较长序列，将 $x(n)$ 均匀分段，每段长度为 N，利用循环卷积计算卷积和的数学过程如下。

第一步：先将较长的序列分段

$$x(n) = \sum_{i=0}^{\infty} x(n) R_N(n - iN)$$

记 $x_i(n) = x(n) R_N(n - iN)$。

第二步：分段计算循环卷积并叠加得到卷积和 $y(n)$

$$y(n) = h(n) * x(n) = h(n) * \sum_{i=0}^{\infty} x_i(n)$$

$$= \sum_{i=0}^{\infty} h(n) * x_i(n) = \sum_{i=0}^{+\infty} y_i(n)$$

即：

$$y(n) = \sum_{i=0}^{\infty} y_i(n), \quad y_i(n) = h(n) \; Ⓛ \; x_i(n) \tag{4.4.1}$$

在计算过程中，如果循环卷积的长度 L 过大，会增加计算量，降低计算效率，但是如果 L 不够大，又会出现混叠，在实际计算时，采用重叠保留法和重叠相加法两种方法来实现最优参数设计。

（1）重叠保留法计算卷积和

重叠保留法的原理是在分段时把每段序列 $x_i(n)$ 向前多取 $M-1$ 点数据，由于混叠这部分数据不正确，需要将其舍去，剩下 N 点符合卷积和的正确值的数据，将各段 $y_i(n)$ 合成即得到 $y(n)$。计算示意图如图 4-10 所示。为保证计算效率，一般取 $M-1 < N$。

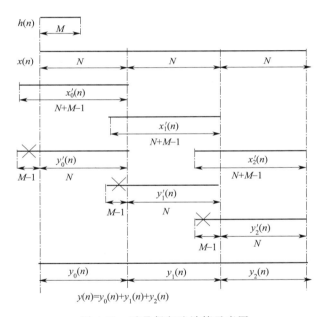

图 4-10　重叠保留法计算示意图

计算中舍去结果中 $M-1$ 个值（如图中×所示位置的数据），即：

$$y(n) = \sum_{i=0}^{+\infty} y_i(n)$$

其中：

$$y_i(n) = \begin{cases} y_i'(n) & iN \leqslant n < (i+1)N \\ 0 & 其他 \end{cases}$$

$$y_i'(n) = h(n) \; Ⓛ \; x_i'(n) \tag{4.4.2}$$

计算所得的 $y(n)$ 长度与分段前的 $x(n)$ 长度相同。

（2）重叠相加法计算卷积和

重叠相加法的原理是当 $h(n)\textcircled{1}x_i(n)$ 时，$y_i(n)$ 后半段有 $M-1$ 位与 $y_{i+1}(n)$ 重叠相加，这样，$y(n)$ 的长度为原序列的长度加 $M-1$。求解示意图如图 4-11 所示。为避免出现混叠，应保证 $M-1\leqslant\dfrac{1}{2}$（$N+M-1$）。

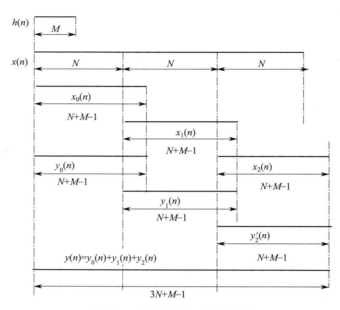

图 4-11　重叠相加法求解示意图

$y(n)$ 为分段卷积 $y_i(n)$ 叠加得到，可表示为：

$$y(n)=\sum_{i=0}^{+\infty}y_i(n), iN\leqslant n\leqslant(i+1)N+M-1 \tag{4.4.3}$$

由于每一分段卷积 $y_i(n)$ 的长度为 $N+M-1$，$y_i(n)$ 与 $y_{i+1}(n)$ 之间有 $M-1$ 个重叠，必须把重叠部分相加才能得到完整的序列。

【例 4.4.1】　设长度 $M=2$ 的序列 $h(n)=\{\underline{1},2\}$，序列 $x(n)=\{\underline{1},1,1,1,1,1,1,1,1\}$，长度为 9，试用对位相乘相加法和重叠相加法计算卷积和 $y(n)=h(n)*x(n)$。

　　解：用对位相乘相加法直接计算：

$$
\begin{array}{r}
\underline{111111111} \qquad x(n)\\
\times\qquad\underline{12}\\
\hline
222222222 \qquad h(n)\\
+\quad\underline{111111111}\\
\hline
1333333332
\end{array}
$$

即 $y(n)=\{1,3,3,3,3,3,3,3,3,2\}$。

　　用重叠相加法：分三段计算，每段 $N=3$ 位，则循环卷积长度为 $L=M+N-1=4$，

重叠部分为 $M-1=1$，分段计算过程如下：

$$
\begin{array}{ccc}
\begin{array}{r}
1\ 1\ 1 \\
\times\ \ \ 1\ 2 \\
\hline
1\ 3\ 3\ 2
\end{array}
&
\begin{array}{l}
x_0(n) \\
h(n) \\
\\
y_0(n)
\end{array}
&
\end{array}
\qquad
\begin{array}{cc}
\begin{array}{r}
1\ 1\ 1 \\
\times\ \ \ 1\ 2 \\
\hline
1\ 3\ 3\ 2
\end{array}
&
\begin{array}{l}
x_1(n) \\
h(n) \\
\\
y_1(n)
\end{array}
\end{array}
\qquad
\begin{array}{cc}
\begin{array}{r}
1\ 1\ 1 \\
\times\ \ \ 1\ 2 \\
\hline
1\ 3\ 3\ 2
\end{array}
&
\begin{array}{l}
x_2(n) \\
h(n) \\
\\
y_2(n)
\end{array}
\end{array}
$$

三段结果重叠相加：

$$
\begin{array}{l}
1\ 3\ 3\ 2 \qquad\qquad\qquad y_0(n),0\leqslant n\leqslant 3 \\
1\ 3\ 3\ 2 \qquad\qquad y_1(n),3\leqslant n\leqslant 6 \\
1\ 3\ 3\ 2 \qquad y_2(n),6\leqslant n\leqslant 9 \\
\hline
1\ 3\ 3\ 3\ 3\ 3\ 3\ 3\ 2 \qquad\qquad y(n),0\leqslant n\leqslant 9
\end{array}
$$

所得结果与对位相乘相加法一致，采用这种方法，每段的计算量变小，所需的存储容量也大大减少。

【例 4.4.2】 利用 $h(n)$ 长度为 $M=50$ 的 FIR 滤波器对输入序列 $x(n)$ 进行滤波，要求采用分段的重叠保留法实现。分段序列 $x_i(n)$ 的长度 $N=100$，但相邻两段必须重叠 V 个点，即先将第 $k-1$ 段后的 V 个点与第 k 段的 N 个点组成连贯的 $M+V$ 个点的 $x_i'(n)$，然后计算 $x_i'(n)$ 与 $h(n)$ 的 L 点循环卷积，得到输出序列 $y_i'(n)$，最后从 $y_i'(n)$ 中取出 N 个点得到 $y_i(n)$。

① L 最小可以取多大？

② V 是多少？

③ $y_i'(n)$ 中哪些点取出来构成 $y_i(n)$？

解： 根据重叠保留法的原理，分段时把每段序列 $x_i(n)$ 向前多取 $M-1$ 点数据，对应的就是本题中的 V，所以 $V=M-1=49$；$L=N+M-1=100+50-1=149$，这就是直接应用重叠保留法的数据确定的长度，所以：

$$
y_i(n)=\begin{cases} y_i'(n) & 100i<n\leqslant 100(i+1) \\ 0 & \text{其他} \end{cases}
$$

4.4.2 快速卷积

利用基 2-FFT 计算卷积和称为快速卷积。快速卷积的本质是利用 DFT 的循环卷积实现分段卷积。其计算过程是先将一个序列分段采用上述的重叠保留法或重叠相加法，计算每个分段的循环卷积，最后将计算的分段数据按公式进行处理，即可得到序列的卷积和。

在以上介绍的两种分段卷积的分段参数中，较短的参数 M 与循环卷积长度 L 的取值有个最佳值，由于基 2-FFT 点数为 2 的整数幂，应取 $L=2^r$（r 为正整数），表 4-3 可作为快速卷积的最佳取值参考。

表 4-3　快速卷积分段时 L 的最佳取值参考

M	$L = N + M - 1$	r
1~10	32	5
11~19	64	6
20~29	128	7
30~49	256	8
50~99	512	9
100~199	1024	10
200~299	2048	11
300~599	4096	12
600~999	8192	13
1000~1999	16384	14
2000~3999	32786	15

每个分段实现快速卷积的系统框图如图 4-12 所示。

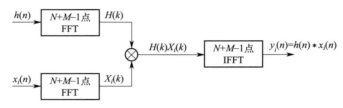

图 4-12　快速卷积系统框图

【例 4.4.3】 当两个序列长度分别为 N、M 时，直接计算卷积和需要做乘法的次数为 NM 次，加法的次数为 $N + M - 1$ 次。现有一 FIR 滤波器的单位脉冲响应 $h(n)$ 长度为 $M = 57$ 点，输入序列 $x(n)$ 的长度为 4096 点，计算滤波输出的算法为 $y(n) = x(n) * h(n)$。

① 直接计算卷积和时，需要计算乘法的次数为多少？

② 根据快速卷积最佳参数选择 $x(n)$ 分段的长度，计算 $x(n)$ 的段数。

③ 用重叠相加法实现分段卷积，并采用 512 点基 2-FFT 系统实现快速卷积。计算此时乘法的次数。

解： ① 直接计算卷积和时，乘法次数为：

$$c_1 = 57 \times 4096 = 233472 \text{（次）}$$

② 因为 $M = 57$，根据表 4-3，应选择 $L = 512$，则由 $L = N + M - 1$ 可求出 $x(n)$ 分段的点数为：

$N = L - M + 1 = 512 - 57 + 1 = 456$，由 $\dfrac{4096}{456}$ 取整数得到分段的段数为 9。

③ 每段做一次 512 点 FFT 的乘法次数为：

$$C_d = \frac{N}{2} \log_2 N = 256 \times 9 = 2304$$

一共 9 段，并且还要进行一次 IFFT，IFFT 的计算量与 FFT 相同，所以乘法计算量为：

$$C_2 = 9 \times 3 \times 2304 = 62208$$

另外，在 FFT 和 IFFT 之间还需要进行两个 512 点序列的直接相乘，即应增加 512 次乘法，则该系统总共进行的乘法次数为：

$$C = 62208 + 512 = 62720$$

相比直接卷积和乘法计算量，采用基 2-FFT 系统的快速卷积计算量显著减少。

 拓展阅读

二进制——信息时代的基础

21 世纪是信息时代，也被称为数字时代，这一时代的基本特征就是信息的数字化。

我们日常生活中通常使用十进制数，即用 1、2、3、4、5、6、7、8、9、0 这十个数字符号，按从右到左"逢十进一"的排位原则来表示任意整数。人类采用十进制可能与十个手指数数有关。

有资料表明，二进制最早可以追溯到中国古老的一部历史文献《易经》。《易经》正式形成在 3000 多年前的周朝，也称为《周易》。其中的周易筮法占卜所用两种形态的"爻（yao）"表示，用一长划表示"阳"，两短划表示"阴"，三个爻放在一起组成一个"卦"，因此一共有 $2^3 = 8$ 种卦。如果把阳爻当成 1，阴爻当成 0，八卦就是以 3 位二进制数对应，六十四卦是 6 位二进制数。不过八卦没有作为数所需的定义和严格的数值计算法则，与现代二进制数学还是有区别的。

微积分发明者之一，德国数学家莱布尼茨（Gottfried Wilhelm von Leibniz，1646—1716）在 1679 年写了一篇题名为《二位数学》的文章，其中首次给出了关于二进制数及其运算的较完整的描述，说明由 0、1 排列形成二进制数可以像十进制那样表示任何整数，该文被认为是现代二进制数的肇始。据说莱布尼茨从到过中国的欧洲传教士那里了解到周易八卦，对其与二进制之间的相似性惊叹不已。

1938 年，美国数学家、信息论的创始人克劳德·艾尔伍德·香农（Claude Elwood Shannon，1916—2001）在他的硕士学位论文《继电器与开关电路的符号分析》中首次提出了二进制的概念。1948 年，香农发表了划时代的论文《通信的数学理论》，论文中定义了信息的基本单位"位"（bit），并在著名的香农定理中将信息量与二进制数的位联系起来，这启发了人们把各种信息转化成二进制形式。1986 年，作为文化信息数字化的基础，美国标准局（ANSI）公布了美国标准信息交换码，简称 ASCII 码（ASCII，American standard code for information interchange），其中就有 26 个英文字母的数字化表示；中国国家标准化管理委员会则于 1980 年公布了《信息交换用汉字编码字符集 基本集》（GB/T 2312—1980），其中收录了 6763 个简体汉字数字化表示；1995 年公布的汉字内码扩展规范

（GBK），收录了两万多个汉字的二进制数表示。

图像、声音和影像的数字化比文字的数字化更困难。特别是影视信息，如果直接用二进制数来表示，数据量非常之大，因此人们设计出各种数据压缩技术。数据压缩技术所依据的原理就是香农提出的"信息熵"原理，即一幅图像中以及两帧之间的数据存在明显相关性，说明数据的"不确定性"，也就是熵值没有看上去那么高，从而能够在保持信息完整的同时，用少得多的二进制数来表示。

信息转化成二进制数后，就可以让功能强大的计算机来做各种处理，数字化的信息能够通过通信网络传输，数据信息可以通过半导体或者激光进行存储。当这一切都具备时，数字时代就真正来临了。数字时代给我们的生活带来了梦幻般的变化，并且还在继续制造更多神奇的应用和新的观念。

习题

（1）FFT 主要利用了 DFT 定义中的正交完备基函数 $W_N^n(n=0,1,\cdots,N-1)$ 的周期性和对称性，通过将大点数的 DFT 运算转换为多个小数点的 DFT 运算，实现计算量的降低。请写出 W_N^n 的周期性和对称性表达式。

（2）画出基 2 时域抽取 4 点 FFT 的信号流图。

（3）对于长度为 8 点的实序列 $x(n)$，试问如何利用长度为 4 点的 FFT 计算 $x(n)$ 的 8 点 DFT？写出其表达式，并画出简略流程图。

（4）采用基 2-FFT 算法，可用快速卷积完成线性卷积。现欲计算线性卷积 $x(n)*h(n)$，试写采用快速卷积的计算步骤（注意说明点数）。

（5）如果通用计算机的速度为平均每次复数乘法需要 $40\mu s$，每次复数加法需要 $10\mu s$，用来计算 $N=1024$ 点 DFT，试问直接计算需要多少时间？用 FFT 计算呢？

（6）如果将通用计算机换成数字信号处理专用单片机 TMS320 系列，则计算复数乘法 1 次仅需要 100ns 左右，计算复数加法 1 次需要 100ns，请重复做上题。

（7）设语音信号的采样率为 6kHz，记录时间为 1s，计算机复数乘 1 次需要 $4\mu s$，复数加 1 次需要 $1\mu s$，请问：若采用分段计算频谱，每段长度为 1024，请问该信号一共分几段？用时域抽取法计算频谱需要多少时间？若每段 2048 位，需要多少时间？

（8）请给出 16 点时域抽选输入倒序、输出顺序的基 2-FFT 完整计算流程图。

（9）已知序列 $x(n)=\{1,5,4,3\}$，

① 试给出 4 点 DIT-FFT 的信号流程图，注意标出节点系数；

② 利用流程图计算输出结果 $X(k)$；

③ 计算 $X(k)$ 的幅度谱和相位谱。

（10）已知 $x(n)=n+1(0\leqslant n\leqslant 3)$，$h(n)=(-1)^n(0\leqslant n\leqslant 3)$，用循环卷积法求 $x(n)$ 和 $h(n)$ 的线性卷积 $y(n)$。

第5章

无限脉冲响应 IIR 滤波器

相对于模拟滤波器，数字滤波器是指输入输出均为离散时间信号，通过数值运算处理改变输入信号所含频率成分的相对比例，或者滤除某些频率成分的器件或程序。因此数字滤波的概念与模拟滤波的概念基本相同。但是由于信号形式、实现滤波的方法不同，数字滤波器完成的滤波功能要比传统模拟滤波器更广泛，因此可从以下几个方面对数字滤波器进行分类。

（1）按滤波器滤波功能分类

按滤波器完成的滤波功能是否为频率选择性滤波，将数字滤波器分为经典滤波器和现代滤波器两大类。

经典滤波器的特点是其输入信号中有用频率成分和希望滤除的频率成分占有不同的频带，通过一个合适的选频滤波器滤除干扰信号，到达滤波的目的，如低通滤波、高通滤波、带通滤波和带阻滤波等，就是所谓的频率选择性滤波器。

现代滤波器是根据随机信号的一些统计特性，在某种最佳准则下，最大限度地抑制干扰，同时最大限度地恢复信号，从而达到最佳滤波的目的。如果信号与干扰互相重叠，则经典滤波器无法完成滤除干扰的任务，需要用现代滤波器实现。

（2）按频率选择的不同频段功能分类

按频率选择的不同频段可以将滤波器分为低通滤波器、高通滤波器、带通滤波器和带阻滤波器等。

由采样频率与数字频率的关系，可知采样频率 π 对应的是数字频率的高频，因此经典数字滤波器的幅频特性如图 5-1 所示。

经典数字滤波器的滤波功能与模拟滤波器的功能是相同的，但是由于 π 是高频，且数字频率以 2π 为周期，所以幅频特性函数波形是以 $\omega = \pi$ 为对称轴偶对称的，这也意味着只需要得到 $\omega \in [0, \pi]$ 区间的波形即为数字滤波器的幅频特性曲线。

（3）按系统单位脉冲响应 $h(n)$ 长度分类

按照数字滤波器的单位脉冲响应 $h(n)$ 长度是有限长还是无限长，可以分为有限脉冲响

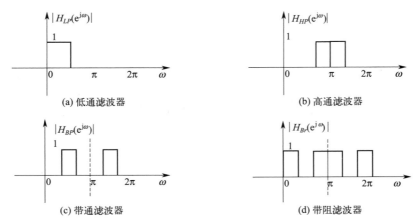

图 5-1　理想数字滤波器的幅频特性示意图

应 FIR 数字滤波器和无限脉冲响应 IIR 数字滤波器。为表述方便，后面所述的 IIR 滤波器和 FIR 滤波器均指数字滤波器。两种滤波器的设计方法完全不同。FIR 滤波器的设计将在下一章讨论。

IIR 滤波器有直接设计和间接设计两种方法，直接法设计 IIR 滤波器是指通过直接计算滤波器的时域的单位脉冲响应或 z 域系统函数得到所需参数滤波器的方法，可以利用之前关于离散时间系统各种响应关系来设计，无法总结很明确的设计步骤，在本书中不做单独介绍。本章只介绍 IIR 滤波器的间接设计方法，即先按模拟滤波器设计方法得到系统函数 $H(s)$，然后按特定原理转换成数字滤波的系统函数 $H(z)$。

5.1　IIR 滤波器的设计指标

本章从无限脉冲响应 IIR 滤波器的技术指标等基本概念入手，结合模拟滤波器的设计原理与方法，对基于经典滤波器的 IIR 滤波器设计进行讨论。

5.1.1　数字滤波器设计参数的定义

理想滤波器幅频响应在通带内为 1，阻带内为 0。佩利维纳准则指出，若一个系统的频率特性在频带内恒等于零，则该系统不是物理可实现的系统。因而理想数字滤波器是物理上不可实现的系统。为了使数字滤波器成为一个物理上可实现的系统，必须在滤波器的通带与阻带之间设置过渡带；在通带内幅频响应不严格地等于 1，阻带内幅频响应也不严格地为 0，分别给予较小的容限 δ_p 和 δ_s。非理想数字滤波器幅频特性和归一化设计容限要求如图 5-2 所示。

由图 5-2 可知，一个数字滤波器的技术指标包括通带截止频率 ω_p、阻带截止频率 ω_s、通带容限 δ_p、阻带容限 δ_s、通带内允许的最大衰减 α_p 和阻带内允许的最小衰减 α_s。下面给出这些指标的定义。

通带：数字滤波器幅频特性中，幅度值相对较大的频带，称为通带。

阻带：数字滤波器幅频特性中，幅度值相对较小的频带，称为阻带。

通带截止频率：数字滤波器幅频特性中，通带与过渡带之间的转折频率，称为通带截止频率，并用 ω_p 表示通带截止频率。

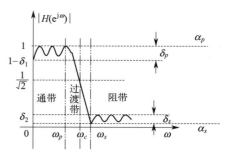

图 5-2　非理想数字滤波器幅频特性和归一化设计容限示意图

阻带截止频率：数字滤波器幅频特性中，阻带与过渡带之间的转折频率，称为阻带截止频率，并用 ω_s 表示阻带截止频率。

过渡带：过渡带的宽度由通带截止频率 ω_p 和阻带截止频率 ω_s 之差来确定。

通带容限：数字滤波器幅频特性中，通带内幅度频谱的最大值与最小值之差称为通带容限，并用 δ_p 表示通带容限，δ_p 由通带内允许的最大衰减 α_p 确定。

阻带容限：数字滤波器幅频特性中，阻带内幅度频谱的最大值与最小值之差称为阻带容限，并用 δ_s 表示阻带容限，δ_s 由阻带内允许的最小衰减 α_s 表示。

通带内允许的最大衰减 α_p：通带内幅度衰减的最大值。

$$\alpha_p = 20\lg\left|\frac{H(\mathrm{e}^{j\omega_0})}{H(\mathrm{e}^{j\omega_p})}\right| = -20\lg|H(\mathrm{e}^{j\omega_p})| \tag{5.1.1}$$

3dB 截止频率 ω_c：当通带幅度 $|H(\mathrm{e}^{j\omega})|$ 从 1 下降到 0.707 时对应的通带频率。

式（5.1.1）中，令 $|H(\mathrm{e}^{j\omega_0})|=1$ 进行幅度归一化处理。若 $\omega=\omega_p$ 时，$|H(\mathrm{e}^{j\omega})|$ 已从 1 下降到 $\frac{1}{\sqrt{2}} \approx 0.707$，则 $\alpha_p = 3\mathrm{dB}$，此时通带容限 $\delta_p = 1 - \frac{1}{\sqrt{2}}$，通带截止频率为 3dB 截止频率，用 ω_c 表示。

阻带内应达到的最小衰减 α_p：阻带内幅度衰减的最小值

$$\alpha_s = 20\lg\left|\frac{H(\mathrm{e}^{j\omega_0})}{H(\mathrm{e}^{j\omega_s})}\right| = -20\lg|H(\mathrm{e}^{j\omega_s})| \tag{5.1.2}$$

注意：式（5.1.1）和式（5.1.2）中，对于低通滤波器，取 $\omega_0=0$；对于高通滤波器，取 $\omega_0=\pi$；对于带通滤波器，ω_0 取其通带中心频率；对于带阻滤波器，取 $\omega_0=0$ 或取 $\omega_0=\pi$。

例如，若已知 $|H(\mathrm{e}^{j\omega})|=0.01$，$\omega_s=0.25\pi$ 时，通过式（5.1.2）可计算此时阻带衰减为：

$$\alpha_s = -20\lg|H(\mathrm{e}^{j\omega_s})| = -20\lg(0.01) = 40(\mathrm{dB})$$

此时阻带容限 $\delta_s = |H(\mathrm{e}^{j\omega_s})| = 0.01$。

当滤波器实际设计指标为频率 f（单位为 Hz）时，需要转换成数字频率，即 $\omega = \Omega T = 2\pi f T = \frac{2\pi f}{f_s}$。比如需要设计一个低通滤波器，其通带截止频率为 10Hz，若采样频率 $f_s = 100\mathrm{Hz}$，则数字滤波器的通带截止频率为 $\omega_p = 0.2\pi$；若采样频率为 200Hz，则 $\omega_p = 0.1\pi$。

5.1.2 表征数字滤波器频率响应特性的三个参量

（1）幅度平方函数 $|H(e^{j\omega})|^2$

当数字滤波器的单位脉冲响应 $h(n)$ 为实函数时，有：

$$|H(e^{j\omega})|^2 = H(e^{j\omega})H^*(e^{j\omega}) = H(e^{j\omega})H(e^{-j\omega}) = H(z)H(z^{-1})|_{z=e^{j\omega}} \quad (5.1.3)$$

根据幅度平方函数的定义，在 z 平面，$H(z)H(z^{-1})$ 的零极点具有以下特性。

① $H(z)H(z^{-1})$ 的极点（零点）是共轭的，又是以单位圆（$|z|=1$）为镜像的（即共轭倒数）。若复数极点 $z=z_i$，则有 $z=z_i^*$，$z=\dfrac{1}{z_i}$ 及 $z=\dfrac{1}{z_i^*}$ 都是 $H(z)H(z^{-1})$ 的极点。零点也有同样的关系。

② $H(z)H(z^{-1})$ 在 z 平面单位圆内的极点属于 $H(z)$，在单位圆外的极点属于 $H(z^{-1})$，且 $H(z)$ 在 $z=\infty$ 处不能有极点，此时 $H(z)$ 是因果稳定的。

③ $H(z)H(z^{-1})$ 的零点对称的一半属于 $H(z)$，单位圆内的零点不一定属于 $H(z)$；若 $H(z)H(z^{-1})$ 在单位圆内的一半零点属于 $H(z)$，则 $H(z)$ 是最小相位系统。

（2）相频特性

若 $H(e^{j\omega})$ 可以表示为：

$$H(e^{j\omega}) = |H(e^{j\omega})|e^{j\varphi(\omega)} = \text{Re}[H(e^{j\omega})] + j\text{Im}[H(e^{j\omega})] \quad (5.1.4)$$

所以：

$$H(e^{j\omega})^* = |H(e^{j\omega})|e^{-j\varphi(\omega)}$$

则：

$$\frac{H(e^{j\omega})}{H(e^{j\omega})^*} = e^{2j\varphi(\omega)} .$$

所以有：

$$\varphi(\omega) = \frac{1}{2j}\ln\left[\frac{H(e^{j\omega})}{H(e^{j\omega})^*}\right] = \frac{1}{2j}\ln\left[\frac{H(e^{j\omega})}{H(e^{-j\omega})}\right]$$

在因果稳定系统中令 $e^{j\omega}=z$，可得：

$$\varphi(\omega) = \frac{1}{2j}\ln\left[\frac{H(z)}{H(-z)}\right] \quad (5.1.5)$$

式（5.1.5）表明系统的相频特性 $\varphi(\omega)$ 与系统函数之间的关系，式（5.1.4）直接由 $H(e^{j\omega})$ 的辐角得到，与之前的相频特性函数定义相同。

（3）群时延 $\tau(\omega)$

群时延 $\tau(\omega)$ 是滤波器平均延迟的一个度量，定义为相位对角频率的导数的负值：

$$\tau(\omega) = -\frac{d[\varphi(\omega)]}{d\omega} \quad (5.1.6)$$

当群时延 $\tau(\omega)$ 为常数时，系统的相位特性是频率的线性函数，滤波器具有线性相位。

【**例 5.1.1**】 已知数字滤波器的系统函数为 $H(z) = \dfrac{1}{z - 0.9}$，求它的幅度平方函数、相位函数及其群时延，并判断该系统是否为线性相位低通滤波器。

解： 由式(5.1.3)可知，系统的幅度平方函数为：

$$\left| H(\mathrm{e}^{\mathrm{j}\omega}) \right|^2 = H(z)H(z^{-1}) \Big|_{z=\mathrm{e}^{\mathrm{j}\omega}}$$

$$= \left(\frac{1}{z - 0.9} \right)\left(\frac{1}{z^{-1} - 0.9} \right) \Big|_{z=\mathrm{e}^{\mathrm{j}\omega}}$$

$$= \frac{1}{(\mathrm{e}^{\mathrm{j}\omega} - 0.9)(\mathrm{e}^{-\mathrm{j}\omega} - 0.9)}$$

系统 $\varphi(\omega)$：

$$\varphi(\omega) = \frac{1}{2\mathrm{j}}\ln\left[\frac{H(z)}{H(z^{-1})} \right]\Big|_{z=\mathrm{e}^{\mathrm{j}\omega}} = \frac{1}{2\mathrm{j}}\ln\left[\frac{\dfrac{1}{z-0.9}}{\dfrac{1}{z^{-1}-0.9}} \right]\Big|_{z=\mathrm{e}^{\mathrm{j}\omega}}$$

$$= \frac{1}{2\mathrm{j}}\ln\left[\frac{\mathrm{e}^{-\mathrm{j}\omega} - 0.9}{\mathrm{e}^{\mathrm{j}\omega} - 0.9} \right] = \frac{1}{2\mathrm{j}}\ln\left[\frac{\cos\omega - \mathrm{j}\sin\omega - 0.9}{\cos\omega + \mathrm{j}\sin\omega - 0.9} \right]$$

观察上式可知，$\dfrac{H(z)}{H(z^{-1})}$ 是一对共轭复数的商，即：

$$\frac{H(z)}{H(z^{-1})} = \frac{\cos\omega - \mathrm{j}\sin\omega - 0.9}{\cos\omega + \mathrm{j}\sin\omega - 0.9} = \mathrm{e}^{-2\mathrm{j}\arctan\left(\frac{\sin\omega}{\cos\omega - 0.9} \right)}$$

则：

$$\varphi(\omega) = \frac{1}{2\mathrm{j}}\ln\left[\frac{\cos\omega - 0.9 - \mathrm{j}\sin\omega}{\cos\omega - 0.9 + \mathrm{j}\sin\omega} \right]$$

$$= \frac{1}{2\mathrm{j}}\left[-2\mathrm{j}\arctan\left(\frac{\sin\omega}{\cos\omega - 0.9} \right) \right]$$

$$= -\arctan\left(\frac{\sin\omega}{\cos\omega - 0.9} \right)$$

与直接用复数指数形式求辐角所得结果相同。

欲求群时延 $\tau(\omega)$，可先求：

$$z\frac{\mathrm{d}[H(z)]}{\mathrm{d}z} \times \frac{1}{H(z)} = z\frac{-1}{(z-0.9)^2}(z-0.9) = \frac{-z}{(z-0.9)} = \frac{-1}{(1-0.9z^{-1})}$$

则：

$$\tau(\omega) = -\mathrm{Re}\left\{ \left[z\frac{\mathrm{d}[H(z)]}{\mathrm{d}z}\frac{1}{H(z)} \right]\Big|_{z=\mathrm{e}^{\mathrm{j}\omega}} \right\}$$

$$= -\mathrm{Re}\left[\frac{-1}{1-0.9\mathrm{e}^{-\mathrm{j}\omega}} \right] = \mathrm{Re}\left[\frac{(1-0.9\mathrm{e}^{\mathrm{j}\omega})}{(1-0.9\mathrm{e}^{-\mathrm{j}\omega})(1-0.9\mathrm{e}^{\mathrm{j}\omega})} \right]$$

$$= \mathrm{Re}\left[\frac{1-0.9\mathrm{e}^{\mathrm{j}\omega}}{1-0.9\mathrm{e}^{-\mathrm{j}\omega} - 0.9\mathrm{e}^{\mathrm{j}\omega} + 0.81} \right] = \frac{1-0.9\cos\omega}{1.81 - 1.8\cos\omega}$$

即系统的群时延为：

$$\tau(\omega) = \frac{1 - 0.9\cos\omega}{1.81 - 1.8\cos\omega}$$

由线性相位的定义可知，由于 $\tau(\omega)$ 不是常数，该滤波器为非线性相位滤波器。

令 $\omega = 0$ 代入 $|H(e^{j\omega})|^2$ 得：

$$|H(e^{j0})|^2 = \frac{1}{(e^{j0} - 0.9)(e^{-j0} - 0.9)} = 100$$

令 $\omega = \pi$ 代入 $|H(e^{j\omega})|^2$ 得：

$$|H(e^{j\pi})|^2 = \frac{1}{(e^{j\pi} - 0.9)(e^{-j\pi} - 0.9)} = 0.277$$

所以这是一个数字低通滤波器。

综上，该滤波器是低通滤波器但不是线性相位滤波器。

5.2 间接法设计 IIR 滤波器

间接法是指利用模拟滤波器成熟的理论及其设计方法来设计 IIR 滤波器。其设计方法为：按照数字滤波器技术指标要求设计一个模拟低通滤波器 $H_a(s)$，再按照一定的转换关系将 $H_a(s)$ 转换成数字滤波器的系统函数 $H(z)$。设计的关键问题是转换后要保证系统稳定且满足技术指标要求，转换关系一般应满足以下要求：

① 因果稳定的模拟滤波器转换成数字滤波器，仍是因果稳定的。模拟滤波器因果稳定的条件是其系统函数 $H_a(s)$ 的极点全部位于 s 平面的左半平面（$\mathrm{Re}[s] < 0$）；数字滤波器因果稳定的条件是 $H(z)$ 的极点全部在单位圆内（$|z| < 1$）。因此，转换关系应使 s 平面的左半平面映射到 z 平面的单位圆内部，即 $\mathrm{Re}[s] < 0 \xrightarrow{\text{映射}} |z| < 1$。

② 数字滤波器的频率响应逼近模拟滤波器的频率响应特性，s 平面的虚轴（$j\Omega$）映射为 z 平面的单位圆（$e^{j\omega}$），即 $j\Omega \xrightarrow{\text{映射}} e^{j\omega}$，相应的频率之间呈线性关系。

将系统函数 $H_a(s)$ 从 s 平面转换到 z 平面的方法很多，工程上常用的是脉冲响应不变法和双线性变换法。

5.2.1 脉冲响应不变法

（1）系统函数的变换原理

从滤波器的单位冲激响应出发，使数字滤波器的单位冲激响应逼近模拟滤波器的单位冲激响应，即满足 $h(n) = h_a(nT)$，其中，T 为采样周期。

设 $H_a(s)$ 是 $h_a(t)$ 的拉普拉斯变换，$H(z)$ 是 $h(n)$ 的 z 变换。假设 $H_a(s)$ 的分母阶次大于分子阶次 $N > M$，则可将 $H_a(s)$ 写成部分分式形式，即：

$$H_a(s) = \sum_{k=1}^{N} \frac{A_k}{s - s_k} \tag{5.2.1}$$

上式反变换得到：

$$h_a(t) = \sum_{k=1}^{N} A_k e^{s_k t} u(t) \tag{5.2.2}$$

将 $h_a(t)$ 采样得到 $h(n)$：

$$h(n) = h_a(nT) = \sum_{k=1}^{N} A_k e^{s_k Tn} u(n) \tag{5.2.3}$$

对 $h(n)$ 取 z 变换：

$$H(z) = \sum_{n=-\infty}^{+\infty} h(n) z^{-n} = \sum_{n=0}^{\infty} \sum_{k=1}^{N} (A_k e^{s_k T} z^{-1})^n$$

$$= \sum_{k=1}^{N} A_k \sum_{n=0}^{\infty} (e^{s_k T} z^{-1})^n = \sum_{k=1}^{N} \frac{A_k}{1 - e^{s_k T} z^{-1}}$$

即通过脉冲响应不变法得到的数字滤波器系统函数为：

$$H(z) = \sum_{k=1}^{N} \frac{A_k}{1 - e^{s_k T} z^{-1}} \tag{5.2.4}$$

由以上推导可知，脉冲响应不变法是将模拟滤波器中极点因式 $(s - s_k)$ 直接转换成数字滤波器极点因式 $(1 - e^{s_k T} z^{-1})$，从而将模拟滤波器系统函数 $H(s)$ 转换为数字滤波器系统函数 $H(z)$。

（2）数字滤波器的 $H(e^{j\omega})$ 和模拟滤波器的 $H(j\Omega)$ 之间的关系

数字滤波器的频响 $H(e^{j\omega})$ 与模拟滤波器的频响 $H(j\Omega)$ 的关系为：

$$H(e^{j\omega}) = \frac{1}{T} \sum_{k=-\infty}^{\infty} H(\Omega - k\Omega_s) \tag{5.2.5}$$

即 $H(e^{j\omega})$ 是 $H(j\Omega)$ 在频域的周期延拓。当 $\omega = \Omega T = \dfrac{\Omega}{f_s}$ 时，有：

$$H(e^{j\omega}) = \frac{1}{T} \sum_{k=-\infty}^{\infty} H\left(\frac{\omega}{T} - \frac{2\pi}{T} k\right) \tag{5.2.6}$$

随着采样频率 $f_s = \dfrac{1}{T}$ 的不同，变换后 $H(e^{j\omega})$ 的增益也在改变，为了消除此影响，实际滤波器设计时采用以下变换，即令：

$$h(n) = T h_a(nT) \tag{5.2.7}$$

因而式（5.2.1）及式（5.2.4）分别变为：

$$H_a(s) = \sum_{k=1}^{N} \frac{TA_k}{s - s_k} \tag{5.2.8}$$

$$H(z) = \sum_{k=1}^{N} \frac{TA_k}{1 - e^{s_k T} z^{-1}} \tag{5.2.9}$$

式（5.2.5）及式（5.2.6）变为：

$$H(e^{j\omega}) = \sum_{k=-\infty}^{\infty} H(\Omega - k\Omega_s) \tag{5.2.10}$$

$$H(\mathrm{e}^{j\omega}) = \sum_{k=-\infty}^{\infty} H\left(\frac{\omega}{T} - \frac{2\pi}{T}k\right) \tag{5.2.11}$$

将 $H_a(s)$ 的表达式与 $H(z)$ 的表达式相比较，可看出：

① s 平面的单极点 $s = s_k$ 变成 z 平面的单极点 $p = \mathrm{e}^{s_k T}$；

② $H_a(s)$ 与 $H(z)$ 的部分分式的系数相同，都是 A_k；

③ 如果模拟滤波器是因果稳定的，其全部极点 s_k 必都在 s 的左半平面，即 $\mathrm{Re}[s_k] < 0$，则变换后 $H(z)$ 的全部极点 p_k 也都在 z 平面的单位圆内，$|\mathrm{e}^{s_k T}| = \mathrm{e}^{\mathrm{Re}[s_k]T} < 1$，因此转换得到的数字滤波器也是稳定的。

（3）脉冲响应不变法 s 平面和 z 平面之间的映射关系

复频域自变量 s 与 z 域自变量尽管存在着固定的转换关系，但是两个自变量有着很本质的区别，即在连续域中，复频域自变量 $s = \sigma + j\Omega$，模拟频率 $\Omega \in (-\infty, +\infty)$，而数字频率 ω 是周期的，所以 s 平面映射到 z 平面的关系如图 5-3 所示。

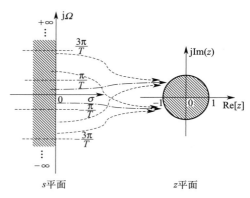

从图 5-3 中可以看出，两个平面的映射是通过先将 s 平面沿 $j\Omega$ 轴分割成一条一条宽度为 $\frac{2\pi}{T}$ 的水平带，这样，除了主值区间 $(-\pi, \pi)$ 映射到一个 z 平面单位内之外，每条 $\frac{2\pi}{T}$ 的水平带的左半平面（$\sigma < 0$）都会对应地映射到单位圆内，每条 $\frac{2\pi}{T}$ 的水平带的右半平面（$\sigma > 0$）都会对应地映射

图 5-3 脉冲响应不变法 s 平面
和 z 平面的映射关系

到单位圆外，s 平面的虚轴引申到 z 平面单位圆上，形成了多值映射。如果原 $h_a(t)$ 不满足带限特性，会在 k 为奇数的 $\frac{k\pi}{T}$ 附近产生频谱混叠，在设计高通和带阻滤波器时影响严重，因此脉冲响应不变法不能应用于高通和带阻滤波器设计。

【例 5.2.1】 已知模拟滤波器的系统函数为 $H(s) = \dfrac{2}{s^2 + 4s + 3}$，试用脉冲响应不变法求出其 IIR 滤波器系统函数 $H(z)$，并写出采样间隔分别为 1s 和 0.1s 时滤波器的系统函数（系数保留 4 位小数）。

解： 由 $H(s)$ 可求出其极点为 $s_1 = -1$，$s_2 = -3$，则 $H(s)$ 部分分式展开得：

$$H(s) = \frac{1}{s-(-1)} - \frac{1}{s-(-3)}$$

得到：

$$H_a(s) = T \times H(s) = \frac{T}{s-(-1)} - \frac{T}{s-(-3)}$$

利用 $p_k = e^{s_k T}$ 的转换关系，将上式中分母因式 $(s - s_k)$ 用滤波器极点因式 $(1 - e^{s_k T} z^{-1})$ 代替，可得滤波器的系统函数为：

$$H(z) = \frac{T}{1 - e^{p_1 T} z^{-1}} - \frac{T}{1 - e^{p_2 T} z^{-1}}$$

$$= \frac{T}{1 - e^{-T} z^{-1}} - \frac{T}{1 - e^{-3T} z^{-1}}$$

$$= \frac{T z^{-1} (e^{-T} - e^{-3T})}{1 - (e^{-T} + e^{-3T}) z^{-1} + e^{-4T} z^{-2}}$$

当 $T = 1s$ 时，

$$H(z) = \frac{0.3180 z^{-1}}{1 - 0.4177 z^{-1} + 0.0183 z^{-2}}$$

当 $T = 0.1s$ 时，

$$H(z) = \frac{0.0164 z^{-1}}{1 - 1.6457 z^{-1} + 0.6703 z^{-2}}$$

（4）脉冲响应不变法的性能总结

1）无失真重现模拟滤波器的频响特性

脉冲响应不变法中，模拟频率到数字频率之间的变换关系是 $\omega = \Omega T$，其实就是数字频率与模拟频率的直接转换，因而，带限于折叠频率 $\frac{f_s}{2}$ 以内的模拟滤波器的频率响应，通过变换后可不失真地重现（包括幅度和相位）。例如，线性相位的滤波器，通过脉冲响应不变法得到的仍然是线性相位的数字滤波器。

2）混叠失真及减少失真影响的思路

数字滤波器的频率响应 $H(e^{j\omega})$ 是模拟滤波器频率响应 $H_a(j\Omega)$ 的周期延拓，其延拓周期为 $\Omega_s = \frac{2\pi}{T} = 2\pi f_s$，如果模拟滤波器的频率响应带限于折叠频率 $\frac{\Omega_s}{2} = \frac{\pi}{T}$ 之内，在数字频率上则应带限于 $\omega = \pi$ 以内，数字滤波器的频率响应才能不失真地重现模拟滤波器的频率响应，否则若模拟滤波器频率响应不带限于 $\frac{\Omega_s}{2}$，$H(e^{j\omega})$ 就会产生频率响应的混叠失真。

若严格按照采样定理，使得 $f_s \geqslant 2 f_m$，则信号完全带限，可以避免混叠失真。但是由于实际系统的频响不可能做到真正带限，就一定有一些混叠失真现象。模拟滤波器频率响应在 $f > \frac{f_s}{2}$ 时衰减越大，频率响应的混叠失真越小，所以可以通过将阻带衰减指标增大来获得混叠现象的改善。

3）脉冲响应不变法的局限性

① 由于脉冲响应不变法要求模拟滤波器是严格带限于 $\frac{f_s}{2}$ 的，故不能用于设计高通滤波器及带阻滤波器。

② 脉冲响应不变法只适用于并联结构的系统函数，即系统函数必须先展开成部分分式，才能用公式直接转换。对于无法展开为部分分式的系统函数，则不适用脉冲响应不变法。

5.2.2　双线性变换法

双线性变换法是使数字滤波器的频率响应逼近模拟滤波器的频率响应的一种变换方法，其变换方法是先将 s 平面左半区域采用非线性频率压缩，将其映射到 s_1 平面的一个线性窄带 $\Omega\in\left(-\dfrac{\pi}{T},\dfrac{\pi}{T}\right)$ 范围之中，然后再经过 $z=\mathrm{e}^{s_1 T}$ 的变换，将 s_1 平面映射到 z 平面，这样就实现了从 s 平面到 z 平面的单值映射，从而解决了脉冲响应不变法产生混叠的根本原因。

（1）双线性变换法的原理

由图 5-4 可知，将 s 平面整个 $\mathrm{j}\Omega$ 轴压缩变换到 s_1 平面的 $\mathrm{j}\Omega_1$ 轴上 $-\dfrac{\pi}{T}\sim\dfrac{\pi}{T}$ 这一段横带内，可利用以下关系式：

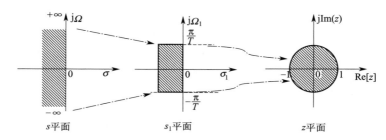

图 5-4　双线性变换映射关系示意图

$$\Omega=\tan\left(\frac{\Omega_1 T}{2}\right) \tag{5.2.12}$$

由正弦函数值域特点可知，Ω 和 Ω_1 存在这样的关系：当 $\Omega=\pm\infty$ 时，$\Omega_1=\pm\pi$；当 $\Omega=0$ 时，$\Omega_1=0$，则有：

$$\mathrm{j}\Omega=\frac{\mathrm{e}^{\mathrm{j}\frac{\Omega_1 T}{2}}-\mathrm{e}^{-\mathrm{j}\frac{\Omega_1 T}{2}}}{\mathrm{e}^{\mathrm{j}\frac{\Omega_1 T}{2}}+\mathrm{e}^{-\mathrm{j}\frac{\Omega_1 T}{2}}}$$

将其解析延拓到整个 s 平面和整个 s_1 平面，即令 $\mathrm{j}\Omega=s$，$\mathrm{j}\Omega_1=s_1$，则有：

$$s=\frac{\mathrm{e}^{\frac{s_1 T}{2}}-\mathrm{e}^{-\frac{s_1 T}{2}}}{\mathrm{e}^{\frac{s_1 T}{2}}+\mathrm{e}^{-\frac{s_1 T}{2}}}=\frac{1-\mathrm{e}^{s_1 T}}{1+\mathrm{e}^{s_1 T}} \tag{5.2.13}$$

将 s_1 平面 $-\dfrac{\pi}{T}\leqslant\Omega_1\leqslant\dfrac{\pi}{T}$ 这一横带通过以下变换关系映射到 z 平面：

$$z=\mathrm{e}^{s_1 T} \tag{5.2.14}$$

则可得到 s 平面到 z 平面的单值映射关系：

$$s=\frac{1-z^{-1}}{1+z^{-1}} \tag{5.2.15}$$

$$z = \frac{1+s}{1-s}$$

为使模拟滤波器与数字滤波器的某一频率有对应关系，可引入待定常数 c，当需要在零频率附近有确切的对应关系时，则应取 $c = \frac{2}{T}$，此时式（5.2.15）可变换成：

$$s = \frac{2}{T} \times \frac{1-z^{-1}}{1+z^{-1}} \tag{5.2.16}$$

$$z = \frac{\frac{2}{T}+s}{\frac{2}{T}-s}$$

由 $\omega = \Omega_1 T$ 得到，双线性变换法中模拟频率和数字频率的关系为：

$$\Omega = \frac{2}{T} \tan \frac{\omega}{2} \tag{5.2.17}$$

由上式画出双线性变换中数字频率与模拟频率的关系图如图 5-5 所示。

当已知一个模拟系统的系统函数 $H_a(s)$ 时，可通过式（5.2.16）所示的关系转换成数字系统函数 $H(z)$，即：

$$H(z) = H_a(s)\Big|_{s=\frac{2}{T} \times \frac{1-z^{-1}}{1+z^{-1}}} \tag{5.2.18}$$

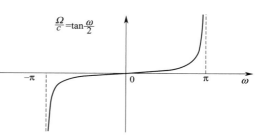

（2）双线性变换法的性能分析

1）无混叠失真

双线性变换法不会出现频率响应的混叠

图 5-5　双线性变换的频率间非线性转换关系

失真情况。在零频率附近，有 $\Omega \approx \frac{2}{T} \times \frac{\omega}{2}$（$\omega \to 0$）时，$\omega$ 与 Ω 成近似线性关系；当 Ω 进一步增加，ω 增长很缓慢，且 $\Omega \to \pm\infty$ 时，$\omega \to \pm\pi$（即整个 $\mathrm{j}\Omega$ 轴单值对应于单位圆 $\mathrm{e}^{\mathrm{j}\omega}$ 的一周），即 ω 终止于折叠频率处，所以不会出现多值映射，从而避免了频率响应出现混叠失真。

2）适用各种经典滤波器设计

由于频率响应不产生混叠失真，所以无论是低通、高通、带通还是带阻滤波器，都可以用双线性变换法设计。

3）变换关系适用于各种结构的系统函数表达式

4）双线性变换法的局限性

① 数字频率 ω 与模拟角频率 Ω 间存在非线性关系　ω 与 Ω 间的非线性关系是双线性变换法的缺点。一个线性相位模拟滤波器经双线性变换法变换后，不能保持原有的线性相位，会得到一个非线性相位的数字滤波器；这种频率的非线性关系要求模拟滤波器的幅频特性必须是与某一频率段的幅频特性近似相等的某一常数，否则会出现频率畸变。一般典型的模拟低通、带通、高通及带阻的滤波器的幅频特性近似满足这种要求。

② 低通滤波器截止频率处存在畸变　经典模拟滤波器经双线性变换转换成 IIR 数字滤波器后，虽然得到幅频特性为分段常数的数字滤波器，但数字滤波器的分段边缘处的临界频

率点会产生畸变，这种频率畸变可以通过频率预畸变来加以校正，然后经双线性变换后，正好映射成所需要的数字频率。

【例5.2.2】 利用双线性变换，把 $H_a(s) = \dfrac{s+1}{s^2 + 5s + 6}$ 转换成数字滤波器，设 $T=1$。

解： 由双线性变换法转换公式有：

$$H(z) = H_a(s)\Big|_{s = \frac{2}{T} \times \frac{1-z^{-1}}{1+z^{-1}}} = H(z) = \frac{s+1}{s^2 + 5s + 6}\Big|_{s = \frac{2}{T} \times \frac{1-z^{-1}}{1+z^{-1}}}$$

$$= \frac{2\dfrac{1-z^{-1}}{1+z^{-1}} + 1}{\left(2\dfrac{1-z^{-1}}{1+z^{-1}}\right)^2 + 5\left(2\dfrac{1-z^{-1}}{1+z^{-1}}\right) + 6}$$

$$= \frac{3 + 2z^{-1} - z^{-2}}{1 + 0.2z^{-1}}$$

（3）双线性变换法设计 IIR 低通滤波器的步骤

若给定数字低通滤波器的技术指标：通带截止频率 f_p、阻带截止频率 f_s、通带允许的最大衰减 α_p 及阻带最小衰减 α_s，可以通过下述步骤来完成数字低通滤波器的设计。

步骤一 确定数字低通滤波器的技术指标，将模拟滤波器的模拟频率转换成数字频率。

$$\omega_p = 2\pi f_p T, \omega_p = 2\pi f_s T$$

式中，T 为时域的采样间隔；α_p、α_s 保持不变，不需转换。

步骤二 预畸变处理。

将边界数字频率参数变换成模拟低通滤波器的角频率参数，即：

$$\Omega_p = \frac{2}{T}\tan\frac{\omega_p}{2}, \Omega_s = \frac{2}{T}\tan\frac{\omega_s}{2}$$

如果不做预畸处理，则转换公式为：

$$\Omega_p = \frac{\omega_p}{T}, \Omega_s = \frac{\omega_s}{T}$$

步骤三 对模拟低通滤波器的角频率参数 Ω_p、Ω_s 做归一化处理，一般令通带归一化截止频率 $\lambda_p = 1$，阻带归一化截止频率 $\lambda_s = \dfrac{\Omega_s}{\Omega_p}$。

步骤四 设计归一化模拟低通滤波器。

由步骤三得到的归一化模拟低通滤波器指标 λ_p、λ_s 以及通带阻带衰减 α_p、α_s，按模拟低通滤波器设计步骤计算滤波器的阶数 N，并查表得到归一化模拟低通滤波器的系统函数 $G_a(p)$。

步骤五 将模拟滤波器转换成对应的 IIR 数字滤波器。

模拟滤波系统函数可由下式得到：

$$H_a(s) = G_a(p)\Big|_{p = \frac{s}{\Omega_p}}$$

而 $\Omega_p = \dfrac{2}{T}\tan\dfrac{\omega_p}{2}$，所以有：

$$p = \frac{s}{\Omega_p} = \frac{\dfrac{2}{T}\times\dfrac{1-z^{-1}}{1+z^{-1}}}{\dfrac{2}{T}\tan\dfrac{\omega_p}{2}} = \frac{1}{\tan\dfrac{\omega_p}{2}}\left(\frac{1-z^{-1}}{1+z^{-1}}\right) \tag{5.2.19}$$

则可得到：

$$H(z) = G_a(p)\Big|_{p=\frac{1}{\tan\frac{\omega_p}{2}}\left(\frac{1-z^{-1}}{1+z^{-1}}\right)} \tag{5.2.20}$$

可直接将归一化模拟低通原型滤波器系统函数 $G_a(p)$ 转化成数字低通滤波器。如果设计高通、带通、带阻滤波器，也可以按模拟滤波器设计步骤直接通过 $G_a(p)$ 求得 $H_a(s)$，再通过双线性变换的公式将模拟滤波器系统函数转换成数字滤波器系统函数。

5.3 模拟原型滤波器设计

为了从模拟滤波器设计 IIR 数字滤波器，必须先设计一个满足技术性能指标要求的模拟原型滤波器，也就是把数字滤波器的性能指标转换为模拟滤波器的性能指标，通过查找表格或应用成套的计算公式设计得到模拟原型滤波器。常用的模拟低通原型滤波器主要有巴特沃斯、切比雪夫、椭圆滤波器等。下面主要介绍模拟巴特沃斯低通滤波器的设计方法，并给出切比雪夫低通滤波器的设计原理及计算数据。

5.3.1 模拟巴特沃斯低通滤波器设计原理

（1）模拟巴特沃斯低通滤波器的幅频特征及特性

模拟巴特沃斯低通滤波器的特征是其通带和阻带都有平坦的幅度响应，即其通带波动和阻带波动 $\delta_1 = \delta_2 = 0$。其幅度平方函数 $|H_a(j\Omega)|^2$ 为：

$$|H_a(j\Omega)|^2 = \frac{1}{1+\left(\dfrac{\Omega}{\Omega_c}\right)^{2N}} \tag{5.3.1}$$

式中，N 为正整数，代表滤波器阶数；Ω_c 为巴特沃斯低通滤波器的 3dB 通带截止频率。

模拟巴特沃斯低通滤波器的幅频响应为：

$$|H_a(j\Omega)| = \frac{1}{\sqrt{1+\left(\dfrac{\Omega}{\Omega_c}\right)^{2N}}} \tag{5.3.2}$$

图 5-6 绘制了巴特沃斯模拟滤波器在不同 N（阶数）时的幅频响应曲线。

由图 5-6 可知，巴特沃斯滤波器的幅频特性具有以下特点：

① 当 $\Omega = 0$ 时，$|H_a(j\Omega)| = 1$，幅度无衰减。

② 当 $\Omega = \Omega_c$ 时，$|H_a(j\Omega)| = 0.707$，即幅度衰减到 0.707，其分贝值 $\lg 0.707 = 3\text{dB}$，

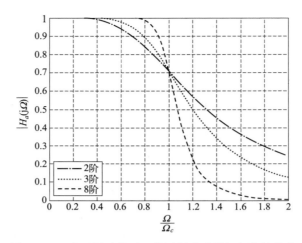

图 5-6　N 为不同阶数时巴特沃斯滤波器幅频特性曲线

所以 Ω_c 也称为 3dB 截止频率。图 5-6 中可以看到，无论阶数 N 为何值，其幅频特性曲线均经过该点，这说明 3dB 截止频率是巴特沃斯低通滤波器的一个重要指标，通过设计公式求出归一化模拟低通原型滤波器的系统函数后，还要将所求滤波器的 3dB 截止频率代入，才能转换成实际设计的滤波器。

③ 通带和阻带频率响应具有单调下降特性；在 $0 \leqslant \Omega \leqslant \Omega_c$ 的通带内，随着 Ω 由 0 增加到 Ω_c，$|H_a(\mathrm{j}\Omega)|$ 单调地减小，N 越大，减小得越慢，即 N 越大，通带内幅度特性越平坦。当 $\Omega > \Omega_c$ 时，即在阻带中，$|H_a(\mathrm{j}\Omega)|$ 单调减小，且比通带内的衰减速度快得多，N 越大，衰减越快，边带越陡峭。

④ 当 $\Omega = \Omega_s$ 时，阻带截止频率处衰减为：

$$\alpha_s = 20\lg\left|\frac{H_a(\mathrm{j}0)}{H_a(\mathrm{j}\Omega_s)}\right| = -20\lg|H_a(\mathrm{j}\Omega_s)|$$

式中，α_s 为阻带最小衰减，当 $\Omega > \Omega_s$ 时，幅度特性衰减值会大于 α_sdB。

⑤ $N \to \infty$ 时，$|H_a(\mathrm{j}\Omega)|$ 为趋于理想的低通滤波器。

（2）巴特沃斯滤波器的系统函数和极点

巴特沃斯滤波器的象限对称 s 平面函数为：

$$H_a(-s)H_a(s) = \frac{1}{1+\left(\dfrac{s}{\mathrm{j}\Omega_c}\right)^{2N}} = \frac{(\mathrm{j}\Omega_c)^{2N}}{s^{2N}+(\mathrm{j}\Omega_c)^{2N}} \tag{5.3.3}$$

令上式中分母多项式的特征方程为 $s^{2N} + (\mathrm{j}\Omega_c)^{2N} = 0$，其根即为系统的极点。由于 $\sqrt[2N]{-1}$ 的幅度为 1，相角为把 π 等分成 $2N$ 份的 N 个单位相量，可求得 $2N$ 个根（极点）为：

$$s_k = (-1)^{\frac{1}{2N}}(\mathrm{j}\Omega_c) = \Omega_c \mathrm{e}^{\mathrm{j}\left(\frac{1}{2}+\frac{2k+1}{2N}\right)\pi}, k = 0, 1, \cdots, (2N-1) \tag{5.3.4}$$

这些极点分布有如下特点：

① 极点在 s 平面是象限对称的，分布在半径为 Ω_c 的圆上，有 $2N$ 个极点。而 s 平面左半平面的极点即为 $H_a(s)$ 的极点。

② 极点间隔的角度为 $\frac{\pi}{N}$ rad。

③ 滤波器 $H_a(s)$ 是稳定的，所以极点一定不会落在虚轴上。

④ 当 N 为奇数时，极点为 $s_k = \Omega_c e^{\frac{j\pi k}{N}}$，$k = 0, 1, \cdots, 2N-1$，实轴上有极点；当 N 为偶数时，极点全为共轭对称，$s_k = \Omega_c e^{\frac{j\pi\left(k+\frac{1}{2}\right)}{N}}$，$k = 0, 1, \cdots, 2N-1$，实轴上没有极点。

⑤ 巴特沃斯滤波器为全极点型，即滤波器无零点。

图 5-7 给出三阶巴特沃斯滤波器的幅度平方特性函数的极点分布图。

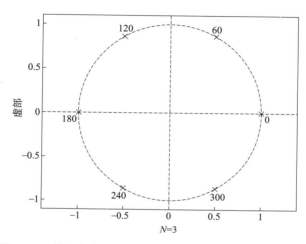

图 5-7　巴特沃斯低通滤波器幅度平方特性函数极点分布图

（3）归一化巴特沃斯低通原型滤波器的系统函数 $G_a(p)$

由于不同的技术指标对应的边界频率和滤波器幅频特性不同，为了使设计公式和图表统一，还需要进一步对频率做归一化处理。巴特沃斯滤波器采用对 3dB 截止频率 Ω_c 归一化，即令 $\Omega_c \equiv 1$，用 $G_a(p)$ 表示归一化巴特沃斯低通滤波器系统函数，其极点也转换成归一化极点 p_k，与 s_k 的关系为 $s_k = \Omega_c p_k$，则归一化巴特沃斯低通滤波器系统函数为：

$$G_a(p) = \prod_{k=0}^{N-1} \frac{1}{(p - p_k)} \tag{5.3.5}$$

$$p_k = e^{j\left(\frac{1}{2} + \frac{2k+1}{2N}\right)\pi} \tag{5.3.6}$$

式（5.3.5）中，$G_a(p)$ 是关于 p 的有理多项式，p 称为归一化复变量。为了设计方便，表 5-1 给出了不同 N 值的巴特沃斯归一化原型函数，只要确定 N 值，即可查表得到相应的 $G_a(p)$。

（4）巴特沃斯模拟低通滤波器设计步骤

巴特沃斯模拟低通滤波器的一般设计步骤如下。

步骤一　确定滤波器设计所需参数。

设计巴特沃斯低通滤波器需要四个直接参数：通带截止频率 Ω_p、阻带截止频率 Ω_s、通

带衰减最大 α_p、阻带最小衰减 α_s。

步骤二　求滤波器阶数 N。

将 $\Omega=\Omega_p$、$\Omega=\Omega_s$ 分别代入式(5.3.1)，可分别求出通带和阻带的幅度平方函数 $|H_a(\mathrm{j}\Omega_p)|^2$、$|H_a(\mathrm{j}\Omega_s)|^2$，则有：

$$
\begin{cases}
1+\left(\dfrac{\Omega_p}{\Omega_c}\right)^{2N}=10^{0.1\alpha_p} \\[3mm]
1+\left(\dfrac{\Omega_s}{\Omega_c}\right)^{2N}=10^{0.1\alpha_s}
\end{cases}
\tag{5.3.7}
$$

将两式合并可得：

$$
\left(\frac{\Omega_s}{\Omega_p}\right)^{N}=\sqrt{\frac{10^{0.1\alpha_s}-1}{10^{0.1\alpha_p}-1}}
\tag{5.3.8}
$$

上式中，令：

$$
k_{sp}=\sqrt{\frac{10^{0.1\alpha_s}-1}{10^{0.1\alpha_p}-1}}
\tag{5.3.9}
$$

$$
\lambda_{sp}=\frac{\Omega_s}{\Omega_p}
\tag{5.3.10}
$$

则式(5.3.8)两边同时取对数可得到滤波器阶次 N 为：

$$
N=\left[\frac{\lg k_{sp}}{\lg\lambda_{sp}}\right]
\tag{5.3.11}
$$

由于 N 应为整数，上式中 ［ ］ 表示上取整。

步骤三　查表 5-1 得到 N 值所对应的归一化巴特沃斯低通滤波器系统函数 $G_a(p)$。

步骤四　求 3dB 截止频率 Ω_c。

巴特沃斯滤波器归一化低通原型的通带截止频率 $\Omega_c=1$，去归一化时必须用 3dB 衰减处的 Ω_c，才能进行转换，为此需根据具体的通带截止频率和阻带截止频率求 Ω_c。下面推导求 Ω_c 的公式。

当 $\Omega_c\geqslant1$ 时，有：

$$
\begin{cases}
\left(\dfrac{\Omega_p}{\Omega_c}\right)^{2N}\leqslant10^{0.1\alpha_p}-1 \\[3mm]
\left(\dfrac{\Omega_s}{\Omega_c}\right)^{2N}\leqslant10^{0.1\alpha_s}-1
\end{cases}
\tag{5.3.12}
$$

上述两式可分别求出两个 Ω_c 的公式，用 Ω_{cp} 表示由通带指标求出的 3dB 截止频率，Ω_{cs} 表示由阻带指标求出的 3dB 截止频率，分别为：

$$
\begin{cases}
\Omega_{cp}=\dfrac{\Omega_p}{\sqrt[2N]{10^{0.1\alpha_p}-1}} \\[4mm]
\Omega_{cs}=\dfrac{\Omega_s}{\sqrt[2N]{10^{0.1\alpha_s}-1}}
\end{cases}
\tag{5.3.13}
$$

若以(5.3.13)中 Ω_{cp} 作为滤波器的 3dB 截止频率，通带衰减满足要求，阻带指标则超过要求，即 Ω_s 处的衰减大于 α_s；若以 Ω_{cs} 作为滤波器的 3dB 截止频率，阻带衰减满足要求，通带指标则可能超过要求，即 Ω_p 处的衰减小于 α_p。所以在式（5.3.13）的两个频率中，只要满足 $\Omega_{cp} \leqslant \Omega_c \leqslant \Omega_{cs}$，所取 Ω_c 通带、阻带衰减皆可超过要求。

步骤五 $G_a(p)$"去归一化"得到一般低通滤波器系统函数 $H_a(s)$。

一般低通滤波器的系统函数 $H_a(s)$ 可通过令归一化复变量 $p = \dfrac{s}{\Omega_c}$ 替换 $G_a(p)$ 中的 p 推得，即

$$H_a(s) = G_a(p)\big|_{p=\frac{s}{\Omega_c}} \tag{5.3.14}$$

【例 5.3.1】 已知低通滤波指标参数为：通带截止频率 $f_p = 4000\text{Hz}$，通带最大衰减 $\alpha_s = 2\text{dB}$，阻带截止频率 $f_s = 8000\text{Hz}$，阻带最小衰减 $\alpha_s = 20\text{dB}$，完成下列设计：

① 设计一个模拟巴特沃斯低通滤波器；

② 若采样频率为 $F_s = 20000\text{Hz}$，利用双线性变换法将滤波器转换为 IIR 数字低通滤波器。

解： ① 因为角频率 $\Omega = 2\pi f$，按步骤求各参数。

求 N：

$$k_{sp} = \sqrt{\frac{10^{0.1\alpha_s} - 1}{10^{0.1\alpha_p} - 1}} = 13.01$$

$$\lambda_{sp} = \frac{\Omega_s}{\Omega_p} = \frac{2\pi f_s}{2\pi f_p} = 2$$

$$N = \left[\frac{\lg k_{sp}}{\lg \lambda_{sp}}\right] = \left[\frac{\lg 13.1}{\lg 2}\right] = [3.63] = 4$$

求 Ω_c：由（这里必须用角频率参数代入 $\Omega_p = 2\pi f$）

$$\Omega_{cp} = \frac{\Omega_p}{\sqrt[2N]{10^{0.1\alpha_p} - 1}} = \frac{2\pi \times 4000}{\sqrt[8]{10^{0.2} - 1}} = 2\pi \times 4277 (\text{rad/s})$$

$$\Omega_{cs} = \frac{\Omega_s}{\sqrt[2N]{10^{0.1\alpha_s} - 1}} = \frac{2\pi \times 4000}{\sqrt[8]{10^2 - 1}} = 2\pi \times 4504 (\text{rad/s})$$

取 $\Omega_c = 2\pi \times 4400\text{rad/s}$，取 $\Omega_{cp} \leqslant \Omega_c \leqslant \Omega_{cs}$，通带、阻带衰减皆可满足要求。

求系统函数 $H_a(s)$：

查表 5-1，先求出归一化的系统函数 $G_a(p)$，再用 Ω_c 去归一化，得到系统函数 $H_a(s)$。这是最方便、最常用的方法，具体步骤如下。

查表 5-1 子表一（N=4），可得：

$$G_a(p) = \frac{1}{p^4 + 2.6131p^3 + 3.4142p^2 + 2.6131p + 1}$$

去归一化得：

$$H_a(s) = G_a(p) \Big|_{p=\frac{s}{\Omega_c}} = \cfrac{1}{p^4 + 2.6131\left(\dfrac{s}{\Omega_c}\right)^3 + 3.4142\left(\dfrac{s}{\Omega_c}\right)^2 + 2.6131\dfrac{s}{\Omega_c} + 1}$$

$$= \cfrac{5.8410 \times 10^{17}}{s^4 + 7.2240 \times 10^4 s^3 + 2.6039 \times 10^9 s^2 + 5.5210 \times 10^{13} s + 5.8410 \times 10^{17}}$$

② 由题意知采样频率为 $F_s = 20000\mathrm{Hz}$，采样间隔 $T = \dfrac{1}{F_s} = \dfrac{1}{20000}$，巴特沃斯滤波器的通带截止频率 Ω_c 取 3dB，则将 Ω_c 转换为数字频率得：

$$\omega_c = 2\pi f_c T = \Omega_c T = 2\pi \times \frac{4400}{20000} = 0.22\pi$$

$$\frac{1}{\tan\dfrac{\omega_c}{2}} = \frac{1}{\tan 0.11\pi} \approx 0.36$$

由式(5.2.20) 直接将 $G_a(p)$ 转换成数字滤波器系统函数：

$$H(z) = G_a(p) \Big|_{p=\frac{1}{\tan\frac{\omega_p}{2}}\left(\frac{1-z^{-1}}{1+z^{-1}}\right)} = G_a(p) \Big|_{p=0.36\left(\frac{1-z^{-1}}{1+z^{-1}}\right)}$$

$$= \cfrac{1}{\left[0.36\left(\dfrac{1-z^{-1}}{1+z^{-1}}\right)\right]^4 + 2.6131\left[0.36\left(\dfrac{1-z^{-1}}{1+z^{-1}}\right)\right]^3}$$
$$\overline{} + 3.4142\left[0.36\left(\dfrac{1-z^{-1}}{1+z^{-1}}\right)\right]^2 + 2.6131\left[0.36\left(\dfrac{1-z^{-1}}{1+z^{-1}}\right)\right] + 1$$

手工计算上式非常困难，由于各阶系数的小数点位数较多，在实际设计时会对系数按一定的方法进行量化，此处不做深入研究；另外，数字滤波器设计时，3dB 截止频率 ω_c 也可以用 $\omega_c = \dfrac{|\omega_p + \omega_s|}{2}$ 的简化公式计算。滤波器的对数幅频特性曲线如图 5-8 所示。

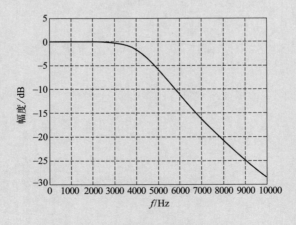

图 5-8　【例 5.3.1】图

表 5-1　巴特沃斯归一化低通滤波器参数

子表一					
极点位置 阶数 N	$P_{0,N-1}$	$P_{1,N-2}$	$P_{2,N-3}$	$P_{3,N-4}$	P_4
1	-1.0000				
2	$-0.7071\pm j0.7071$				
3	$-0.5000\pm j0.8660$	-1.0000			
4	$-0.3827\pm j0.9239$	$-0.9239\pm j0.3827$			
5	$-0.3090\pm j0.9511$	$-0.8090\pm j0.5878$	-1.0000		
6	$-0.2588\pm j0.9659$	$-0.7071\pm j0.7071$	$-0.9659\pm j0.2588$		
7	$-0.2225\pm j0.9749$	$-0.6235\pm j0.7818$	$-0.2588\pm j0.9659$	-1.0000	
8	$-0.1951\pm j0.9808$	$-0.5556\pm j0.8315$	$-0.8315\pm j0.5556$	$-0.9808\pm j0.1951$	
9	$-0.1736\pm j0.9848$	$-0.5000\pm j0.8660$	$-0.7660\pm j0.6428$	$-0.9397\pm j0.3420$	-1.0000

子表二									
分母多项式 阶数 N	$B(p)=p^N+b_{N-1}p^{N-1}+b_{N-2}p^{N-2}+\cdots+b_1p+b_0$								
	b_0	b_1	b_2	b_3	b_4	b_5	b_6	b_7	b_8
1	1.0000								
2	1.0000	1.4142							
3	1.0000	2.0000	2.0000						
4	1.0000	2.6131	3.4142	2.6131					
5	1.0000	3.2361	5.2361	5.2361	3.2361				
6	1.0000	3.8637	7.4641	9.1416	7.4641	3.8637			
7	1.0000	4.4940	10.0978	14.5918	14.5918	10.0978	4.4940		
8	1.0000	5.1258	13.1371	21.8462	25.6884	21.8642	13.1371	5.1258	
9	1.0000	5.7588	16.5817	31.1634	41.9864	41.9864	31.1634	16.5817	5.7588

子表三	
分母因式 阶数 N	$B(p)=B_1(p)B_2(p)\cdots B_{\left[\frac{N}{2}\right]}(p)$　[　]表示取 $\geqslant\dfrac{N}{2}$ 的最小整数
1	(p^2+1)
2	$(p^2+1.4142p+1)$
3	$(p^2+p+1)(p+1)$
4	$(p^2+0.7654p+1)(p^2+1.8478p+1)$
5	$(p^2+0.6180p+1)(p^2+1.6180p+1)(p+1)$
6	$(p^2+0.5176p+1)(p^2+1.4142p+1)(p^2+1.9319p+1)$
7	$(p^2+0.4450p+1)(p^2+1.2470p+1)(p^2+1.8019p+1)(p+1)$
8	$(p^2+0.3902p+1)(p^2+1.1111p+1)(p^2+1.6629p+1)(p^2+1.9616p+1)$
9	$(p^2+0.3473p+1)(p^2+p+1)(p^2+1.5321p+1)(p^2+1.8974p+1)(p+1)$

5.3.2　模拟切比雪夫低通滤波器简介

巴特沃斯滤波器的幅频特性曲线无论在通带还是在阻带都是频率的单调减函数，因此，当通带边界处满足指标要求时，通带内会有较大富余量。如果将逼近精确度均匀分布在整个通带内，或者均匀分布在整个阻带内，或者同时均匀分布在两者之内，可以使滤波器的阶数大大降低。这种设想可以选择具有等波纹特性的逼近函数来达到。切比雪夫滤波器的幅频特性就具有上述等波纹特性。

（1）N 阶切比雪夫多项式

定义

$$C_N(x) = \begin{cases} \cos(N\arccos x) & x \leqslant 1 \\ \mathrm{ch}(N\mathrm{arcch}x) & x > 1 \end{cases} \qquad (5.3.15)$$

$C_N(x)$ 可展开成 x 的多项式，如表 5-2 所示。

表 5-2　切比雪夫多项式

N	$C_N(x)$	N	$C_N(x)$
0	1	4	$8x^4 - 8x^2 + 1$
1	x	5	$16x^5 - 20x^3 + 5x$
2	$2x^2 - 1$	6	$32x^6 - 48x^4 + 18x^2 - 1$
3	$4x^3 - 3x$	7	$64x^7 - 112x^5 + 56x^3 - 7x$

$C_N(x)$ 的首项 x^N 的系数为 2^{N-1}，$N \geqslant 1$ 时切比雪夫多项式的递推公式为：

$$C_{N+1}(x) = 2xC_N(x) - C_{N-1}(x) \qquad (5.3.16)$$

切比雪夫多项式的特性为：

① 切比雪夫多项式的过零点在 $|x| \leqslant 1$ 范围内；

② 当 $|x| < 1$ 时，$|C_N(x)| < 1$，在 $|x| < 1$ 范围内具有等波纹特性；

③ 当 $|x| > 1$ 时，$C_N(x)$ 曲线是双曲线函数，随 x 单调上升，即：

$$\begin{cases} |C_N(x)| \leqslant 1 & |x| \leqslant 1 \\ |C_N(x)| \text{单调增加} & |x| > 1 \end{cases} \qquad (5.3.17)$$

图 5-9 绘制了 $N = 0$，1，2，3，4，5 的切比雪夫多项式 $C_N(x)$ 的曲线。

由切比雪夫多项式构成的切比雪夫滤波器有两种形式，即幅频特性在通带内是等波纹的，阻带内单调下降的切比雪夫Ⅰ型滤波器和幅频特性在通带内是单调下降的，阻带内等波纹的切比雪夫Ⅱ型滤波器，为与巴特沃斯滤波器相区别，使用了下标 cⅠ、cⅡ 表示切比雪夫的两种类型，图 5-10 是切比雪夫Ⅰ型、Ⅱ型滤波器幅频特性图。本书只简要介绍切比雪夫Ⅰ型滤波器设计部分原理及方法。

（2）模拟切比雪夫Ⅰ型滤波器的技术参数

一般来说，滤波器设计有四个基本参数，即通带截止频率、阻带截止频率、通带最大衰减和阻带最小衰减。至于波纹系数，由图 5-10 可知，切比雪夫Ⅰ型滤波器的波纹出现在通带，因此波纹系数与通带的参数有关。

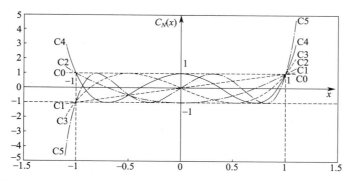

图 5-9　$N = 0,1,2,3,4,5$ 的各阶切比雪夫多项式 $C_N(x)$ 曲线

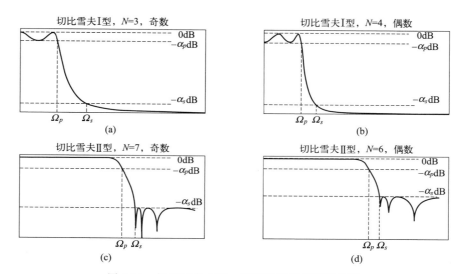

图 5-10　切比雪夫 I 型、II 型滤波器幅频特性图

图 5-11 为模拟切比雪夫低通滤波器参数示意图，下面简要分析和总结各个参数的定义及计算公式。

① 幅度平方函数 $|H_{cI}(\mathrm{j}\Omega)|^2$ 和幅频响应特性函数 $|H_{cI}(\mathrm{j}\Omega)|$ 为：

$$|H_{cI}(\mathrm{j}\Omega)|^2 = \frac{1}{1 + \varepsilon^2 C_N^2\left(\dfrac{\Omega}{\Omega_p}\right)} \qquad (5.3.18)$$

$$|H_{cI}(\mathrm{j}\Omega)| = \frac{1}{\sqrt{1 + \varepsilon^2 C_N^2\left(\dfrac{\Omega}{\Omega_p}\right)}} \qquad (5.3.19)$$

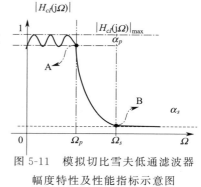

图 5-11　模拟切比雪夫低通滤波器幅度特性及性能指示示意图

从上式可看到，切比雪夫滤波器幅频响应特性与三个参数 ε、Ω_p、N 有关。其中，ε 为通带波纹参数，表示通带内允许波动的幅度参数，$\varepsilon < 1$ 的正数，ε 越大，波纹越大；Ω_p 是通带波纹在过渡带与通带波纹的交点对应的频率，通常可以由设计指标给出，与巴特沃斯低通滤波器不同的是，这个点不一定是 3dB 截止频率，可以是任意对应的通带截止频率；N

表示滤波器阶数，取正整数。

② 通带内最大衰减 α_p 与阻带最小衰减 α_s　为方便求解，令滤波器幅频特性值 $|H_{cI}(j\Omega)|_{\max}=1$，将幅度最大值归一化。

通带内最大衰减 α_p：

$$\alpha_p=20\lg\frac{|H_{cI}(j\Omega)|_{\max}}{|H_{cI}(j\Omega_p)|}=10\lg\frac{|H_{cI}(j\Omega)|_{\max}^2}{|H_{cI}(j\Omega_p)|^2}=-10\lg|H_{cI}(j\Omega_p)|^2 \quad (5.3.20)$$

阻带最小衰减 α_s：

$$\alpha_s=20\lg\frac{|H_{cI}(j\Omega)|_{\max}}{|H_{cI}(j\Omega_s)|}=10\lg\frac{|H_{cI}(j\Omega)|_{\max}^2}{|H_{cI}(j\Omega_s)|^2}=-10\lg|H_{cI}(j\Omega_s)|^2 \quad (5.3.21)$$

③ 波纹系数 ε　波纹系数 ε 与通带内允许的波动幅度有关，其公式为：

$$\alpha_p=10\lg(1+\varepsilon^2) \quad (5.3.22)$$

$$\varepsilon=\sqrt{10^{0.1\alpha_p}-1} \quad (5.3.23)$$

$$|H_{cI}(j\Omega_p)|=\frac{1}{\sqrt{1+\varepsilon^2}} \quad (5.3.24)$$

④ 滤波器阶数 N　切比雪夫滤波器计算比较烦琐，在此略去繁杂的求解过程，仅给出计算 N 的公式。

$$N\geqslant\frac{\lg\left(\sqrt{\dfrac{10^{0.1\alpha_s}-1}{10^{0.1\alpha_p}-1}}+\sqrt{\dfrac{10^{0.1\alpha_s}-1}{10^{0.1\alpha_p}-1}-1}\right)}{\lg\left[\dfrac{\Omega_s}{\Omega_p}+\sqrt{\left(\dfrac{\Omega_s}{\Omega_p}\right)^2-1}\right]} \quad (5.3.25)$$

上式计算结果 N 取整数。

（3）归一化切比雪夫 I 型低通滤波器的系统函数 $G_{cI}(p)$

与巴特沃斯低通滤波器设计方法类似，在滤波器设计手册中列出的是归一化的切比雪夫低通原型滤波器的数据。表 8-3 给出了归一化切比雪夫 I 型低通滤波器分母多项式系数，由于切比雪夫滤波器的极点是一组分布在椭圆长短半轴上的点，因此通过查表得到归一化数据记为 $G'_{cI}(p)$，实际切比雪夫低通滤波器原型滤波器系统函数 $G_{cI}(p)$ 为：

$$G_{cI}(p)=\frac{1}{\varepsilon 2^{N-1}}G'_{cI}(p) \quad (5.3.26)$$

（4）由归一化低通原型滤波器函数 $G_{cI}(p)$ "去归一化"

通过下式得到一般切比雪夫低通滤波器系统函数：

$$H_{cI}(s)=G_{cI}(p)\big|_{p=\frac{s}{\Omega_p}} \quad (5.3.27)$$

注意：切比雪夫滤波器的归一化低通原型滤波器去归一化时，只需要将通带截止频率 Ω_p 代入，不需要转换成 3dB 截止频率 Ω_c，这是与巴特沃斯滤波器设计中低通原型去归一化的不同之处。

【例 5.3.2】 设计一个模拟切比雪夫I型低通滤波器。要求通带截止频率 $f_p=3000\text{Hz}$，通带最大衰减 $\alpha_p=2\text{dB}$，阻带截止频率 $f_s=6000\text{Hz}$，阻带最小衰减 $\alpha_s=30\text{dB}$。

解： 已知四个滤波器参数为：

$$\Omega_p=2\pi\times3000(\text{rad/s})$$

$$\Omega_s=2\pi\times6000(\text{rad/s})$$

$$\alpha_p=2\text{dB}$$

$$\alpha_s=30\text{dB}$$

① 求通带波纹参数 ε：

$$\varepsilon=\sqrt{10^{0.1\alpha_p}-1}=\sqrt{10^{0.2}-1}=0.7648$$

② 求 N：

$$N\geqslant\frac{\lg\left(\sqrt{\dfrac{10^{0.1\alpha_s}-1}{10^{0.1\alpha_p}-1}}+\sqrt{\dfrac{10^{0.1\alpha_s}-1}{10^{0.1\alpha_p}-1}-1}\right)}{\lg\left[\dfrac{\Omega_s}{\Omega_p}+\sqrt{\left(\dfrac{\Omega_s}{\Omega_p}\right)^2-1}\right]}=\frac{\lg\left(\sqrt{\dfrac{10^3-1}{10^{0.2}-1}}+\sqrt{\dfrac{10^3-1}{10^{0.2}-1}-1}\right)}{\lg\left[\dfrac{2\pi\times6000}{2\pi\times3000}+\sqrt{\left(\dfrac{2\pi\times6000}{2\pi\times3000}\right)^2-1}\right]}=3.36$$

向上取整，取 $N=4$。

③ 取 $N=4$，$\varepsilon=0.7648$，查表 5-3，代入 $G_{cI}(p)$ 公式可得：

$$G_{cI}(p)=\frac{1}{\varepsilon\times2^{N-1}}\times\frac{1}{(p^4+0.7162150p^3+1.2564819p^2+0.5167981p+0.275627)}$$

$$=\frac{0.1634}{p^4+0.7162150p^3+1.2564819p^2+0.5167981p+0.275627}$$

④ 将 $G_{cI}(p)$ 去归一化，$\Omega_p=2\pi\times3000\text{rad/s}$，可求得 $H_{cI}(s)$：

$$H_{cI}(s)=G_{cI}(p)\Big|_{p=\frac{s}{\Omega_p}}=\frac{0.1634\Omega_p^4}{s^4+0.7162150\Omega_p s^3+1.2564819\Omega_p^2 s^2+0.5167981\Omega_p^3 s+0.275627\Omega_p^4}$$

$$=\frac{2.063362\times10^{16}}{s^4+1.3500335\times10^4 s^3+4.464343\times10^8 s^2+3.4611778\times10^{12} s+2.597619\times10^{16}}$$

设计的滤波器的幅频特性如图 5-12 所示。

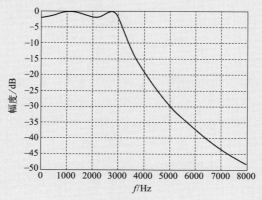

图 5-12 【例 5.3.2】图

表 5-3　切比雪夫滤波器分母多项式 $p^N + a_{N-1}p^{N-1} + \cdots + a_1 p + a_0 (a_N = 1)$ 的系数

N	a_0	a_1	a_2	a_3	a_4	a_5	a_6	a_7	a_8	a_9
				$\frac{1}{2}$dB 波纹($\varepsilon = 0.3493114, \varepsilon^2 = 0.1220184$)					
1	2.8627752									
2	1.5162026	1.4256245								
3	0.7156938	1.5348954	1.259130							
4	0.3790506	1.0254553	1.7168662	1.1973856						
5	0.1789234	0.7525181	1.3095747	1.9373675	1.1724909					
6	0.0947626	0.4323669	1.1718613	1.5897635	2.1718446	1.1591761				
7	0.0447309	0.2820722	0.7556511	1.6479029	1.8694079	2.4126510	1.1512176			
8	0.0236907	0.1525444	0.5735604	1.1485894	2.1840154	2.1492173	2.6567498	1.1460801		
9	0.0111827	0.0941198	0.3408193	0.9836199	1.6113880	2.7814990	2.4293297	2.9027337	1.1425705	
10	0.0059227	0.0492855	0.2372688	0.6269689	1.5274307	2.1442372	3.4409268	2.7097415	3.1498757	1.1400664
				1dB 波纹($\varepsilon = 0.5088471, \varepsilon^2 = 0.2589254$)						
1	1.9652267									
2	1.1025103	1.0977343								
3	0.4913067	1.2384092	1.9883412							
4	0.2756276	0.7426194	1.4539248	0.9528114						
5	0.1228267	0.5805342	0.9743961	1.6888160	0.9368201					
6	0.0689069	0.3070808	0.9393461	1.2021409	1.9308256	0.9282510				
7	0.0307066	0.2136712	0.5486192	1.3575440	1.4287930	2.1760778	0.9231228			
8	0.0172267	0.1073447	0.4478257	0.8468243	1.8369024	1.6551557	2.4230264	0.9198113		
9	0.0076767	0.0706048	0.2441864	0.7863109	1.2016071	2.3781188	1.8814798	2.6709468	0.9175476	
10	0.0043067	0.0344971	0.1824512	0.4553892	1.2444914	1.6129856	2.9815094	2.1078524	2.9194657	0.9159320
				2dB 波纹($\varepsilon = 0.7647831, \varepsilon^2 = 0.5848932$)						
1	1.3075603									
2	0.8230603	0.8038164								
3	0.3268901	1.0221903	0.7378216							
4	0.2057651	0.5167981	1.2564819	0.7162150						
5	0.0817225	0.4593491	0.6934770	1.4995433	0.7064606					
6	0.0514413	0.2102706	0.7714618	0.8670149	1.7458587	0.7012257				
7	0.0204228	0.1660920	0.3825056	1.1444390	1.0392203	1.9935272	0.6978929			
8	0.0128603	0.0729373	0.3587043	0.5982214	1.5795807	1.2117121	2.2422529	0.6960646		
9	0.0051076	0.0543756	0.1684473	0.6444677	0.8568648	2.0767479	1.3837464	2.4912897	0.6946793	
10	0.0032151	0.0233347	0.1440057	0.3177560	1.0389104	1.15825287	2.6362507	1.5557424	2.7406032	0.6936904
				3dB 波纹($\varepsilon = 0.9976283, \varepsilon^2 = 0.9952623$)						
1	1.0023773									
2	0.7079478	0.6448996								

N	a_0	a_1	a_2	a_3	a_4	a_5	a_6	a_7	a_8	a_9
				3dB 波纹($\varepsilon=0.9976283,\varepsilon^2=0.9952623$)						
3	0.2505943	0.9283480	0.5972404							
4	0.1769869	0.4047679	1.1691176	0.5815799						
5	0.0626391	0.4079421	0.5488626	1.4149847	0.5744296					
6	0.0442467	0.1634299	0.6990977	0.6906098	1.6628481	0.5706979				
7	0.0156621	0.1461530	0.3000167	1.0518448	0.8314411	1.9115507	0.5684201			
8	0.0110617	0.0564813	0.3207646	0.4718990	1.4666990	0.9719473	2.1607148	0.5669476		
9	0.0039154	0.0475900	0.1313851	0.5834984	0.6789075	1.9438443	1.1122863	2.4101346	0.5659234	
10	0.0027654	0.0180313	0.1277560	0.2492043	0.9499208	0.9210659	2.4834205	1.2526467	2.6597378	0.5652218

5.4 频率变换法设计高通、带通、带阻数字滤波器

对于数字高通、带通和带阻滤波器的设计，借助模拟滤波器的频率变换设计一个所需类型的过渡模拟滤波器，再通过双线性变换将其转换成所需类型的数字滤波器，例如高通数字滤波器、带通数字滤波器等。具体设计步骤如下。

步骤一　确定所需类型数字滤波器的技术指标。

步骤二　将所需类型数字滤波器的边界频率转换成相应类型模拟滤波器的边界频率，转换公式为：

$$\Omega=\frac{2}{T}\tan\frac{\omega}{2} \tag{5.4.1}$$

步骤三　将相应类型模拟滤波器技术指标转换成模拟低通滤波器技术指标。

步骤四　设计模拟低通滤波器。

步骤五　采用双线性变换法将相应类型的过渡模拟滤波器转换成所需类型的数字滤波器。

一般来说，在已知数字滤波指标时，通过预畸处理将数字滤波器频率指标转换成模拟角频率指标、归一化低通频率转换（将高通、带通、带阻指标转换成归一化模拟低通指标），得到归一化模拟低通原型滤波器设计指标并计算出滤波阶数，查表得到 $G_a(p)$，将 p 通过双线性变换等效即可获得所设计的数字滤波器系统函数 $H(z)$。为了表示方便，在本节中高通、带通、带阻滤波器系统函数设计公式中使用了下标 H_p、B_p 和 B_r 以便区别。下面给出各种经典滤波器数字化设计的步骤及公式。

（1）用双线性变换法设计数字高通滤波器

步骤一　频率预畸处理。

将给定的数字高通滤波器的技术指标 ω_p、ω_s 转换成模拟高通角频率，即：

$$\Omega_p=\tan\frac{\omega_p}{2},\Omega_s=\tan\frac{\omega_s}{2} \tag{5.4.2}$$

步骤二 将模拟高通滤波器的 Ω_p、Ω_s 变换成归一化模拟低通原型滤波指标，即：

$$\lambda_p = 1, \lambda_{sHp} = \frac{\Omega_p}{\Omega_s} \tag{5.4.3}$$

式中，λ_p 表示高通滤波器归一化通带截止频率；λ_{sHp} 表示高通滤波器的归一化阻带截止频率，即通过这两个归一化参数取代原低通滤波的通带、阻带截止频率，完成高通到低通的频率转换。

步骤三 设计归一化模拟低通滤波器原型。

根据归一化通带截止频率 λ_p、归一化阻带截止频率 λ_{sHp}、通带最大衰减 α_p、阻带最小衰减 α_s 四个指标，选择巴特沃斯模拟低通滤波器，得到归一化模拟低通滤波器的系统函数 $G_a(p)$（若对波纹系数有要求，则可选择切比雪夫 I 型模拟低通滤波器）。

步骤四 将 $G_a(p)$ 转换成 $H_{Hp}(z)$。

$$H_{Hp}(z) = G_a(p)\Big|_{p=\frac{1+z^{-1}}{1-z^{-1}}\Omega_p} \tag{5.4.4}$$

式中，$p = \dfrac{1+z^{-1}}{1-z^{-1}}\Omega_p$ 已经包含了从低通到高通的频率变换。其中，Ω_p 在巴特沃斯低通原型滤波器中应代入 3dB 截止频率 Ω_c，而切比雪夫滤波器低通原型则为通带截止频率。

【例 5.4.1】 试用巴特沃斯模拟低通滤波器设计一个 IIR 数字高通滤波器，技术指标要求：通带截止频率 $f_p = 400\mathrm{Hz}$，通带最大衰减 $\alpha_p = 3\mathrm{dB}$，阻带截止频率 $f_s = 200\mathrm{Hz}$，阻带最小衰减 $\alpha_s = 18\mathrm{dB}$。采样频率 $F_s = 1200\mathrm{Hz}$，滤波器系数采用四舍五入量化，保留两位小数。

解：因为题目给出的是实际模拟频率，先将频率参数变换成数字频率参数，由题意知，采样间隔 $T = \dfrac{1}{F_s}$，所以：

$$\omega_p = 2\pi f_p T = \frac{2\pi \times 400}{1200} = \frac{2}{3}\pi$$

$$\omega_s = 2\pi f_s T = \frac{2\pi \times 200}{1200} = \frac{1}{3}\pi$$

频率预畸处理：

$$\Omega_p = \tan\frac{\omega_p}{2} = \tan\frac{\pi}{3} = \sqrt{3}$$

$$\Omega_s = \tan\frac{\omega_s}{2} = \tan\frac{\pi}{6} = \frac{1}{\sqrt{3}}$$

将模拟高通滤波器的 Ω_p、Ω_s 变换成归一化模拟低通原型滤波指标，即：

$$\lambda_p = 1, \lambda_{sHp} = \frac{\Omega_p}{\Omega_s} = 3$$

设计归一化巴特沃斯模拟低通原型滤波器，求 N：

$$k_{sp}=\sqrt{\frac{10^{0.1\alpha_s}-1}{10^{0.1\alpha_p}-1}}=\sqrt{\frac{10^{1.8}-1}{10^{0.3}-1}}=7.89$$

$$\lambda_{sHp}=\frac{\lambda_{sHp}}{\lambda_p}=3$$

$$\therefore N=\left\lfloor\frac{\lg k_{sp}}{\lg\lambda_{sHp}}\right\rfloor=\left\lfloor\frac{\lg 7.89}{\lg 3}\right\rfloor=\lfloor 1.43\rfloor=2$$

查表 5-1 可得归一化巴特沃斯模拟低通滤波器系统函数为：

$$G_a(p)=\frac{1}{p^2+1.4142p+1}$$

由 $\Omega_p=\Omega_c=\sqrt{3}$ 及 $G_a(p)\big|_{p=\frac{1+z^{-1}}{1-z^{-1}}\Omega_p}$ 及系数量化要求，计算如下：

$$H_{Hp}(z)=G_a(p)\big|_{p=\frac{1+z^{-1}}{1-z^{-1}}\Omega_p}=\frac{1}{\left(\dfrac{1+z^{-1}}{1-z^{-1}}\sqrt{3}\right)^2+1.414\left[\dfrac{1+z^{-1}}{1-z^{-1}}\sqrt{3}\right]+1}$$

$$=\frac{1}{3\left(\dfrac{1+z^{-1}}{1-z^{-1}}\right)^2+2.4495\dfrac{1+z^{-1}}{1-z^{-1}}+1}$$

$$\approx\frac{1-2z^{-1}+z^{-2}}{6.45+4z^{-1}+1.55z^{-2}}$$

（2）用双线性变换法设计带通、带阻滤波器

利用双线性变换法设计带通滤波器的步骤与数字高通滤波器类似，先将数字频率预畸处理转换成归一化模拟频率参数，通过频率转换实现带通滤波器。其转换公式为：

$$H_{Bp}(s)=G_a(p)\big|_{p=\lambda_p\frac{s^2+\Omega_0^2}{B_w s}} \tag{5.4.5}$$

$$H_{Bp}(z)=H_{Bp}(s)\big|_{s=\frac{1-2z^{-1}\cos\omega_0+z^{-2}}{1-z^{-2}}} \tag{5.4.6}$$

其中，式(5.4.5) 是从归一化模拟低通原型滤波器到模拟带通滤波器系统函数的转换公式，$H_{Bp}(s)$ 是模拟带通滤波器的系统函数，Ω_0 是带通滤波器的模拟中心频率，B_w 是通带带宽；式(5.4.6) 是从模拟滤波器转换为数字滤波器的转换公式，ω_0 是带通滤波器的数字中心频率，$\omega_0=\Omega_0 T$。

带阻滤波器的幅频特性与带通滤波器的幅频特性关系如下：

$$H_{Br}(z)=1-H_{Bp}(z) \tag{5.4.7}$$

设计带阻滤波器时也可以先设计指标对应的带通滤波器，再用上式进行转换。手工计算带通、带阻滤波的设计参数比较复杂，一般可通过滤波器设计工具由计算机辅助完成。

5.5 特殊功能滤波器

5.5.1 全通滤波器

（1）全通滤波器的定义

如果滤波器的幅频特性对所有频率均等于常数 A（如 $A=1$），即：

$$|H(\mathrm{e}^{\mathrm{j}\omega})|=1, 0 \leqslant \omega \leqslant 2\pi \tag{5.5.1}$$

则该滤波器称为全通滤波器。全通滤波器的频率响应函数可表示为：

$$H(\mathrm{e}^{\mathrm{j}\omega})=\mathrm{e}^{\mathrm{j}\varphi(\omega)} \tag{5.5.2}$$

上式表明，当频率信号通过全通系统时，幅频响应保持不变，仅相频响应随 $\varphi(\omega)$ 改变，即全通系统是一个改变相位的滤波器，也可称为相位滤波器。

全通滤波器的系统函数一般形式为：

$$H(z)=\frac{z^{-N}+a_1 z^{-N+1}+a_2 z^{-N+2}+\cdots+a_N}{1+a_1 z^{-1}+a_2 z^{-2}+\cdots+a_N z^{-N}}, a_0=1 \tag{5.5.3}$$

或者写成二阶滤波器级联形式：

$$H(z)=\prod_{i=1}^{L}\frac{z^{-2}+a_{1i}z^{-1}+a_{2i}}{a_{2i}z^{-2}+a_{1i}z^{-1}+1} \tag{5.5.4}$$

上面两式中系数均为实数，容易看出，全通滤波器系统函数 $H(z)$ 的分子分母多项式系数相同，但顺序相反。

将式（5.5.4）改写成如下形式：

$$H(z)=\frac{\sum\limits_{k=0}^{N}a_k z^{-N+k}}{\sum\limits_{k=0}^{N}a_k z^{-k}}=z^{-N}\frac{\sum\limits_{k=0}^{N}a_k z^{k}}{\sum\limits_{k=0}^{N}a_k z^{-k}} \tag{5.5.5}$$

令上式中，$D(z)=\sum\limits_{k=0}^{N}a_k z^{k}$，则分母 $\sum\limits_{k=0}^{N}a_k z^{-k}=D(z^{-1})$，即全通系统的系统函数：

$$H(z)=z^{-N}\frac{D(z)}{D(z^{-1})} \tag{5.5.6}$$

其幅频特性：

$$|H(\mathrm{e}^{\mathrm{j}\omega})|=\left|\frac{D(z)}{D(z^{-1})}\right|\bigg|_{z=\mathrm{e}^{\mathrm{j}\omega}}=\left|\frac{D(\mathrm{e}^{\mathrm{j}\omega})}{D(\mathrm{e}^{-\mathrm{j}\omega})}\right|=1 \tag{5.5.7}$$

（2）全通滤波器的零点、极点分布规律

① 零点、极点互为倒数关系。由式（5.5.5）可知，其零点和极点互为倒数关系，即若 z_k 为全通滤波器的零点，则其必有极点 $p_k=z_k^{-1}$，也可表示为 $p_k z_k=1$。全通系统的零点和极点出现在以单位圆为参考的共轭镜像位置上。

② 由式（5.5.6）可知，分子分母是一对共轭复数，由于系数均为实数，则其极点、零点均以共轭对出现，这样，复数零点、极点必然以四个一组出现。

由上述规律，可将全通滤波器的系统函数写成下列形式：

$$H(z) = \prod_{k=1}^{N} \frac{z^{-1} - z_k}{1 - z_k^* z^{-1}} \qquad (5.5.8)$$

式中，分子的 z_k 为零点，分母的 z_k^* 为极点，极点和零点的关系称为共轭倒数关系。为保证系数为实数，必须保证零点和极点的这种对应关系。

全通滤波器是纯相位滤波器，常用于相位均衡。如果要求设计一个线性相位滤波器，可先设计一个 IIR 数字滤波器，再级联一个全通滤波器进行相位校正，使总的相位特性是线性的。

5.5.2　梳状滤波器

梳状滤波器能够滤除输入信号中 $\omega = \frac{2\pi}{N}k$，$(k=0，1，\cdots，N-1)$ 的频率分量，可用于消除信号中的电网谐波干扰和其他频谱等间隔分布的干扰。一般来说，只要系统函数 $H(z)$ 的分子具有 $1-z^{-N}$ 形式，即具有 N 个 $z = e^{j\frac{2\pi}{N}k}$，$(k=0，1，\cdots，N-1)$ 的零点，其幅频特性就会等间隔归零，而具有梳状滤波器的特性，但是 $H(z) = 1-z^{-N}$ 无法在通带内得到平坦特性，因此在实际应用中，梳状滤波器的系统函数通常为：

$$H(z) = \frac{1-z^{-N}}{1-az^{-N}} \qquad (5.5.9)$$

此时，梳状滤波器除了 N 个 $z = e^{j\frac{2\pi}{N}k}$ 的零点，还有 N 个 $p = \sqrt[N]{a}\, e^{j\frac{2\pi}{N}k}$ 的极点。以 $N=8$ 画出零极点分布及幅频特性图如图 5-13 所示。由图可知，a 的取值越接近 1，幅频特性越平坦；零点在单位圆上，而极点在单位圆内，可以保证系统是稳定的；极点的位置很靠近对应的零点，其作用是使得零点所造成的特性变得很窄，仅限于零点附近，通带内的频响特性相对平坦，能够逼近理想滤波特性。

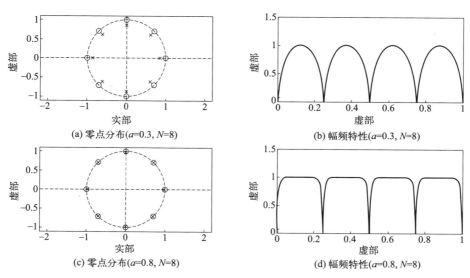

(a) 零点分布(a=0.3, N=8)　　　(b) 幅频特性(a=0.3, N=8)

(c) 零点分布(a=0.8, N=8)　　　(d) 幅频特性(a=0.8, N=8)

图 5-13　梳状滤波器的零极点分布和幅频响应特性

5.5.3　最小相位滤波器

通常情况下，一个线性时不变的因果稳定系统，其系统函数 $H(z)$ 的极点必须在单位圆上，但是其零点位置是可以在 z 平面任意位置的，只要其频响满足要求即可。如果 $H(z)$ 的全部零点都在单位圆内，这样的系统称为最小相位系统；反之，如果所有零点都在单位圆外，则称为最大相位系统；对于既有零点在单位圆内，也有在单位圆外的情形，则称为混合相位系统。最小相位系统可以获得最小的相位延迟，并且其幅频特性和相频特性有唯一对应关系。

最小相位系统的性质可以总结如下：

① 任何非最小相位系统的系统函数均可由一个最小相位系统和一个全通系统级联而成；
② 在幅频响应特性相同的所有因果稳定系统中，最小相位系统的相位延迟最小；
③ 最小相位系统的逆系统也是最小相位系统。

 拓展阅读

郭永怀——用生命守护国家机密

"两弹一星"功勋人物之一的郭永怀同志于 1909 年出生于山东省荣成市滕家镇的一个农家，20 岁时考取了南开大学预科理工班。1941 年到美国加州理工学院学习空气动力学。1945 年获博士学位后留任研究院。1946 年起在美国康奈尔大学任教。1956 年，他毅然放弃了功名利禄，克服重重阻力，举家回国，担任刚成立的中国科学院力学研究所第一任副所长。1960 年，在我国两弹发展的关键时刻，郭永怀受命兼任核武器研究所所长，主管核武器的力学部分，并负责武器化的设计研究。这意味着他将要接触国家机密，是极其秘密而光荣的任务。郭永怀的生活从那时候开始便进入半地下状态，连妻子都不知道他在干什么。1963 年，由于原子弹研制技术的需要，郭永怀与一大批科研工作者一起前往研制基地，克服高原反应，在艰苦条件下，带领科研小组解决了许多重要的爆炸力学难题。

我国第一颗原子弹爆炸成功后，航弹研究转而向更大威力的氢弹发展。郭永怀通过理论计算与模型空投试验相结合，经过严密的计算与分析，提出了用降落伞增阻使核弹缓慢降落，来解决飞机投下航弹后没有足够时间避开冲击波和光辐射的问题，填补了国内空白。

1968 年 12 月 4 日，为我国第一颗导弹热核武器的发射进行试验前的准备工作的郭永怀在试验中发现一个重要线索，他急于赶到北京，便联系了飞机从兰州飞往北京，在兰州换乘的间隙里，他还认真听取了课题组成员的情况汇报。1968 年 12 月 5 日凌晨，当飞机正准备降落在首都机场时，在离地面 400 多米处突然机身失衡偏离航线，一头扎到 1km 外的玉米地里，瞬间一团火球腾起……

当人们从残骸中辨认出郭永怀的遗体时，发现他是和警卫员紧紧抱在一起的，尽管身上的夹克已经烧焦，但那只装有绝密资料的公文包安然无恙地夹在他俩的胸前。在生命最后的瞬间，郭永怀想到的是用自己的身体保护这份有着重要价值的绝密文件。

郭永怀牺牲时年仅 59 岁，他是我国牺牲在核武器研制第一线的最高级别的科学家。郭永怀曾经充满深情地说："作为一个中国人，特别是革命队伍中的一员，我衷心希望我们这样一个大国能早日实现现代化，能早日建设成为繁荣富强的社会主义国家，以鼓舞全世界的革命人民。"

习题

（1）已知模拟滤波器 $H(s)$ 如下，试分别利用脉冲响应不变法和双线性变换法将其变换成数字滤波器 $H(z)$（令 $T=1s$）。

$$H(s)=\frac{s+1}{s^2+5s+6}$$

（2）已知模拟系统的转移函数为：

$$H_a(s)=\frac{s+a}{(s+a)^2+b^2}$$

用脉冲响应不变法将系统变换为离散系统的系统函数 $H(z)$。

（3）下列特点中不是 IIR 滤波器特点的是（　　）。

A. 系统的单位脉冲响应是无限长的

B. 系统函数在有限 z 平面上有极点存在

C. 在结构上不存在输入输出的反馈结构

D. 实现同样的通带和阻带的衰减要求需要的系统阶次低

（4）假设实现模拟滤波器 $H_a(s)$ 是一低通滤波器，又知道 $H(z)=H_a(s)\big|_{s=\frac{1+z}{1-z}}$，则数字滤波器 $H(z)$ 的通带中心位于（　　）。

A. $\omega=0$（低通）　　　　　　　　　　B. $\omega=\pi$（高通）

C. 除了 0 和 π 以外的某个频率（带通）

D. 除 $[0,\omega_1]$ 和 $[\omega_2,\pi]$ 以外的某种区域（带阻）

（5）下列设计 IIR 数字滤波器的方法中不产生频率混叠的是（　　）。

A. 阶跃响应不变法　　　　　　　　　　B. 脉冲响应不变法

C. 双线性变换法　　　　　　　　　　　D. 加窗设计法

（6）设 $h_a(t)$ 表示一个模拟滤波器的单位冲激响应。

$$h_a(t)=\begin{cases}\mathrm{e}^{-0.9t} & t\geq0 \\ 0 & t<0\end{cases}$$

① 用脉冲响应不变法，将该模拟滤波器转换成数字滤波器，确定系统函数 $H(z)$；

② 证明：$T>0$ 时，数字滤波器都是稳定的。

（7）图 5-14 所示是一个数字滤波器的频率响应。

① 用脉冲响应不变法，试求原型模拟滤波器的频率响应。

② 当采用双线性变换法时，试求原型模拟滤波器的频率响应。

（8）已知二阶归一化低通巴特沃斯模拟滤波器的系统函数为

$$G_a(p)=\frac{1}{p^2+\sqrt{2}\,p+1}$$

采样间隔 $T=2s$，为简单起见，令 3dB 截止频率 $\Omega_c=1\mathrm{rad/s}$，用双线性变换法将该模拟滤波器转换成数字滤波器 $H(z)$。

（9）已知幅度平方函数为 $|H_a(j\Omega)|^2 = \dfrac{4(16-\Omega^2)^2}{(25+\Omega^2)(4+\Omega^2)}$，试设计对应的系统函数 $H_a(s)$。

（10）采用巴特沃斯滤波器设计一个 IIR 低通数字滤波器，其中 3dB 截止频率 $\Omega_c = 2\text{rad}/\text{s}$，抽样频率 $f_s = 1\text{Hz}$，试分析以下问题：

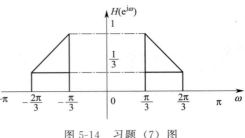

图 5-14　习题（7）图

① 写出二阶巴特沃斯低通滤波器的幅方函数表达式 $|H_a(j\Omega)|^2$；

② 由幅度平方函数 $|H_a(j\Omega)|^2$ 可求出，其 4 个极点分别为：$+\sqrt{2}\pm j\sqrt{2}$、$-\sqrt{2}\pm j\sqrt{2}$，求稳定的二阶巴特沃斯低通滤波器系统函数 $H_a(s)$；

③ 采用双线性变换法将 $H_a(s)$ 转换为相应的数字滤波器 $H(z)$。

（11）设计一个巴特沃斯低通滤波器：要求截止频率 $f_p = 6\text{kHz}$，通带最大衰减 $\alpha_p = 3\text{dB}$，阻带截止频率 $f_s = 12\text{kHz}$，阻带最小衰减 $\alpha_s = 25\text{dB}$。求出滤波器归一化系统函数 $G_a(p)$ 及实际滤波器的 $H_a(s)$。

（12）设计低通数字滤波器，要求通带内频率低于 $0.2\pi\text{rad}$ 时，允许幅度误差在 1dB 之内，频率在 $0.2\pi\text{rad}$ 到 πrad 之间的阻带衰减大于 10dB。试采用巴特沃斯型模拟滤波器进行设计，用脉冲响应不变法进行转换，采样间隔 $T = 1\text{ms}$。

（13）设模拟高通滤波器的技术指标为通带截止频率 $f_p = 5000\text{Hz}$，通带最大衰减 $\alpha_p = 3\text{dB}$，阻带截止频率 $f_s = 1000\text{Hz}$，阻带最小衰减 $\alpha_s = 30\text{dB}$。若要求采用巴特沃斯型滤波器设计，试求其系统函数 $H_a(s)$。

（14）已知 IIR 数字高通滤波器技术指标要求如下：通带截止频率 $f_p = 800\text{Hz}$，通带最大衰减 $\alpha_p = 3\text{dB}$，阻带截止频率 $f_s = 400\text{Hz}$，阻带最小衰减 $\alpha_s = 18\text{dB}$。抽样频率 $F_s = 2400\text{Hz}$。

① 若用归一化巴特沃斯模拟低通滤波器设计，写出归一化巴特沃斯滤波器的系统函数 $G_a(p)$；

② 是否可以采用脉冲响应不变法实现该滤波器，请说明理由；

③ 若采用双线性变换法将设计的滤波器转换为相应的数字滤波器，请写出其系统函数 $H(z)$。

（15）一个因果的离散 LTI 系统，其系统函数为 $H(z) = \dfrac{1 - a^{-1}z^{-1}}{1 - az^{-1}}$，其中 a 为实数。

① a 值在哪些范围内才能使系统稳定？
② 证明这个系统是全通系统，即其频率特性的幅度为一常数。

第6章

有限脉冲响应 FIR 滤波器

IIR 滤波器设计方法是假定输入信号中有效信号和噪声（或干扰）信号的频率成分各在不同的频段，对输入信号的频率范围是已知的，从功能上可划分为低通、高通、带通、带阻滤波器等类型，属于经典滤波器范畴。当信号中含有混叠干扰频率，用经典滤波器实现起来就比较困难，而利用数学计算，精确改变输入信号的参数以获得所需输出的现代滤波器就可以派上用场，这类滤波器通常称为有限脉冲响应（Finite Impulse Response，FIR）滤波器。

6.1 FIR 滤波器的基本特征

一个通用 FIR 滤波器的差分方程表示为：

$$y(n) = \sum_{i=0}^{N-1} b_i x(n-i) \qquad (6.1.1)$$

式中，系数 b_i 是已知的，通常 b_i 不完全相同，也不全为零。由此可见，FIR 滤波器实际上是一个常系数差分方程表示的线性时不变离散系统，与 IIR 数字滤波器的差分方程不同的是，它的输出只有 $y(n)$，而没有 $y(n)$ 的其他时移项。

当输入为 $\delta(n)$ 时，得到系统的单位脉冲响应 $h(n)$：

$$h(n) = \sum_{i=0}^{N-1} b_i \delta(n-i)$$

可以展开得到：

$$h(n) = b_0\delta(n) + b_1\delta(n-1) + b_2\delta(n-2) + \cdots + b_{N-1}\delta(n-N+1) \qquad (6.1.2)$$

尝试将上式中 $h(n)$ 的每个值求出得到：

$$h(0) = b_0\delta(0) + b_1\delta(-1) + b_2\delta(-2) + \cdots + b_M\delta(-N) = b_0$$
$$h(1) = b_0\delta(1) + b_1\delta(0) + b_2\delta(-1) + \cdots + b_M\delta(1-N) = b_1$$
$$\cdots$$
$$h(N-1) = b_0\delta(N-1) + b_1\delta(N-2) + \cdots + b_{N-1}\delta(0) = b_{N-1}$$

可知通用 FIR 滤波器单位脉冲响应的样值刚好等于系数 b_i，即：

$$h(i) = b_i, i = 0,1,2,\cdots,N-1 \qquad (6.1.3)$$

将式(6.1.2) 两边 z 变换可得到通用 FIR 滤波器的系统函数为：

$$H(z) = b_0 + b_1 z^{-1} + \cdots + b_{N-1} z^{-N+1}$$

结合式(6.1.3)，系统函数可写为：

$$H(z) = h(0) + h(1) z^{-1} + \cdots + h(N-1) z^{-N+1} = \sum_{i=0}^{N-1} h(i) z^{-i} \qquad (6.1.4)$$

系统函数 $H(z)$ 分子分母同时乘以 z^{N-1} 可得到：

$$H(z) = \frac{b_0 z^{N-1} + b_1 z^{N-2} + \cdots + b_{N-1}}{z^{N-1}} \qquad (6.1.5)$$

系统在 z 平面有 $N-1$ 个零点，在原点 $z=0$ 处有一个 $N-1$ 重极点。系统是极点为原点的因果系统，收敛域 $|z| > 0$，收敛域包含单位圆，是稳定系统。

利用 $z = e^{j\omega}$ 还可以写出通用 FIR 滤波器的频响：

$$H(e^{j\omega}) = h(0) + h(1) e^{-j\omega} + \cdots + h(N-1) e^{-j(N-1)\omega} = \sum_{i=0}^{N-1} h(i) e^{-j\omega i} \qquad (6.1.6)$$

下面通过一个例子来讨论 FIR 数字滤波器的表示与应用。

【例 6.1.1】 假设一个 FIR 滤波器的单位脉冲响应为 $h(n) = \delta(n) + 2\delta(n-1) + \delta(n-2)$。

① 求系统的系统函数和系统频响，计算其幅频、相频特性函数；

② 当系统输入 $x(n) = R_4(n)$ 时，求系统输出 $y(n)$；

③ 当系统输入为 $x(n) = 4 + \cos\left(\dfrac{\pi}{3}n - \dfrac{\pi}{2}\right) + 3\cos\left(\dfrac{7}{8}\pi n\right)$ 时的输出。

解： ① 因为已知的 $h(n)$ 是由单位脉冲序列移位和加权和形式表示的，取其系数得到 $h(n)$ 的集合形式为 $h(n) = \{1, 2, 1\}$，得：

$$H(z) = h(0) + h(1) z^{-1} + h(2) z^{-2} = 1 + 2z^{-1} + z^{-2}$$

则系统频响为：

$$H(e^{j\omega}) = h(0) + h(1) e^{-j\omega} + h(2) e^{-j2\omega} = 1 + 2e^{-j\omega} + e^{-j2\omega} = e^{-j\omega}(2 + 2\cos\omega)$$

$$\because (2 + 2\cos\omega) \geqslant 0$$

$$\therefore |H(e^{j\omega})| = (2 + 2\cos\omega), \quad \varphi(\omega) = -\omega$$

② 由系统输出响应的运算原理可知，当 FIR 系统输入序列为 $x(n) = R_4(n)$ 时，输出：

$$y(n) = x(n) * h(n)$$

将 $x(n)$ 用集合形式表示为 $x(n) = \{1, 1, 1, 1\}$，用对位相乘相加法可算出输出：

$$y(n) = \{1, 3, 4, 4, 3, 1\}$$

可以明显看出，系统将输入 $x(n)$ 转换成了输出 $y(n)$，两个序列有了明显不同。

③ 因为输入为一组不同频率的信号，系统输入有三个频点：0，$\dfrac{\pi}{3}$，$\dfrac{7\pi}{8}$，由正弦型信号响应特性可知，输出信号为三个相同频率的正弦信号。根据①所求的幅频和相频特性表达式，直接代入求出各频率的幅频和相频值如下：

当 $\omega=0$ 时，$|H(e^{j0})|=(2+2\cos 0)=4$，$\varphi(\omega)=0$

当 $\omega=\dfrac{\pi}{3}$ 时，$|H(e^{j\frac{\pi}{3}})|=\left(2+2\cos\dfrac{\pi}{3}\right)=3$，$\varphi(\omega)=-\dfrac{\pi}{3}$

当 $\omega=\dfrac{7\pi}{8}$ 时，$|H(e^{j\frac{7\pi}{8}})|=\left(2+2\cos\dfrac{7\pi}{8}\right)=0.1522$，$\varphi(\omega)=-\dfrac{7\pi}{8}$

所以输出为：

$$y(n)=4\times 4+3\times 3\cos\left(\dfrac{\pi}{3}n-\dfrac{\pi}{2}-\dfrac{\pi}{3}\right)+3\times 0.1522\cos\left(\dfrac{7}{8}\pi n-\dfrac{7\pi}{8}\right)$$

$$=16+9\sin\left(\dfrac{\pi}{3}n-\dfrac{\pi}{3}\right)+0.4567\cos\left(\dfrac{7}{8}\pi n-\dfrac{7\pi}{8}\right)$$

观察输入序列和输出序列包含的三个不同频率成分的系数，可以看到，输入序列的 3 个系数分别为 4、1、3，而输出序列的三个系数为 16、9 和 0.4567，说明直流成分通过系统得到了比较大的增益，而第三项频率为 $\dfrac{7}{8}\pi$ 的部分，幅度从 3 衰减到 0.4567，基本上可认为是被滤除了，这就是滤波器的"移除一些分量或修改信号某些特性"的功能的体现。

6.2 线性相位 FIR 滤波器

FIR 滤波器的频响特性完全由零点决定，在保证幅频特性的同时，很容易实现线性相位。具有线性相位的 FIR 滤波器在现代图像处理、数据通信中得到大力发展和广泛应用，下面介绍用于设计线性相位 FIR 滤波器的常用方法。

6.2.1 线性相位 FIR 滤波器的条件与分类

（1）线性相位的定义

群时延（Group Delay）是指具有多种频率的信号（宽带信号或群信号）通过线性系统时，信号整体产生的时延。在通信系统和网络中，信号经过系统变换或传输后，如果信号中各个频谱分量的相移不同，元器件对各频谱分量的响应也不一样，信号因各频率分量的相移或时延不同会引起到达接收端的信号产生相位关系的紊乱，从而引起调频信号串扰噪声增大、图像信号扭曲或码间干扰等相位失真现象。这种相位失真是以一群频率分量之间的时延差，即群时延来衡量的，群时延一般用 τ 表示，当 τ 为常数时，称为线性相位。系统如果具有线性相位，就不会产生上述所说的相位失真。

为了研究 FIR 滤波器的线性相位条件，将其系统频响 $H(e^{j\omega})$ 表示为：

$$H(e^{j\omega})=H_g(\omega)e^{j\theta(\omega)} \qquad (6.2.1)$$

式中，$H_g(\omega)$ 称为幅度函数，$\theta(\omega)$ 称为相位函数。注意这与之前的幅频特性函数 $|H(e^{j\omega})|$ 和相频特性函数 $\varphi(\omega)$ 的定义是不同的。幅度函数 $H_g(\omega)$ 是关于 ω 的实函数，但

不一定总是正数，相应地，相位函数 $\theta(\omega)$ 单纯地表示相位本身的函数，不包括幅度的符号信息（比如，假设 $H(e^{j\omega})$ 的幅度函数 $H_g(\omega)$ 为负数时，由于幅频特性函数 $|H(e^{j\omega})|$ 总是正的，会有 $\varphi(\omega)=\theta(\omega)\pm\pi$）。

在式（6.2.1）中，$\theta(\omega)$ 表示的是相位函数。所谓的线性相位，指相位函数满足：

$$-\frac{\mathrm{d}}{\mathrm{d}\omega}\theta(\omega)=\tau \tag{6.2.2}$$

在 $\theta(\omega)$ 连续可导时，对上式两边积分可得到：

$$\theta(\omega)=-\tau\omega+\theta_0 \tag{6.2.3}$$

式中，θ_0 是初始相位。根据线性的条件，只有当 $\theta_0=0$ 时，$\theta(\omega)=-\tau\omega$ 才是严格意义上的线性。因此，线性相位 FIR 滤波器的定义是 FIR 滤波器系统的相位函数 $\theta(\omega)$ 是关于 ω 的线性函数，即：

$$\theta(\omega)=-\tau\omega \tag{6.2.4}$$

式（6.2.4）表示的是严格的线性相位，具有这种特性的线性相位 FIR 滤波器称为第一类线性相位 FIR 滤波器。而式（6.2.3）也能够满足群时延 τ 为常数的要求，是一种不严格的线性相位，称为第二类线性相位。特别地，$\theta_0=-\dfrac{\pi}{2}$ 在线性相位 FIR 滤波器设计中比较常见，在线性相位 FIR 滤波器的特性中会以此情况为代表介绍其特性。

（2）线性相位 FIR 滤波器的条件

设计一个滤波器必须得到其系统函数 $H(z)$ 或时域单位脉冲响应 $h(n)$ 的解析表达式。满足两类线性相位 $\theta(\omega)$ 要求的 FIR 滤波器的单位脉冲响应和系统函数应具有何种特性呢？下面我们先看一个简单的 FIR 滤波器的例子。

【例 6.2.1】 已知四个 FIR 滤波器的单位脉冲响应如图 6-1 所示，写出滤波器的系统函数和幅度、相位函数，试分析其相位函数是否满足线性特性，若是线性相位，求其群时延 τ。

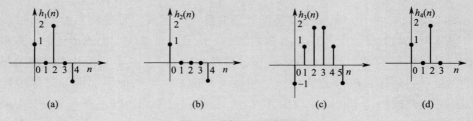

图 6-1 【例 6.2.1】图

解： ① 由图 6-1(a) 可知 $h_1(n)=\{1,0,2,0,-1\}$，则系统函数为：

$$H_1(z)=1+2z^{-2}-z^{-4}$$

系统频响函数为：

$$H_1(\mathrm{e}^{j\omega}) = 1 + 2\,\mathrm{e}^{-j2\omega} - \mathrm{e}^{-j4\omega}$$

$$= \mathrm{e}^{-j2\omega}(\mathrm{e}^{j2\omega} - \mathrm{e}^{-j2\omega}) + 2\mathrm{e}^{-j2\omega} = -2j\mathrm{e}^{-j2\omega}\sin(2\omega) + 2\mathrm{e}^{-j2\omega}$$

$$= 2[1 - j\sin(2\omega)]\mathrm{e}^{-j2\omega} = 2\mathrm{e}^{-j2\omega}\left[\sqrt{1 + \sin^2(2\omega)}\,\mathrm{e}^{-j\arctan(\sin 2\omega)}\right]$$

$$= 2\sqrt{1 + \sin^2(2\omega)}\,\mathrm{e}^{j[-2\omega - \arctan(\sin 2\omega)]}$$

$$\therefore H_1(\mathrm{e}^{j\omega}) = \sqrt{[2\cos(2\omega) + \cos(4\omega) - 1]^2 + [2\sin(2\omega) + \sin(4\omega)]^2}$$

$$\theta(\omega) = -2\omega - \arctan[\sin(2\omega)]$$

可以根据三角函数公式进一步化简，但是已经可以从 $\arctan[\sin(2\omega)]$ 不可能是常数很明显看出，$\theta(\omega)$ 不满足线性相位特性。

② 由图 6-1(b) 写出 $h_2(n) = \{1, 0, 0, 0, -1\}$，系统函数为：

$$H_2(z) = 1 - z^{-4}$$

系统频响为：

$$H_2(\mathrm{e}^{j\omega}) = 1 - \mathrm{e}^{-j4\omega}$$

$$= \mathrm{e}^{-j2\omega}(\mathrm{e}^{j2\omega} - \mathrm{e}^{-j2\omega}) = 2j\mathrm{e}^{-j2\omega}\sin(2\omega)$$

$$= 2\mathrm{e}^{-j2\omega}\,\mathrm{e}^{j\frac{\pi}{2}}\sin(2\omega) = 2\,\mathrm{e}^{j(\frac{\pi}{2} - 2\omega)}\sin(2\omega)$$

幅度函数和相位函数分别为：

$$H_{g2}(\omega) = 2\sin(2\omega), \theta_2(\omega) = \frac{\pi}{2} - 2\omega, \ h_2(n) \text{长度} N = 5, \text{则群时延} \tau = \frac{N-1}{2} = 2.$$

由线性相位的定义可知，$\theta_2(\omega)$ 满足第二类线性相位的定义，是线性相位 FIR 滤波器。

③ 由图 6-1(c) 可知 $h_3(n) = \{-1, 1, 2, 2, 1, -1\}$，系统函数为：

$$H_3(z) = -1 + z^{-1} + 2z^{-2} + 2z^{-3} + z^{-4} - z^{-5}$$

系统频响为：

$$H_3(\mathrm{e}^{j\omega}) = -1 + \mathrm{e}^{-j\omega} + 2\,\mathrm{e}^{-j2\omega} + 2\,\mathrm{e}^{-j3\omega} + \mathrm{e}^{-j4\omega} - \mathrm{e}^{-j5\omega}$$

$$= -\mathrm{e}^{-j\frac{5}{2}\omega}(\mathrm{e}^{j\frac{5}{2}\omega} + \mathrm{e}^{-j\frac{5}{2}\omega}) + \mathrm{e}^{-j\frac{5}{2}\omega}(\mathrm{e}^{j\frac{3}{2}\omega} + \mathrm{e}^{-j\frac{3}{2}\omega}) + 2\mathrm{e}^{-j\frac{5}{2}\omega}(\mathrm{e}^{j\frac{1}{2}\omega} + \mathrm{e}^{-j\frac{1}{2}\omega})$$

$$= 2\,\mathrm{e}^{-j\frac{5}{2}\omega}\left[-\cos\left(\frac{5}{2}\omega\right) + \cos\left(\frac{3}{2}\omega\right) + 2\cos\left(\frac{1}{2}\omega\right)\right]$$

幅度函数和相位函数分别为：

$$H_{g3}(\omega) = 2\left[-\cos\left(\frac{5}{2}\omega\right) + \cos\left(\frac{3}{2}\omega\right) + 2\cos\left(\frac{1}{2}\omega\right)\right], \ \theta_3(\omega) = -\frac{5}{2}\omega, \text{群时延} \tau =$$

$\dfrac{5}{2}$，$h_3(n)$ 长度 $N = 6$。

由线性相位的定义可知，$\theta_3(\omega)$ 满足第一类线性相位的定义，是线性相位 FIR 滤波器。

④ 由图 6-1(d) 可知 $h_4(n) = \{1, 0, 2, 0\}$，系统函数为：

$$H_4(z) = 1 + 2z^{-2}$$

频响函数为：

$$H_4(\mathrm{e}^{j\omega}) = 1 + 2\mathrm{e}^{-j2\omega}$$

上式中，两项的系数不同，只能用另一个形式的欧拉公式 $e^{j\theta} = \cos\theta + j\sin\theta$ 先将 $H_4(e^{j\omega})$ 转化成直角坐标形式，即得到：

$$H_4(e^{j\omega}) = 1 + 2\cos(2\omega) - 2j\sin(2\omega)$$

其幅频特性和相频特性为：

$$|H_4(e^{j\omega})| = \sqrt{[1 + 2\cos(2\omega)]^2 + [2\sin(2\omega)]^2} = \sqrt{5 + 4\cos(2\omega)}$$

$$\varphi(\omega) = \arctan\frac{-2\sin(2\omega)}{1 + 2\cos(2\omega)}$$

对比线性相位的条件，可知 $\varphi(\omega)$ 不符合线性相位的特点，不是线性相位 FIR 滤波器。

通过上例可知，不是所有的 FIR 滤波器都满足线性相位特性，线性相位 FIR 滤波器的单位脉冲响应的对称性和长度的奇偶性上存在一定的规律，也称为线性相位约束条件。

根据线性相位的两种类型及单位脉冲响应的长度为奇、偶组合，可以将线性相位 FIR 滤波器分成四种情况，它们的单位脉冲响应约束条件、幅度函数、相位函数和群时延等参数如表 6-1 所示，在设计时可以根据约束条件和长度直接使用其幅度、相位函数表示式。

表 6-1　线性相位 FIR 滤波器的四种情况及应用一览表

一般参数：单位脉冲响应 $h(n)$ 长度为 N，$0 \leqslant n \leqslant N-1$，群时延 $\tau = \dfrac{N-1}{2}$	
线性相位特性：第一类（严格）线性相位	线性相位特性：第二类线性相位
情况一　约束条件　$h(n) = h(N-1-n)$ N 为奇数 相位函数　$\theta(\omega) = -\tau\omega$ 幅度函数 $H_g(\omega) = h(\tau) + \sum\limits_{n=0}^{\tau-1} 2h(n)\cos[\omega(n-\tau)]$ 适用滤波器类型：低通、高通、带通、带阻	情况三　约束条件　$h(n) = -h(N-1-n)$ N 为奇数　$h(\tau) = 0$ 相位函数　$\theta(\omega) = -\dfrac{\pi}{2} - \tau\omega$ 幅度函数 $H_g(\omega) = \sum\limits_{n=0}^{\tau-1} 2h(n)\sin[\omega(n-\tau)]$ 适用滤波器类型：只能实现带通
情况二　约束条件　$h(n) = h(N-1-n)$ N 为偶数 相位函数　$\theta(\omega) = -\tau\omega$ 幅度函数 $H_g(\omega) = \sum\limits_{n=0}^{\frac{N}{2}-1} 2h(n)\cos[\omega(n-\tau)]$ 适用滤波器类型：低通、带通	情况四　约束条件　$h(n) = -h(N-1-n)$ N 为偶数 相位函数　$\theta(\omega) = -\dfrac{\pi}{2} - \tau\omega$ 幅度函数 $H_g(\omega) = \sum\limits_{n=0}^{\frac{N}{2}-1} 2h(n)\sin[\omega(n-\tau)]$ 适用滤波器类型：高通、带通

注意：在四种情况中，所有关于 $h(n)$ 线性相位的约束条件都是充分条件，也有一些线性相位滤波器可能不满足这些约束条件（特别是相位函数的形式）。但是在一般情况下，利用这四种情况的约束条件设计线性相位 FIR 滤波器会比较方便。

【例 6.2.2】 已知系统的单位脉冲响应为 $h(n)=\{1,2,1\}$，试回答下列问题：

① 判断该 FIR 滤波器是否为线性相位滤波器；

② 写出系统的幅度函数和相位函数；

③ 当输入为 $x(n)=4+3\left(\dfrac{\pi}{3}n-\dfrac{\pi}{2}\right)+3\cos\left(\dfrac{7}{8}\pi n\right)$ 时，求输出 $y(n)$，并讨论输出是否符合群时延为常数的线性相位特性。

解： ① 因为 $h(n)$ 一共有三项，即 $N=3$，$h(n)$ 的值关于 $n=1$ 对称，即满足：

$$h(n)=h(N-1-n)$$

所以该系统为第一类线性相位 FIR 滤波器的情况一。

② 由表 6-1 情况一所示公式可得：

群时延：

$$\tau=\frac{N-1}{2}=\frac{3-1}{2}=1$$

系统相位函数：$\theta(\omega)=-\tau\omega=-\omega$

系统幅度函数：

$$H_g(\omega)=h(\tau)+\sum_{n=0}^{\tau-1}2h(n)\cos\left[\omega(n-\tau)\right]$$

$$=h(1)+2h(0)\cos(-\omega)=2+2\times1\cos\omega=2+2\cos\omega$$

式中，因为 $\tau=1$，级数的上限为 0，实际上只有一项 $2h(0)\cos(-\omega)$。

③ 本题系统输入有三个频点：0，$\dfrac{\pi}{3}$，$\dfrac{7\pi}{8}$，根据系统正弦稳态响应特性可得：

$$y(n)=16+9\cos\left(\frac{\pi}{3}n-\frac{\pi}{2}-\frac{\pi}{3}\right)+0.4567\cos\left(\frac{7}{8}\pi n-\frac{7\pi}{8}\right)$$

$$=16+9\cos\left[\frac{\pi}{3}(n-1)-\frac{\pi}{2}\right]+0.4567\left[\frac{7}{8}\pi(n-1)\right]$$

可看出，当系统群时延为常数时，系统内所有频率成分的延时都是相同的（本例 $\tau=1$），这就是线性相位在系统传输时对频率信号作用的具体表现。

6.2.2 线性相位 FIR 滤波器的特点

（1）线性相位 FIR 滤波器的幅度特性

表 6-1 所示的四种情况的滤波器表明，若要得到一个线性相位滤波器，系统单位脉冲响应 $h(n)$ 的对称性和序列长度的奇偶性都是重要的指标。表 6-1 中还标出了四种情况分别适用于何种经典滤波器，可以看出，除了情况一可以设计低通、高通、带通、带阻等各种滤波器之外，其他情况的设计种类都有限制。下面我们重点分析为什么四种情况分别适用于不同功能的滤波器设计。

首先看情况一，在约束条件中并没有限定单位脉冲响应的具体形式，但是要求样值偶对称，且要求单位脉冲响应的长度 N 为奇数。下面我们通过一个实际的 $h(n)$ 为例画出其幅度特性，分析情况一为什么适用各种（低通、高通、带通、带阻）经典滤波器。

【例 6.2.3】 已知 FIR 滤波器的单位脉冲响应 $h(n) = \{1, 2, 1\}$，画出其幅度函数并分析其能够实现何种经典滤波器。

解： 由【例 6.2.2】结论直接写出所求幅度函数变换为 $H_g(\omega) = 2 + 2\cos\omega$。

根据数字频率 ω 的周期性，可求出几个特殊值的幅度函数值及对称性如下：

$\because H_g(-\omega) = 2 + 2\cos(-\omega) = H_g(\omega)$，说明 $H_g(\omega)$ 是偶函数，关于 $\omega = 0$ 对称；

$H_g(\pi + \omega) = 2 + 2\cos(\pi + \omega) = 2 - 2\cos\omega = H_g(\pi - \omega)$，即 $H_g(\omega)$ 关于 $\omega = \pi$ 对称，同理还可证明 $H_g(\omega)$ 关于 $\omega = -\pi$ 对称。

其最大值为 $\omega = 0$ 时，$H_g(0) = 2 + 2\cos0 = 4$，由数字频率的周期性还可求出当 $\omega = 2k\pi$ 都可得到 $H_g(\omega)$ 的最大值。

当 $\omega = \pm\pi$ 时，$H_g(\pi) = 2 + 2\cos\pi = 0$

由此粗略画出 $H_g(\omega)$ 的波形如图 6-2(a) 所示，按照数字滤波器的分类可知，该滤波器比较适合做低通滤波器，但是由于滤波器关于 $\omega = \pi$ 是偶对称的，只要零点不处于 π 处，也可以用于设计高通滤波器。所以根据情况一计算的 $H_g(\omega)$ 的对称性情况，只要适当调整零点位置，就可以得到低通、高通、带通、带阻等各种经典滤波器。

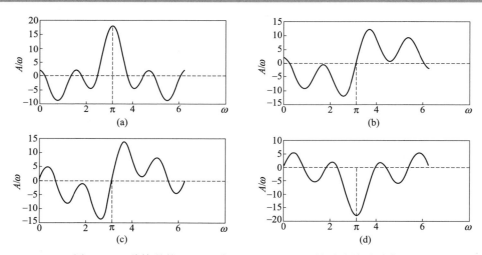

图 6-2　四种情况的 $H_g(\omega)$ 在 $H_g(0)$、$H_g(\pi)$ 的对称关系示意图

下面我们来分析情况二，单位脉冲响应为偶对称，N 为偶数，因为 $\tau = \dfrac{N-1}{2} = \dfrac{N}{2} - \dfrac{1}{2}$，$N$ 为偶数，当 $\omega = \pi$ 时：

$$\cos\left[\omega\left(n - \tau\right)\right] = \cos\left[\pi\left(n - \frac{N}{2} - \frac{1}{2}\right)\right] = \cos\left[\pi\left(n - \frac{N}{2}\right) + \frac{\pi}{2}\right] = -\sin\left[\pi\left(n - \frac{N}{2}\right)\right] = 0$$

由于 π 对应的是数字频率的高频，$H_g(\pi)=0$，因此情况二不能实现高通和带阻功能，只能用于设计低通和带通滤波器，$H_g(\omega)$ 的波形如图 6-2(b) 所示。

对于情况三，单位脉冲响应奇对称，N 为奇数，这是第二类线性相位滤波器。当 $\omega=0$、π、2π 时，$H_g(\omega)=0$，且 $H_g(\omega)$ 对这些频率呈奇对称，故它不能用于低通、高通和带阻滤波器设计，只适合实现带通滤波器。其幅度函数波形的对称性示意图如图 6-2(c) 所示。

对于情况四，单位脉冲响应奇对称，N 为偶数，$H_g(\omega)$ 在 $\omega=0$，2π 的值都是零，关于 $\omega=\pi$ 偶对称，因此不能用来实现低通和带阻滤波器，可以用来实现高通和带通滤波器。幅度函数如图 6-2(d) 所示。

（2）线性相位 FIR 滤波器的零点特性

由于线性相位 FIR 滤波器的单位脉冲响应 $h(n)$ 具有对称性，其单位脉冲响应是长度为 N 的有限长序列，即：

$$h(n)=\pm h(N-1-n),0\leqslant n\leqslant N-1$$

对上式 z 变换，得到：

$$H(z)=\sum_{n=0}^{N-1}h(n)z^{-n}=\pm\sum_{n=0}^{N-1}h(N-1-n)z^{-n}$$

令 $m=N-1-n$ 代入上式，得：

$$H(z)=\pm\sum_{n=0}^{N-1}h(m)z^{-(N-1-m)}=\pm z^{-(N-1)}\sum_{n=0}^{N-1}h(m)z^{m}=\pm z^{-(N-1)}H(z^{-1})$$

即线性相位 FIR 滤波器的系统函数为：

$$H(z)=\pm z^{-(N-1)}H(z^{-1}) \tag{6.2.5}$$

式中，$H(z)$ 和 $H(z^{-1})$ 是一种共轭关系。如果 $z=z_k$ 是系统的零点，则 $z=\dfrac{1}{z_k}$ 也是系统的零点；当 $h(n)$ 为实序列时，$H(z)$ 的零点必定会共轭成对出现，所以 $z=z_k^*$ 和 $z=\dfrac{1}{z_k^*}$ 也必定是零点。由于线性相位 FIR 滤波器是全零点系统，零点的位置配置实际上也是对 $h(n)$ 约束条件的一种体现，它为我们提供了一种基于零极点分布约束条件的线性相位 FIR 滤波器系统函数的设计思路。因果稳定系统的零点在 z 平面有四种类别的位置，分别总结如下。

① 零点位置既不在实轴，也不在单位圆上　这样的零点有互为倒数的两对共轭对，如图 6-3(a) 所示，这是最普通的零点形式，必须两对配齐才能利用其对称性获得线性相位。所以两对共轭复数极点得到的系统函数为：

$$H(z)=(1-r_k\mathrm{e}^{\mathrm{j}\theta_k}z^{-1})(1-r_k\mathrm{e}^{-\mathrm{j}\theta_k}z^{-1})\left(1-\frac{1}{r_k}\mathrm{e}^{\mathrm{j}\theta_k}z^{-1}\right)\left(1-\frac{1}{r_k}\mathrm{e}^{-\mathrm{j}\theta_k}z^{-1}\right)$$

式中，$r_k\mathrm{e}^{\mathrm{j}\theta_k}$ 和 $r_k\mathrm{e}^{-\mathrm{j}\theta_k}$ 是一对共轭复数，$\dfrac{1}{r_k}\mathrm{e}^{\mathrm{j}\theta_k}$ 和 $\dfrac{1}{r_k}\mathrm{e}^{-\mathrm{j}\theta_k}$ 是由 $r_k\mathrm{e}^{\mathrm{j}\theta_k}$ 的倒数构成的另一对共轭复数，因为共轭和倒数关系，上式可化简得到实系数 $H(z)$ 为：

$$H(z)=1+az^{-1}+bz^{-2}+az^{-3}+z^{-4} \tag{6.2.6}$$

其中：

$$a = -2\left(\frac{r_k^2+1}{r_k}\right)\cos\theta_k, b = r_k^2 + \frac{1}{r_k} + 4\cos\theta_k$$

从图 6-3（a）中可以很方便地观察到 r_k 和 θ_k 的值，在设计滤波器时，只要知道了一个这种零点的位置，另外三个零点也必须存在才能满足约束条件，必定会两对同时出现。

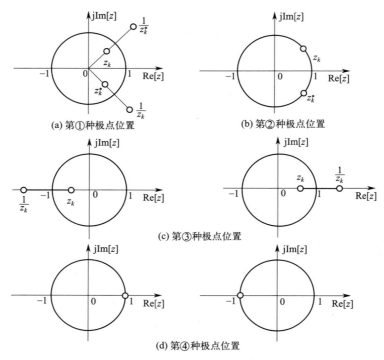

(a) 第①种极点位置　　　　　　　　(b) 第②种极点位置

(c) 第③种极点位置

(d) 第④种极点位置

图 6-3　四种极点位置示意图

② 零点位置在单位圆上，但不在实轴上　这样的零点为单位圆上的一对共轭零点，它的模 $r_k = 1$，则系统函数表示为：

$$H(z) = (1 - e^{j\theta_k}z^{-1})(1 - e^{-j\theta_k}z^{-1}) = 1 - 2\cos\theta_k z^{-1} + z^{-2} \tag{6.2.7}$$

这种情况的零点分布如图 6-3（b）所示。

③ 零点位置在实轴上，但不在单位圆上　零点可以有两种情况，当零点在正实轴上时，其相位为零，即 $z_{k1} = r_k$ 和 $z_{k2} = \frac{1}{r_k}$；当零点在负实轴上时，零点为 $z_{k1} = r_k\,e^{-j\pi} = -r_k$，另一个极点是 $z_{k2} = -\frac{1}{r_k}$，即同为正实轴和负实轴的一对大小互为倒数的实数零点。图 6-3（c）示意了正实零点的形式。此时系统函数为：

$$H(z) = (1 - r_k z^{-1})\left(1 - \frac{1}{r_k}z^{-1}\right) \tag{6.2.8}$$

④ 零点位置既在单位圆上，又在实轴上　此时只有一个零点，不会像其他情况那样成对出现。$z_k = 1$ 或者 $z_k = -1$。这相当于是类别③的一个特例，如图 6-3（d）所示。

此时系统函数为：

$$H(z)=(1-z^{-1}) \text{ 或 } H(z)=(1+z^{-1}) \tag{6.2.9}$$

上述四种位置的极点会出现在不同的线性相位 FIR 系统中，根据它们的对称规律，已知其中几个零点位置，就可以推断其滤波器的最小阶数。

6.3 窗函数法设计 FIR 滤波器

窗函数法设计线性相位 FIR 滤波器是一种利用已知理想滤波器的频响 $H_d(e^{j\omega})$ 和给定滤波器的技术指标，设计一个物理可实现滤波器的方法。这种方法沿用了 IIR 数字滤波器设计的思想，即给出了各种滤波器单位脉冲响应具体解析式，只要确定使用的窗函数类型和单位脉冲响应序列的长度 N，即可得到符合条件的 FIR 线性相位滤波器。

6.3.1 窗函数法设计 FIR 滤波器的基本思路

序列 $x(n)=\dfrac{\omega_c}{\pi}\mathrm{Sa}(\omega_c n)$，则其序列傅里叶变换 DTFT 为：

$$X(e^{j\omega})=\begin{cases}1 & |\omega|<\omega_c \\ 0 & \omega_c<|\omega|<\pi\end{cases} \tag{6.3.1}$$

表示时域序列 $\dfrac{\omega_c}{\pi}\mathrm{Sa}(\omega_c n)$ 的傅里叶变换是一个关于 ω 轴对称的矩形，这正好就是理想的低通滤波器的幅频特性。也就是说，如果我们用序列 $\dfrac{\omega_c}{\pi}\mathrm{Sa}(\omega_c n)$ 为原型去构造 FIR 滤波器的单位脉冲响应 $h(n)$，可以得到一个理想低通滤波器。图 6-4 给出了 $x(n)=8\mathrm{Sa}\left(\dfrac{\pi}{8}n\right)$ 的波形及其移位示意图。

从图 6-4(a) 中可以看出，序列 $x(n)=8\mathrm{Sa}\left(\dfrac{\pi}{8}n\right)$ 已经具备了一种偶对称特性，但是如果要作为线性相位滤波器的单位脉冲响应，它还存在两个问题，一是该波形是关于 $n=0$ 偶对称的，在 $n>0$ 时，无法找到合适的对称轴实现 $h(n)=h(N-1-n)$；另一个是 n 的范围为 $-\infty<n<+\infty$，不是有限值，这是两个不利于构造线性相位滤波器的因素。解决这两个问题的办法是对序列进行移位和截断。

图 6-4(b) 示意了将序列右移 10，中心轴 $n=10$ 的波形，从 0～20 这 21 个样值就获得了偶对称性，但是超过这个范围的序列就不满足对称特性了，所以还需要对原始序列进行截断。在时域的截断可以通过乘以 $R_N(n)$ 得到。$R_N(n)$ 在滤波器设计时称为矩形窗，同时与 $R_N(n)$ 相乘的截断操作也叫加窗。

假设要设计的理想低通滤波器幅频特性为：

$$H_{dg}(\omega)=\begin{cases}1 & |\omega|<\omega_c \\ 0 & \omega_c<|\omega|<\pi\end{cases} \tag{6.3.2}$$

对应的单位脉冲响应为：

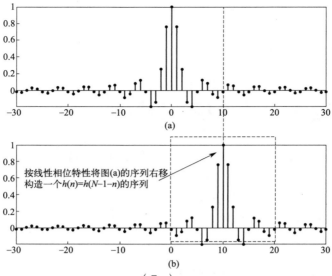

图 6-4 $x(n) = 8\mathrm{Sa}\left(\dfrac{\pi}{8}n\right)$ 的波形及其移位示意图

$$h_{dg}(n) = \frac{\omega_c}{\pi}\mathrm{Sa}(\omega_c n) \tag{6.3.3}$$

为了满足线性相位要求，需要将 $h_{dg}(n)$ 右移，一般右移的位数为群时延 τ，右移后得到的序列称为理想单位脉冲响应，记为 $h_d(n)$，其解析式为：

$$h_d(n) = h_{dg}(n-\tau) = \frac{\omega_c}{\pi}\mathrm{Sa}\left[\omega_c(n-\tau)\right] \tag{6.3.4}$$

式中，n 的范围是 $-\infty < n < +\infty$，仍属于无限脉冲响应类型。为了实现有限脉冲响应滤波器，还需将其截断，即乘以 $R_N(n)$，所以实际真正能用于理想低通滤波器设计的单位脉冲响应为：

$$h(n) = h_d(n)R_N(n) \tag{6.3.5}$$

此时，序列右移的位数 τ 与截断序列长度 N 的关系为：

$$\tau = \frac{N-1}{2} \tag{6.3.6}$$

正好是线性相位滤波器的群时延。

对式（6.3.4）应用傅里叶变换的时移特性得到理想线性相位滤波器的频谱为：

$$H_d(\mathrm{e}^{\mathrm{j}\omega}) = \begin{cases} \mathrm{e}^{-\mathrm{j}\omega\tau} & |\omega| < \omega_c \\ 0 & \omega_c < |\omega| < \pi \end{cases} \tag{6.3.7}$$

上式表明，序列时移在频谱上产生了一个相位偏移，这个相位为：

$$\theta(\omega) = -\omega\tau \tag{6.3.8}$$

说明在通带内是满足线性相位要求的。

通过加矩形窗可以得到所求滤波器的单位脉冲响应为：

$$h(n) = \frac{\omega_c}{\pi}\mathrm{Sa}\left[\omega_c(n-\tau)\right]R_N(n) \tag{6.3.9}$$

因为 $\mathrm{Sa}(\omega_c n) = \dfrac{\sin\omega_c n}{\omega_c n}$，代入上式中可将 $h(n)$ 写成如下形式：

$$h(n) = \frac{\sin[\omega_c(n-\tau)]}{\pi(n-\tau)} R_N(n) \tag{6.3.10}$$

上式就是利用窗函数法设计的线性相位滤波器的单位脉冲响应 $h(n)$。其中，矩形窗 $R_N(n)$ 是窗函数法设计中较经典的一种，它的过渡带是理想的、垂直的，可以设计理想滤波器。为了获得物理可实现性的滤波器，需要引入不同的窗函数来获得不同的滤波器过渡带特性。目前在窗函数设计法中常用的窗函数还有三角窗（Bartlett Window）、汉宁窗（Hanning Window，也叫升余弦窗）、哈明窗（Hamming Window，改进的升余弦窗）、布莱克曼窗（Blackman Window）、凯赛-贝塞尔窗（Kaiser-Basel Window）等，各种窗的时域序列用 $w(n)$ 表示。

如果选定了理想单位脉冲响应为 $h_d(n)$，则线性相位滤波器的单位脉冲响应为：

$$h(n) = h_d(n)w(n) \tag{6.3.11}$$

式（6.3.10）是 $w(n) = R_N(n)$ 的一个特例。各种窗函数的单位脉冲响应如表 6-2 所示。

表 6-2　常用窗函数序列

序号	窗函数名	$w(n)$
1	矩形窗	$w_R(n) = R_N(n)$
2	三角窗	$w_B(n) = \begin{cases} \dfrac{2}{N-1}n & 0 \leqslant n \leqslant \dfrac{1}{2}(N-1) \\ 2 - \dfrac{2}{N-1}n & \dfrac{1}{2}(N-1) \leqslant n \leqslant N-1 \end{cases}$
3	汉宁窗	$w_{Ha}(n) = 0.5\left[1 - \cos\left(\dfrac{2\pi}{N-1}n\right)\right] R_N(n)$
4	哈明窗	$w_{Hm}(n) = \left[0.54 - 0.46\cos\left(\dfrac{2\pi}{N-1}n\right)\right] R_N(n)$
5	布莱克曼窗	$w_{Bl}(n) = \left[0.42 - 0.5\cos\left(\dfrac{2\pi}{N-1}n\right) + 0.08\cos\left(\dfrac{4\pi}{N-1}n\right)\right] R_N(n)$
6	凯赛-贝塞尔窗	$w_k(n) = \dfrac{I_0(\beta)}{I_0(\alpha)}, 0 \leqslant n \leqslant N-1$

凯赛-贝塞尔窗是一种参数可调的最优窗函数，式中

$$\beta = \alpha\sqrt{1 - \left(\frac{2}{N-1}n - 1\right)^2}$$

$I_0(\beta)$ 是第一类修正贝塞尔函数，可用下列级数计算：

$$I_0(\beta) = 1 + \sum_{k=1}^{\infty} \frac{1}{k!}\left[\left(\frac{\beta}{2}\right)^k\right]^2$$

随着数字信号处理技术的不断发展，学者们提出的窗函数已经多达几十种，各种窗函数都是数学应用的宝贵资源。图 6-5 是三角窗、汉宁窗、哈明窗和布莱克曼窗的函数波形示意图。

当理想 $h_d(n)$ 与矩形窗相乘时，$h_d(n)$ 的大小不变，但是与上述四个函数的采样值相乘时，对称轴两边的样值衰减很大，这种衰减会在一定程度上改善滤波器的过渡带带宽。

6.3.2　加窗对滤波器频率特性的影响

在用窗函数法设计 FIR 滤波器时，时域对序列的截断所用的运算是乘法，选择不同窗函数，只要在 $h_d(n)$ 的基础上再乘以表 6-2 所示的常用窗函数序列，即可得到所求的滤波器单位脉冲响应。时域加窗是乘法运算，根据傅里叶变换的频域卷积定理，时域相乘对应频域

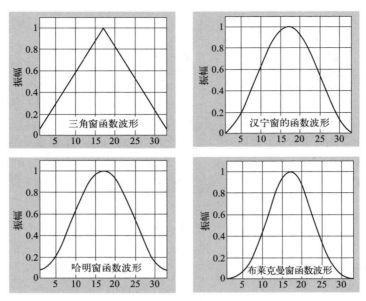

图 6-5　三角窗、汉宁窗、哈明窗和布莱克曼窗的函数波形示意图

卷积，两个函数的频谱需要进行卷积运算。在离散傅里叶变换 DFT 中已经介绍过截断会带来码间干扰和频谱泄漏，这些影响在滤波器设计中同样存在。

如图 6-6 所示为一个 8 点矩形窗频谱图。图中可看到矩形窗的幅度特性函数（以下简称窗谱）由主瓣和旁瓣构成，其中主瓣的两个过零点分别为 $\pm\dfrac{2\pi}{N}$，主瓣宽度为 $\dfrac{4\pi}{N}$，一个 N 点矩形窗函数，在 $0-2\pi$ 区间内有 $N-1$ 个过零点，过零点的频率为 $\dfrac{2\pi}{N}k$，$0\leqslant k\leqslant N-1$。$N$ 值越大，过零点间隔越小，在区间内分布的旁瓣数量会更多。

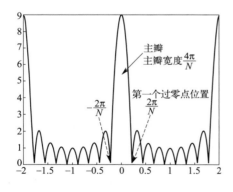

图 6-6　8 点矩形窗频谱图

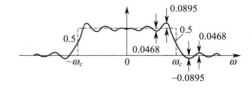

图 6-7　矩形窗与理想低通滤波器卷积结果

当理想低通滤波器的单位脉冲响应 $h_d(n)$ 加窗时，即 $h(n)=h_d(n)R_N(n)$，应用序列傅里叶变换的复频域卷积定理，滤波器的傅里叶变换（频谱）为：

$$h_d(n)R_N(n) \leftrightarrow \frac{1}{2\pi}\mathrm{e}^{-\mathrm{j}\omega\tau} * \left(\mathrm{e}^{-\mathrm{j}\omega\tau}\frac{\sin\dfrac{\omega N}{2}}{\sin\dfrac{\omega}{2}}\right) \qquad (6.3.12)$$

矩形窗与理想低通滤波卷积结果如图 6-7 所示。

由图 6-7 可以看出，序列加窗截断对理想低通滤波器频响特性会产生以下影响。

① 理想滤波器的边带特性由跳变演化为过渡带，过渡带的精确宽度是两个肩峰之间的频率，即主瓣宽度。由于窗谱的主瓣与长度 N 成反比，可以通过增加滤波器的长度来减小过渡带带宽。在工程中，过渡带的宽度是指阻带衰减和通带衰减对应的频率差，这个频率差小于主瓣宽度，对于矩形窗截断的滤波器，其过渡带的近似值一般取 $\dfrac{1.8\pi}{N}$，这样得到的阶数比用精确值时要少一些，利于滤波器的实现。

② 通带和阻带都会出现起伏。波动是由窗函数的旁瓣引起的，旁瓣越密集，波动越多；且旁瓣频率间隔越小，相对值越大，波动越剧烈；阻带内的波动与通带的波动相同。

这种在对 $h_d(n)$ 加窗截断时，由于窗函数频谱的旁瓣在滤波器通带、阻带内产生波动的现象称为吉布斯现象。在矩形窗作用下，窗谱在通带和阻带内的最大相对肩峰值为8.95%，当窗宽增加时，过渡带较小，但不会改变主瓣与旁瓣的肩峰相对值。

根据上述分析可以得出结论：过渡带带宽与窗函数的窗长 N 有关，N 越大，过渡带越窄；而通带、阻带波动与旁瓣相对幅度有关，是由窗函数的类型决定的。

四种窗函数的幅频特性对数曲线如图 6-8 所示。

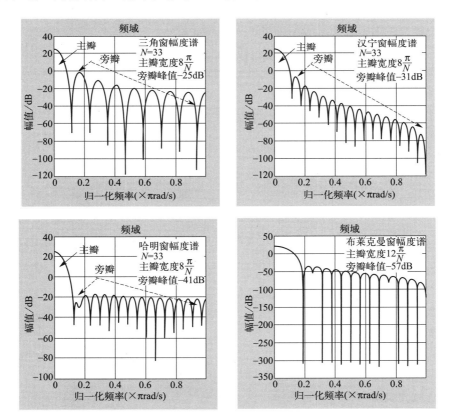

图 6-8　四种窗函数的幅频特性对数曲线示意图（以 N＝33 点为例）

各种窗函数的主瓣、旁瓣指标都不一样，从而也会带来滤波器过渡带和波动特性的不同。表 6-3 总结了窗函数的基本参数。

表 6-3 五种窗函数的基本参数

窗函数	旁瓣峰值幅度/dB	窗函数主瓣宽度	过渡带带宽(B_t)	阻带最小衰减($-\alpha_s$)
矩形窗	-13	$\dfrac{4\pi}{N}$	$\dfrac{1.8\pi}{N}$	-21
三角窗	-25	$\dfrac{8\pi}{N}$	$\dfrac{6.1\pi}{N}$	-25
汉宁窗	-31	$\dfrac{8\pi}{N}$	$\dfrac{6.2\pi}{N}$	-44
哈明窗	-41	$\dfrac{8\pi}{N}$	$\dfrac{6.6\pi}{N}$	-53
布莱克曼窗	-57	$\dfrac{12\pi}{N}$	$\dfrac{11\pi}{N}$	-74

注：表中过渡带带宽是指过渡带近似值。

6.3.3 窗函数设计法设计线性相位滤波器的步骤

上述分析中涉及到的理想滤波器模型是理想低通滤波，在设计经典滤波时所用其他类型的滤波器理想模型的时域、频域函数表达式如表 6-4 所示。

表 6-4 理想线性相位经典滤波时域、频域函数

滤波器	频域理想幅度函数	理想单位脉冲响应$h_d(n)$
低通	$H_d(\mathrm{e}^{\mathrm{j}\omega}) = \begin{cases} \mathrm{e}^{-\mathrm{j}\omega\tau} & \vert\omega\vert < \omega_c \\ 0 & \omega_c < \vert\omega\vert < \pi \end{cases}$	$\begin{cases} \dfrac{\sin\left[\omega_c(n-\tau)\right]}{\pi(n-\tau)} & n\neq\tau,\ 0\leqslant n\leqslant N-1 \\ \dfrac{\omega_c}{\pi} & n=\tau(\tau \text{ 为整数时}) \end{cases}$
高通	$H_d(\mathrm{e}^{\mathrm{j}\omega}) = \begin{cases} \mathrm{e}^{-\mathrm{j}\omega\tau} & \omega_c < \vert\omega\vert < \pi \\ 0 & \vert\omega\vert < \omega_c \end{cases}$	$\delta(n-\tau) - \dfrac{\sin\left[\omega_c(n-\tau)\right]}{\pi(n-\tau)}$
带通	$H_d(\mathrm{e}^{\mathrm{j}\omega}) = \begin{cases} \mathrm{e}^{-\mathrm{j}\omega\tau} & \omega_1 < \vert\omega\vert < \omega_2 \\ 0 & \text{其他} \end{cases}$	$\begin{cases} \dfrac{\sin\left[\omega_2(n-\tau)\right] - \sin\left[\omega_1(n-\tau)\right]}{\pi(n-\tau)} & n\neq\tau \\ \dfrac{\omega_2-\omega_1}{\pi} & n=\tau(\tau \text{ 为整数时}) \end{cases}$
带阻	$H_d(\mathrm{e}^{\mathrm{j}\omega}) = \begin{cases} \mathrm{e}^{-\mathrm{j}\omega\tau} & 0 < \vert\omega\vert < \omega_1 \\ 0 & \omega_c < \vert\omega\vert < \pi \end{cases}$	$\begin{cases} \dfrac{\sin\left[\omega_h(n-\tau)\right] - \sin\left[\omega_l(n-\tau)\right] + \sin\left[\pi(n-\tau)\right]}{\pi(n-\tau)} & n\neq\tau \\ 1 - \dfrac{\omega_h-\omega_l}{\pi} & n=\tau(\tau \text{ 为整数时}) \end{cases}$

注意：高通滤波器还有另一种表示方法为：

$$h_{dH}(n) = \begin{cases} -\dfrac{\sin\left[\omega_c(n-\tau)\right]}{\pi(n-\tau)} & n\neq\tau \\ 1 - \dfrac{\omega_c}{\pi} & n=\tau(\tau \text{ 为整数时}) \end{cases}$$

因为 $\delta(n-\tau)$ 在 $n\neq\tau$ 时为零，所以两种表示方法其实是相同的。

窗函数法设计线性相位 FIR 滤波器可用的结论分别在表 6-2～表 6-4 中可以查到，设计起来十分方便。下面我们总结用窗函数法设计线性相位 FIR 滤波器的步骤。

步骤一　滤波器指标计算。FIR 滤波器的参数和 IIR 滤波器是相同的，但是由于过渡带是计算 FIR 滤波器的主要指标，所以在 FIR 滤波器设计时需要计算的频率参数主要有过渡带带宽、3dB 截止频率。其中，过渡带带宽为：

$$B_t=|\omega_p-\omega_s| \tag{6.3.13}$$

式中，ω_p 为通带截止频率；ω_s 为阻带截止频率。

在表 6-4 中给出的参数为 3dB 截止频率 ω_c，在实际需要设计的滤波器中通常会给出 ω_p 和 ω_s，ω_c 近似等于两者的中点，可用下式进行近似计算：

$$\omega_c=\frac{|\omega_p+\omega_s|}{2} \tag{6.3.14}$$

另外，带通滤波器需要将上下通带、阻带截止频率参数进行合并计算。

步骤二　选择窗函数，计算窗函数的长度。

选择窗函数的方法是由表 6-3 中阻带最小衰减要求来判断应选择哪种窗。比如要求阻带最小衰减为 50dB，那就只有 -53dB 和 -74dB 符合要求，即可选择哈明窗和布莱克曼窗。

计算窗函数长度是在确定窗函数后，由表 6-4 中查到对应窗函数的过渡带带宽，结合过渡带带宽可求出窗函数的长度 N。比如用矩形窗，则在表中查到公式为

$$B_t=\frac{1.8\pi}{N}$$

可推出矩形窗长度为：

$$N=\left[\frac{1.8\pi}{B_t}\right]（[\ \ ] 表示向上取整） \tag{6.3.15}$$

为了计算方便，各种窗函数长度计算公式如表 6-5 所示。

表 6-5　窗函数长度计算公式

窗函数	矩形窗	三角窗	汉宁窗	哈明窗	布莱克曼窗
长度 N	$\left[\dfrac{1.8\pi}{B_t}\right]$	$\left[\dfrac{6.1\pi}{B_t}\right]$	$\left[\dfrac{6.2\pi}{B_t}\right]$	$\left[\dfrac{6.6\pi}{B_t}\right]$	$\left[\dfrac{11\pi}{B_t}\right]$

注意：上述公式计算值需要向上取整，一般情况下取 N 为奇数，对应的是第一类线性相位情况一，可用于低通、高通、带通、带阻等各种经典滤波器；若取 N 为偶数，则对应的是情况二，只能用于低通和带通滤波器。

步骤三　根据频响函数 $H_d(e^{j\omega})$ 的形式，确定滤波器的类型并确定 $h_d(n)$ 的形式［如已经知需设计的滤波类型，可直接查表 6-2 得到所用 $h_d(n)$］，并代入计算好的参数（包括 $\tau=\dfrac{N-1}{2}$）。另外，在表 6-4 中，当选择的长度 N 为偶数时，会出现 τ 不为整数的情况，则此时会缺少 $n=\tau$ 时对应的直流项。

步骤四　将选择好的窗函数 $w(n)$ 和理想滤波单位脉冲响应 $h_d(n)$ 相乘，

$$h(n)=w(n)h_d(n),n=0,1,2,\cdots,N-1 \tag{6.3.16}$$

即为所求滤波器单位脉冲响应。

步骤五　计算 FIR 滤波器的频响 $H(e^{j\omega})$，并检验各项指标，如不符合要求，则需要重新修改 N 和或另选其他窗函数（通常步骤五是在计算机辅助下设计完成的）。

【例6.3.1】 利用窗函数法设计一个线性相位高通滤波器，要求通带截止频率 $\omega_p = 0.5\pi(\text{rad})$，阻带截止频率 $\omega_s = 0.25\pi$，通带最大衰减为 $\alpha_p = 1\text{dB}$，阻带最小衰减为 $\alpha_s = 40\text{dB}$。

解：步骤一　滤波器参数计算：

$$B_t = |\omega_p - \omega_s| = 0.5\pi - 0.25\pi = 0.25\pi$$

$$\omega_c = \frac{|\omega_p + \omega_s|}{2} = \frac{3\pi}{8}$$

步骤二　选择窗函数：由已知条件知阻带最小衰减为 $\alpha_s = 40\text{dB}$，由表6-3最后一列的指标可以查到，汉宁窗、哈明窗和布莱克曼窗都可以符合要求，三个窗之中汉宁窗过渡带带宽对长度要求较小，可以选择汉宁窗（选择另两个窗型也可以，看题目是否有其他约束条件）。

则由表6-5可知：

$$N = \left\lceil \frac{6.2\pi}{B_t} \right\rceil = \left\lceil \frac{6.2\pi}{0.25\pi} \right\rceil = 25$$

则：

$$\tau = \frac{N-1}{2} = 12$$

步骤三　根据上述选择查表6-2、表6-4确定窗函数和滤波器的理想单位脉冲响应形式，并代入计算出的参数可得到：

窗函数为：

$$w_{Ha}(n) = 0.5\left[1 - \cos\left(\frac{2\pi}{N-1}n\right)\right]R_N(n) = 0.5\left[1 - \cos\left(\frac{\pi}{12}n\right)\right]R_{25}(n)$$

高通滤波器理想单位脉冲响应为：

$$h_d(n) = \begin{cases} -\dfrac{\sin[\omega_c(n-\tau)]}{\pi(n-\tau)} = -\dfrac{\sin\left[\dfrac{3\pi}{8}(n-12)\right]}{\pi(n-12)} & n \neq 12 \\ 1 - \dfrac{\omega_c}{\pi} = \dfrac{5}{8} & n = 12 \end{cases}$$

则写出所设计的滤波器单位脉冲响应为：

$$h(n) = w_{Ha}(n)h_d(n) = \begin{cases} 0.5\left[\cos\left(\dfrac{\pi}{12}n\right) - 1\right]\dfrac{\sin\left[\dfrac{3\pi}{8}(n-12)\right]}{\pi(n-12)}R_{25}(n) & n \neq 12 \\ \dfrac{5}{8}0.5\left[1 - \cos\left(\dfrac{\pi}{12} \times 12\right)\right] & n = 12 \end{cases}$$

【例 6.3.2】 根据下列指标设计一个线性相位 FIR 低通滤波器，给定采样频率 10kHz，通带截止频率为 2kHz，阻带截止频率 3kHz，阻带衰减为 53dB。

解： 求滤波器参数并将其转化成数学频率：

$$B_t = |\omega_p - \omega_s| = 2\pi \frac{(3-2)k}{10k} = 0.2\pi$$

截止频率：

$$\omega_c = 2\pi \frac{\frac{(2+3)k}{2}}{10k} = 0.5\pi$$

阻带衰减为 53dB，查表 6-5 可知哈明窗能满足要求，所以由表 6-5 计算滤波器单位脉冲响应长度为：

$$N = \left\lceil \frac{6.6\pi}{B_t} \right\rceil = 33$$

$$\tau = \frac{N-1}{2} = 16$$

则窗函数为：

$$w_{Hm}(n) = \left[0.54 - 0.46\cos\left(\frac{2\pi}{N-1}n\right) \right] R_N(n) = \left[0.54 - 0.46\cos\left(\frac{\pi}{16}n\right) \right] R_{32}(n)$$

题干要求设计的是低通滤波器，即：

$$h_d(n) = \begin{cases} \dfrac{\sin\left[\omega_c(n-\tau)\right]}{\pi(n-\tau)} = \dfrac{\sin\left[0.5\pi(n-16)\right]}{\pi(n-16)} & n \neq 16 \\[2mm] \dfrac{\omega_c}{\pi} = 0.5 & n = 16 \end{cases}$$

所以有滤波器的单位脉冲响应为：

$$h(n) = w_{Hm}(n)h_d(n) = \begin{cases} \left[0.54 - 0.46\cos\left(\dfrac{\pi}{16}n\right) \right] \left\{ \dfrac{\sin\left[0.5\pi(n-16)\right]}{\pi(n-16)} \right\} R_{32}(n) & n \neq 16 \\[2mm] 0.5\left[0.54 - 0.46\cos\left(\dfrac{\pi}{16}n\right) \right] & n = 16 \end{cases}$$

【例 6.3.3】 已知带通滤波器的理想频域特性函数为：

$$H_d(e^{j\omega}) = \begin{cases} e^{-j\omega\tau} & \omega_1 < |\omega| < \omega_2 \\ 0 & \text{其他} \end{cases}$$

通带衰减的通带上截止频率为 $\omega_{p2} = 0.5\pi$，通带下截止频率为 $\omega_{p1} = 0.3\pi$，阻带上截止频率为 $\omega_{s2} = 0.6\pi$，阻带下截止频率为 $\omega_{s1} = 0.2\pi$，通带衰减为 $\alpha_p = 1\mathrm{dB}$，阻带最小衰减为 $\alpha_s = 21\mathrm{dB}$，旁瓣最小衰减为 31dB。试设计满足设计指标的线性相位 FIR 滤波器。

解： 由题目所给的理想频域特性函数形式可知，这是一个带通滤波器。

对于带通滤波器，应转换成等效低通滤波器的技术指标，设计方法与模拟滤波器设计是一样的，即先将题干中通带阻带的上下截止频率转换成上截止频率 ω_2 和下截止频率 ω_1：

$$\omega_2 = \frac{1}{2}(\omega_{p2} + \omega_{s2}) = 0.55\pi$$

$$\omega_1 = \frac{1}{2}(\omega_{p1} + \omega_{s1}) = 0.25\pi$$

所需滤波器过渡带带宽为：

$$B_t = |\omega_{p1} - \omega_{s1}| = 0.1\pi$$

本题中上下截止频率相减得到的过渡带带宽是相等的，所以属于对称的情况，不需要校正，否则应按带通滤波器设计方法进行校正，具体方法可查看相关资料。

由于所求阻带最小衰减为 $\alpha_s = 21$dB，本来选矩形窗就可以满足条件，但是后面还有一个附加条件，即要求旁瓣最小衰减为 31dB，查表 6-3 中旁瓣峰值幅度可知，同时满足两个要求的只有汉宁窗，由此计算窗函数的长度为：

$$N = \left\lceil \frac{6.2\pi}{B_t} \right\rceil = 62$$

$$\tau = \frac{N-1}{2} = 30.5$$

窗函数为：

$$w_{Ha}(n) = 0.5\left[1 - \cos\left(\frac{2\pi}{N-1}n\right)\right]R_N(n) = 0.5\left[1 - \cos\left(\frac{2\pi}{61}n\right)\right]R_{62}(n)$$

根据上述选择查表 6-2、表 6-4，确定窗函数和理想单位脉冲响应形式，写出所设计的滤波器单位脉冲响应为：

$$h_d(n) = \frac{\sin[\omega_2(n-\tau)] - \sin[\omega_1(n-\tau)]}{\pi(n-\tau)} = \frac{\sin[0.55\pi(n-30.5)] - \sin[0.25\pi(n-30.5)]}{\pi(n-30.5)}$$

代入计算出的参数代入 $h(n) = w_{Ha}(n)h_d(n)$ 即可得到：

$$h(n) = 0.5\left[1 - \cos\left(\frac{2\pi}{61}n\right)\right]\frac{\sin[0.55\pi(n-30.5)] - \sin[0.25\pi(n-30.5)]}{\pi(n-30.5)}R_{62}(n)$$

注意：①算出 N 是偶数的情况要注意，因为窗函数法设计滤波器属于第一类线性相位滤波器，有两种情况，其中 N 为偶数是情况二，只能设计低通滤波器和带通滤波器，本例中是可以选择 $N=62$ 的，但是如果要求设计的是高通和带阻，则应将该长度调整到 63。

②因为 N 为偶数，τ 不是整数，所以没有 $h(\tau)$，不存在直流项。

6.4 频域抽样法设计 FIR 滤波器

窗函数法设计线性相位 FIR 滤波器是从时域出发，把理想的单位脉冲响应 $h_d(n)$ 用窗函数截断，从而得到性能逼近的滤波器。但是在一般情况下，滤波器的技术指标是由频域给出的，在频域内设计更为直接。这种方法称为频域抽样法。

6.4.1 频域抽样法的基本思想

（1）频域抽样法的基本思路

设希望逼近的滤波器频率响应函数用 $H_d(e^{j\omega})$ 表示，对 $H_d(e^{j\omega})$ 在 $\omega\in[0,2\pi]$ 范围内等间隔采样 N 点，得到幅度抽样值 $H_{dg}(k)$，即：

$$H_{dg}(k)=H_d(e^{j\omega})\big|_{\omega=\frac{2\pi}{N}k} \qquad (6.4.1)$$

幅度抽样值 $H_{dg}(k)$ 与相位函数抽样值相结合得到：

$$H_d(k)=H_{dg}(k)e^{j\theta(k)}$$

$H_d(k)$ 是实际设计 FIR 滤波的频率特性抽样值，对 $H_d(k)$ 做离散傅里叶反变换（IDFT）即可得到所设计系统的单位脉冲响应：

$$h(n)=\frac{1}{N}\sum_{k=0}^{N-1}H_d(k)e^{j\frac{2\pi}{N}nk}=\frac{1}{N}\sum_{k=0}^{N-1}H_d(k)W_N^{-nk} \qquad (6.4.2)$$

上式表示，如果对需要完成的系统频响进行频域抽样，再进行 DFT 反变换，即可得到系统的单位脉冲响应。

所以，频域抽样法是利用 DFT 原理来实现的，这就意味着假设 $h(n)$ 为实序列，它应该满足 DFT 的共轭对称性，即：

$$|H_d(k)|=|H_d(N-k)| \qquad (6.4.3)$$

$$\varphi(k)=-\varphi(n-k) \qquad (6.4.4)$$

（2）频率抽样点与线性相位约束

前面我们分析过，不是所有的 FIR 滤波器都能满足线性相位特性。因此，在频域抽样法中，要遵循线性相位的约束条件，即 $h(n)$ 应满足偶对称 $h(n)=h(N-1-n)$ 或奇对称 $h(n)=-h(N-1-n)$，根据表 6-1 所示两种线性相位特性分析幅度函数、相位函数在线性约束下的情况如下。

① 第一类线性相位滤波器，$h(n)$ 满足约束条件 $h(n)=h(N-1-n)$，在 $0\leqslant\omega\leqslant 2\pi$ 内，有：

$$\theta(\omega)=-\frac{N-1}{2}\omega$$

N 为奇数时，$H_{dg}(\omega)=H_{dg}(2\pi-\omega)$，关于 $\omega=\pi$ 偶对称；

N 为偶数时，$H_{dg}(\omega)=-H_{dg}(2\pi-\omega)$，关于 $\omega=\pi$ 奇对称。

因此，相位函数抽样值：

$$\theta(k)=\theta(\omega)\big|_{\omega=\frac{2\pi}{N}k}=-\left(\frac{N-1}{2}\right)\left(\frac{2\pi}{N}k\right)=-\frac{N-1}{N}\pi k,k=0,1,\cdots,N-1 \qquad (6.4.5)$$

频率函数抽样值 $H_g(k)$：

N 为奇数时，$\qquad H_{dg}(k)=H_{dg}(N-k),k=0,1,\cdots,N-1 \qquad (6.4.6)$

N 为偶数时，$H_{dg}(k)=-H_{dg}(N-k)$，且 $H_{dg}\left(\dfrac{N}{2}\right)=0,k=0,1,\cdots,N-1 \qquad (6.4.7)$

② 第二类线性相位滤波器，$h(n)$ 满足约束条件 $h(n)=-h(N-1-n)$，在 $0\leqslant\omega\leqslant 2\pi$ 内，有：

$$\theta(\omega) = \frac{\pi}{2} - \frac{N-1}{2}\omega$$

N 为奇数时，$H_{dg}(\omega) = -H_{dg}(2\pi-\omega)$，$H_{dg}(0) = H_{dg}(\pi) = H_{dg}(2\pi) = 0$，关于 $\omega = \pi$ 奇对称；

N 为偶数时，$H_{dg}(\omega) = H_{dg}(2\pi-\omega)$，关于 $\omega = \pi$ 偶对称，$H_{dg}(0) = H_{dg}(2\pi) = 0$。

因此，相位函数抽样值：

$$\theta(k) = \theta(\omega)\Big|_{\omega=\frac{2\pi}{N}k} = \frac{\pi}{2} - \frac{N-1}{N}\pi k, \quad k = 0,1,\cdots,N-1 \tag{6.4.8}$$

频率函数抽样值 $H_{dg}(k)$：

N 为奇数时，$H_{dg}(k) = -H_d(N-k)$，$H_{dg}(0) = 0$，$k = 0,1,\cdots,N-1 \tag{6.4.9}$

N 为偶数时，$H_{dg}(k) = H_d(N-k)$，且 $H_{dg}(0) = 0$，$k = 0,1,\cdots,N-1 \tag{6.4.10}$

在以上的约束条件中，函数抽样值 $H_{dg}(k)$ 的对称性是充分条件。在实际设计时，为方便计算，也可以取 $H_{dg}(k)$ 关于 $\frac{N}{2}$ 偶对称，实际获得的频谱在 $[0,\pi]$ 范围内满足滤波要求即可。

【例 6.4.1】 已知低通滤波的幅频响应如图 6-9 所示，截止频率为 0.5π，设 N 等于 4，用频率抽样法设计线性相位滤波器。按 $N = 4$ 在 $0 \leqslant \omega \leqslant 2\pi$ 等间隔抽样，得到逼近滤波器的幅度采样值为：

$$H_{dg}(k) = \begin{cases} 1 & k = 0,1 \\ 0 & k = 2 \end{cases}$$

回答下列问题：

①写出该滤波器的单位脉冲响应 $h(n)$；②判断该 FIR 系统的类型。

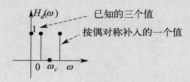

图 6-9 【例 6.4.1】图

解： 由题意知，$H_{dg}(k)$ 是对 $H_d(e^{j\omega})$ 抽样，抽样点数 $N = 4$，根据 DFT 序列的对称性，应该有 $|H_d(k)| = |H_d(4-k)|$，即第 $k = 3$ 点 $H_{dg}(k)$ 的值 $|H_d(4-3)| = |H_d(1)| = 1$，进一步，为了满足相位约束条件，选择偶对称 $H_d(4-3) = H_d(1)$，由此补齐了题目给出的序列，即：

$$H_{dg}(k) = \begin{cases} 1 & k = 0,1,3 \\ 0 & k = 2 \end{cases}$$

并满足 $H_{dg}(0) = 0$，这就是理想抽样序列完整的样值 [注意最后一点是根据所给的 $H_{dg}(k)$ 结合 DFT 序列的特点由设计者补上的]。

结合式 (6.4.4) 计算

$$\theta(k) = -\frac{N-1}{N}\pi k = -\frac{3}{4}\pi k$$

则构造的 FIR 滤波器频率抽样序列为：

$$H_d(k) = \begin{cases} H_{dg}(k)\mathrm{e}^{\mathrm{j}\theta(k)} = \mathrm{e}^{-\mathrm{j}\frac{3}{4}\pi k} & k=0,1,3 \\ 0 & k=2 \end{cases}$$

对 $H_d(k)$ 做 IDFT，得到：

$$h(n) = \mathrm{IDFT}[H_d(k)] = \frac{1}{N}\sum_{k=0}^{N-1} H_d(k) W_N^{-nk} = \frac{1}{N}\sum_{k=0}^{N-1} \mathrm{e}^{-\mathrm{j}\frac{3}{4}\pi k}\, \mathrm{e}^{\mathrm{j}\frac{2}{4}\pi nk}$$

$$= \frac{1}{4}\left[1 + \mathrm{e}^{\mathrm{j}\frac{3}{4}\pi}\mathrm{e}^{-\mathrm{j}\frac{2}{4}\pi n} + \mathrm{e}^{-\mathrm{j}\frac{9}{4}\pi}\,\mathrm{e}^{\mathrm{j}\frac{6}{4}\pi n}\right]R_4(n)$$

$$= \frac{1}{4}\left[1 + \mathrm{e}^{-\mathrm{j}\frac{3}{4}\pi}\mathrm{e}^{\mathrm{j}\frac{1}{2}\pi n} + \mathrm{e}^{\mathrm{j}\frac{3}{4}\pi}\,\mathrm{e}^{-\mathrm{j}\frac{1}{2}\pi n}\right]R_4(n)$$

$$= \left\{1 + 2\cos\left[\frac{\pi}{2}\left(n-\frac{3}{2}\right)\right]\right\}R_4(n)$$

$$h(N-1-n) = \left\{1 + 2\cos\left[\frac{\pi}{2}\left(3-n-\frac{3}{2}\right)\right]\right\} = \left\{1 + 2\cos\left[\frac{\pi}{2}\left(n-\frac{3}{2}\right)\right]\right\} = h(n)$$

所以设计的 FIR 滤波器为第一类线性相位滤波器，N 为偶数属于第二种情况。

在上例中，对 $H_{dg}(k)$ 后半周期取偶对称时，虽然设计的 $h(n)$ 后半周期实际频谱 $H_{dg}(2\pi-\omega)$ 与设计者的设定幅度相反，但前半个周期的频响是可以保证符合设计要求的。

频域抽样法设计线性相位 FIR 滤波器单位脉冲响应 $h(n)$ 参考形式见表 6-6。

表 6-6　频域抽样法设计线性相位 FIR 滤波器单位脉冲响应 $h(n)$ 参考形式

类型	N	系统单位脉冲响应一般形式
第一类线性相位	奇数	$h(n) = \dfrac{2}{N}\left\{\displaystyle\sum_{k=0}^{\tau-1} H_d(k)\cos\left[\frac{2\pi}{N}(n-\tau)k\right]\right\}R_N(n)$
	偶数	$h(n) = \dfrac{1}{N}\left\{1 + 2\displaystyle\sum_{k=1}^{\frac{N}{2}-1} H_d(k)\cos\left[\frac{2\pi}{N}(n-\tau)k\right]\right\}R_N(n)$
第二类线性相位	奇数	$h(n) = \dfrac{2}{N}\left\{\displaystyle\sum_{k=0}^{\tau-1} H_d(k)\sin\left[\frac{2\pi}{N}(n-\tau)k\right] + \frac{\pi}{2}\right\}R_N(n)$
	偶数	$h(n) = \dfrac{1}{N}\left\{1 + \displaystyle\sum_{k=1}^{\frac{N}{2}-1} H_d(k)\sin\left[\frac{2\pi}{N}(n-\tau)k + \frac{\pi}{2}\right]\right\}R_N(n)$

比如【例 6.4.1】中，设计一个 4 点偶对称 $H_d(k)$，适用第 2 行表格，$\frac{2\pi}{N} = \frac{\pi}{2}$，$\tau = \frac{N-1}{2} = \frac{3}{2}$，$H_d\left(\frac{N}{2}\right) = 0$，完全满足设计条件，则直接将参数代入公式得：

$$h(n) = \frac{1}{N}\left\{1 + 2\sum_{k=1}^{\frac{N}{2}-1} H_d(k)\cos\left[\frac{2\pi}{N}(n-\tau)k\right]\right\}R_N(n)$$

$$= \frac{1}{4} \left\{ 1 + 2\cos\left[\frac{\pi}{2}\left(n - \frac{3}{2}\right)\right] \right\} R_4(n)$$

可知与例题的结果是相同的。

（3）频域抽样法的设计误差与改进措施

① 时域误差分析及解决办法　上述频域抽样设计法设计 FIR 线性相位滤波器是在理想状态上通过定理转换得到的结果，事实上，如果待设计的滤波器频率响应为 $H_d(e^{j\omega})$，对应的单位脉冲响应为 $h_d(n)$ 为：

$$h_d(n) = \frac{1}{2\pi} \int_{-\pi}^{\pi} H_d(e^{j\omega}) e^{j\omega n} d\omega$$

根据频域抽样定理，在频率 $0 \sim 2\pi$ 之间对 $H_d(e^{j\omega})$ 等间隔抽样 N 点，再利用 IDFT 得到的 $h(n)$，以 N 为周期进行周期延拓，再乘以 $R_N(n)$，可得到单位脉冲响应为：

$$h(n) = \sum_{r=-\infty}^{+\infty} h_d(n)_N R_N(n)$$

如果 $H_d(e^{j\omega})$ 有间断点，其单位脉冲响应 $h_d(n)$ 是无限长的。这样就会由于时域混叠而导致所设计的 $h(n)$ 与 $h_d(n)$ 有偏差，这与 DFT 中分析的各种问题都是相吻合的。所以在设计时，抽样点数 N 越大，混叠效应会相应减少，设计出来的滤波器性能越接近待设计的滤波器的理想频响 $H_d(e^{j\omega})$。

② 频域误差分析及解决办法　从频域上看，频率域等间隔抽样 $H_d(k)$，经过 IDFT 得到 $h(n)$，可得 $h(n)$ 的 z 变换为：

$$H(z) = \frac{1 - z^{-N}}{N} \sum_{k=0}^{N-1} \frac{H(k)}{1 - e^{j\frac{2\pi}{N}k} z^{-1}} \qquad (6.4.11)$$

其中，$e^{j\frac{2\pi}{N}k} = W_N^{-k}$，将 $z = e^{j\omega}$ 代入上式，得到：

$$H(e^{j\omega}) = \sum_{k=0}^{N-1} H(k) \Phi\left(\omega - \frac{2\pi}{N}k\right)$$

其中：

$$\Phi\left(\omega - \frac{2\pi}{N}k\right) = \frac{1}{N} \times \frac{\sin\frac{\omega N}{2}}{\sin\frac{\omega}{2}} e^{-j\omega\frac{N-1}{2}}$$

上式表明，在频率抽样点 $\omega = \frac{2\pi}{N}k$，$\Phi\left(\omega - \frac{2\pi}{N}k\right) = 1$，即 $H(e^{j\omega}) = H(k)$，逼近误差为 0；而在抽样点之间的值 $H(e^{j\omega_k})$，是由有限项 $\frac{H(k)}{1 - e^{j\frac{2\pi}{N}k} z^{-1}}$ 之和形成的，因而有一定逼近误差，这种误差的大小取决于理想滤波器响应的形状，理想滤波器过渡带越陡峭，则逼近误差越大，理想频率特性在非抽样点处会产生较大的肩峰和波纹。为了减小逼近误差，可以在理想频响边缘加上一些过渡的抽样点。如图 6-10 所示，增加不同过渡带点数可以获得不同的阻带衰减，从而改善滤波器的性能。过渡带抽样点数 m 与滤波器阻带最小衰减的经验值如表 6-7 所示。

表 6-7　过渡带抽样点数与滤波器阻带最小衰减经验值

m	1	2	3
α_s/dB	44～54	65～75	85～95

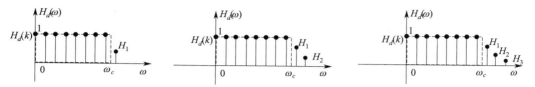

图 6-10　理想低通滤波器的过渡带优化示意图

经过实践可知，通过在过渡带多抽样几个点的方法，可以使设计的滤波器特性更好地逼近设计目标滤波器。

6.4.2　频域抽样法的设计步骤

综上所述，频域抽样法设计线性相位 FIR 滤波器的步骤如下：

步骤一　根据阻带衰减 α_s 选择过渡带抽样点个数 m。

步骤二　确定过渡带带宽 B_t，估算频率抽样点数 N。工程应用中可采用下式对滤波器单位脉冲响应 $h(n)$ 的长度进行估算：

$$N \geqslant (m+1)\frac{2\pi}{B_t} \tag{6.4.12}$$

步骤三　构造 $H_d(k)=H_{dg}(k)\mathrm{e}^{\mathrm{j}\theta(k)}$，根据 $H(\mathrm{e}^{\mathrm{j}\omega})$ 的形状和频率抽样点数写出 $H_{dg}(k)$ 的非零值、零值和过渡带抽样值，构造 $H_d(k)$。

步骤四　计算 $H_d(k)$ 的 IDFT，得到单位脉冲响应 $h(n)$ 及其系统函数 $H(z)$。

步骤五　验证滤波器是否满足设计指标，若不满足，需要调整滤波器长度以便获得较好的滤波效果。

【例 6.4.2】　用频域抽样法设计第一类线性相位 FIR 滤波器，要求截止频率 $\omega_c=\dfrac{\pi}{16}$，过渡带带宽 $B_t=\dfrac{\pi}{32}$，阻带最小衰减 $\alpha_s=30\mathrm{dB}$，设过渡带抽样点优化系数为 0.3904。

解：① 查表 6-7 可知，阻带衰减指标要求对应的过渡带抽样点数为 1，故总抽样点数由式（6.4.11）得：

$$N \geqslant (m+1)\frac{2\pi}{B_t}=\frac{4\pi}{\dfrac{\pi}{32}}=128$$

因为是求低通滤波器，N 为偶数也可以满足设计要求，取 $N=128$（若要求高通或带阻滤波器则应取奇数），则每个抽样点数对应的频率值为：

$$\omega_k = \frac{2\pi}{128}k = \frac{\pi}{64}k \rightarrow k = \frac{64\omega_k}{\pi}$$

② 构造 $H_d(k)$：在实际应用中，构造 $H_d(k)$ 主要是确定 $0\sim\pi$ 范围内，$k=0\sim\dfrac{N}{2}$ 范围通带非零样值的个数、过渡带抽样点 k 值，$\dfrac{N}{2}\sim N$ 的值则取偶对称关系即可。

通带点数：截止频率 $\dfrac{\pi}{16}$，则 $0\sim\dfrac{\pi}{16}$ 的非零样值数的 k 值为 $0\sim\dfrac{64\times\frac{\pi}{16}}{\pi}=4$。

过渡带的点数：1 点；N 为偶数；第一类线性相位，幅度偶对称 $H_{dg}(k)=H_{dg}(N-k)$，写出 $H_{dg}(k)$ 为：

$$H_{dg}(k)=\begin{cases}1 & k=0,1,2,3,4,124,125,126,127 \\ 0.3904 & k=5,123 \\ 0 & 其他\end{cases}$$

其中，$k=0,1,2,3,4$ 对应的是 $0\sim\pi$ 范围内的非零值，$k=124,125,126,127$ 是 $\pi\sim 2\pi$ 的偶对称取值；由式（6.4.4）写出相位函数 $\theta(k)=-\dfrac{N-1}{N}\pi k=-\dfrac{127}{128}\pi k$，根据这些信息写出理想抽样序列：

$$H_d(k)=\begin{cases}\mathrm{e}^{-\frac{127}{128}\mathrm{j}\pi k} & k=0,1,2,3,4,124,125,126,127 \\ 0.3904 & k=5,123 \\ 0 & 其他\end{cases}$$

则可求出所求系统的单位脉冲响应为：

$$\begin{aligned}h(n) &= \frac{1}{N}\sum_{k=0}^{N-1}H_d(k)W_N^{-nk}\\&=\frac{1}{128}\left\{1+2\sum_{k=1}^{4}\cos\left[\frac{\pi}{64}(n-63.5)k\right]+0.7808\cos\left[\frac{5\pi}{64}(n-63.5)\right]\right\}R_{128}(n)\end{aligned}$$

此时，$\tau=\dfrac{N-1}{2}=63.5$。

根据式（6.4.11）写出系统函数为：

$$\begin{aligned}H(z)&=\frac{1-z^{-N}}{N}\sum_{k=0}^{N-1}\frac{H(k)}{1-\mathrm{e}^{\mathrm{j}\frac{2\pi}{N}k}z^{-1}}\\&=\frac{1-z^{-128}}{128}\left(\frac{1}{1-z^{-1}}+\frac{0.7808}{1-\mathrm{e}^{\mathrm{j}\frac{5\pi}{64}}z^{-1}}+\sum_{k=1}^{4}\frac{2}{1-\mathrm{e}^{\mathrm{j}\frac{\pi}{64}k}z^{-1}}\right)\end{aligned}$$

仿真滤波器幅度的对数值如图 6-11 所示，对比可知，该系统指标符合要求。

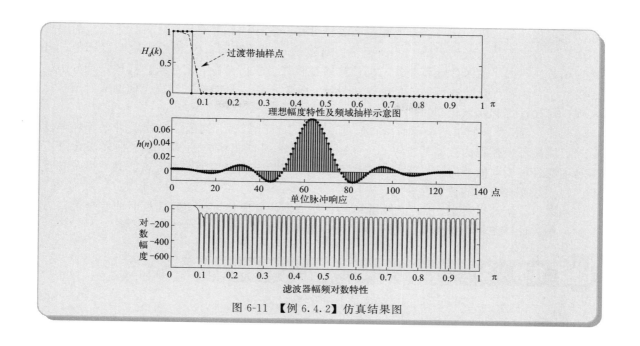

图 6-11 【例 6.4.2】仿真结果图

6.5 IIR 滤波器和 FIR 滤波器的比较

到目前为止，我们学习了 IIR 和 FIR 滤波器的设计原理和一般方法，这两种滤波器在实际应用中如何选择，下面进行一个简单的比较。

首先，从性能上说，IIR 滤波器可以用较少的阶数获得精度很高的频率选择性指标，所用的存储单元少，运算次数少，较为经济且效率高，但是这个高效率的代价是以相位非线性换来的，选择性越好，其相位的非线性就会越严重。FIR 滤波器刚好相反，它可以在相频特性上很容易实现严格的线性相位，但是完成相同的频率选择性，FIR 滤波器的阶数是 IIR 滤波器的 6 倍以上，是用设备复杂度和运算效率换取线性相位指标的实现。

如果只要求满足幅频特性 $|H(e^{j\omega})|$ 的技术指标，特别是当幅频特性在一段连续频率均为常数特性，如经典低通、带通、高通等滤波器时，采用 IIR 滤波器可以用较少的阶数获得更好的频率选择性，较为经济，实时性较高；如果不仅要满足幅频特性，还要求相频特性满足严格的线性相位，可以用 FIR 滤波器。

上述选择考虑的因素都不是绝对的。因为如果既要有优秀的频率选择性，又要线性相位，只能选择 IIR 滤波器时，则可在设计一个满足幅频特性的 IIR 滤波器之后，再增加一个全通网络补偿以获得线性相位，当然这也会增加 IIR 滤波器的复杂性。或者也可能因为存在 FIR 滤波器，同时实现幅频、相频特性需要的滤波器阶数太大，导致无法实际应用的情况，也可以考虑用 IIR 滤波器实现。

从结构上看，IIR 滤波器采用递归结构，极点位置必须在单位圆内，否则系统将不稳定。另外，递归结构中由于运算过程中对序列的量化处理，会反馈引起轻微的寄生振荡；而 FIR 滤波器采用的是非递归结构，不存在反馈回路，不论在理论上还是在实际的有限精度运算中都不存在不稳定问题，运算误差也较小。

从设计工具上看，IIR 滤波器可以借助模拟滤波器的成果，不仅提供有效的封闭函数设计公式可供准确计算，还有详细的数据和表格可查，设计计算工作量小，对计算工具的要求不高，适合工程师充分利用他们的经验快速有效地设计滤波器；而 FIR 滤波器设计中，虽然窗函数法给出了窗函数计算公式，但计算通带阻带衰减仍无显式表达式，其他设计方法更是没有闭合函数设计公式可循，依赖算法设计，非常灵活，只能通过计算机辅助或专用芯片实现，对设计工具要求较高。

当然，IIR 滤波器虽然设计简单，但是主要用于设计低通、高通、带通及带阻等经典滤波器，脱离不了模拟滤波器的格局。而 FIR 滤波器则灵活得多，尤其是频域抽样法设计更容易适应各种要求的幅度特性和相位特性要求，可以设计出理想的正交变换、理想微分等重要网络，因而有更强的适应性。

从以上分析可以看出，IIR 滤波器和 FIR 滤波器各有所长，在实际应用时应综合经济方面的要求、计算工具的条件等各方面因素进行选择。

 拓展阅读

戈壁滩上的"马兰花"

20 世纪 80 年代流传着一段孩子们跳皮筋的童谣："小皮球，架脚踢，马兰花开二十一，二八二五六，二八二五七，二八二九三十一。"

这首童谣隐藏着一个关于我国第一颗原子弹爆炸的消息，其中的小皮球是 1964 年 10 月我国总装成功的第一颗原子弹的代号，它是圆形的，外侧有很多线圈缠绕，像满头的卷发，所以还有一个昵称叫"邱小姐"；架脚踢，是指原子弹采用 100 多米的高塔托举爆炸的方式实施；马兰花开，是指原子弹在马兰核试验基地爆炸；二十一是我国的核试验研究所 21 所；二八是当地的邮政编码；二五六、二五七是 21 所的邮箱编号。欢快的童谣传唱的是对我国核试验成功的喜悦和广大参与核试验工作人员的无上荣光，是对默默奉献者的特殊褒奖。

马兰，这个以花命名的地方，坐落在新疆"死亡之海"——罗布泊的腹地，是我国唯一的核武器试验基地，从 1964 年我国第一颗原子弹爆炸成功，到 1996 年最后一次核试验，这片土地为我国国防事业作出了巨大贡献。有那么一批人，他们无所畏惧，艰苦奋斗，把功绩写在大漠秘密的事业中，用理想和信念挺起了中国的脊梁。

1959 年 5 月下旬，核武器试验基地主任张蕴钰将军带领五万建设大军，浩浩荡荡地来到"上无飞鸟，下无走兽"的大漠深处——西北边陲罗布泊，建设兵团的生活点选择在一条小河旁。当时，张蕴钰将军看到小河旁生机勃勃的马兰花对大家说道："在这荒凉的大漠上，还有如此娇艳的马兰花在盛开，它的生命力是如此顽强。我们工程兵大军正像马兰花一样，向自然挑战，创造着奇迹。不如我们就把这片地区叫做马兰吧！"于是，这片核试验事业的开拓地就有了这个寓意深长的名字——马兰。

在张蕴钰将军的带领下，建设兵团先后在马兰基地组建工程团、警卫团、医院、后勤基地汽车修配厂、汽车团和防化团等必要团队，中国核试验基地正式在马兰扎根。面对极其艰难困苦的环境和条件，在短短两年多时间内，基地建设者们克服了重重困难，建设完成了核试验基地。

核武器试验是尖端科学，基地除了必要的基础设施，还需要大批懂核技术的专业队伍，在时任工业部副部长钱三强的努力下，在马兰基地汇集了一大批核研究方面的科学家，由物理学专家程开甲挂帅，于 1962 年底组建了核试验技术研究所。科学家们挥洒汗水不断探索，不懂的知识自己学，买不到的设备自己造，粮食短缺就饿着肚子搞科研。他们经常白天做实验，晚上分析数据。没有计算机，他们就用电动和手摇计算器 24 小时不间歇进行计算，有时甚至干脆用算盘计算核试验数据，大多数数据都是靠人力计算出来的，这在当今真的无法想象。他们在那里将所有的力量拧成一股绳，团结一致、艰苦奋斗，一起解决了一个又一个难以想象的难题，于1964年初取得了原子弹研究方面的巨大成就，1964年10月16日我国第一颗原子弹爆炸成功，震惊世界。

核试验离不开基地实验条件的建设。1963年12月，基地完成了包括公路、机场、地下工事等基础设施，基地研究所的力学测量、光学测量、核测量、理论计算、自动控制，以及基地的气象、通信、警卫、防护、后勤勤务等单位逐步组建到位，其中包括分布在数百平方公里范围地域中参加试验的力学、光学和核测量三大类近千个测量点。在戈壁滩上现场安装调试工作很复杂，每台设备要克服沙漠风沙、温度的影响，保证灵敏、可靠，非常不容易；托举原子弹所用的102.438m高的铁塔，相关人员经过半年多时间的反复研究，在国内钢铁炼制、钢架构造技术完全空白的情况下，由鞍钢和华北金属厂秘密生产出来并顺利完成组装。正如我国核工业领导人李觉将军所说："原子弹能在困难的条件下，短时间内研制成功，与广大科研工作者的创造性是分不开的。那个时候我国的科技专家也好，工程技术人员也好，谁都没有研究过原子弹，一切从头做起，那是很艰苦的、很困难的。这就确确实实反映了一种革命精神，为了国家，为了人民的利益，没有什么条件可讲。只要是党交给的任务，就认为这是党的信任和嘱托，再苦也要克服困难完成。"

为了防止国际敌对势力对研究基地的侵袭和破坏，国家对从生产到科研所有环节的相关工作人员制定了极其严格的保密措施，要求他们上不告父母，下不告妻儿，工作者们高举爱国主义旗帜，心有大我，自觉把个人的理想与祖国的命运紧密相连。在参加国家核武器研究的人员中，很多科学家都曾在国外著名大学就读，师从名家，有冲击诺贝尔奖的实力，但是他们隐姓埋名，无私奉献，把个人志向与民族复兴紧密相连。

原子弹爆炸成功了，可是那些参加核试验的工作人员却因为保密的需要，不能与家人分享这份喜悦，他们不能对别人提起关于马兰核试验基地的任何信息，甚至可能需要他们将秘密保守一辈子。为了纪念这些无名英雄和爱国主义教育的需要，创编了这首"马兰花开"的童谣，随着孩子们的传唱，他们光辉的事迹迅速传遍了祖国的大江南北。

习题

（1）若偶数 N 的 FIR 滤波器单位脉冲响应 $h(n)$ 关于 $n=\dfrac{N-1}{2}$ 偶对称，则其幅频特性关于 $\omega=\pi$ 奇对称。请证明其正确性。

（2）已知8阶第一类线性相位 FIR 滤波器的部分零点为 $z_1=2$，$z_2=0.5j$，$z_3=j$。

① 试确定该滤波器的其他零点；

② 设 $h(0)=1$，求出该滤波器的系统函数 $H(z)$。

（3）已知9阶第一类线性相位 FIR 滤波器的部分零点为 $z_1=2$，$z_2=0.5j$，$z_3=-j$。

① 试确定该滤波器的其他零点；

② 设 $h(0)=1$，求出该滤波器的系统函数 $H(z)$。

（4）利用窗函数法设计 FIR 滤波器，为了减小通带内波动以及加大阻带衰减，可通过改变（ ）有效实现。

A. 主瓣宽度   B. 过渡带宽度   C. 窗函数形状   D. 滤波器阶数

（5）FIR 滤波器的系统函数为 $H(z)=1+2z^{-1}+z^{-2}$，问

① 该滤波器是否为线性相位？

② 求该滤波器的幅频特性，并说明该滤波器的类型是高通还是低通。

（6）一个具有线性相位，长度为 $N=4$ 的 FIR 滤波器的幅频响应在 $\omega=0$ 和 $\omega=\dfrac{\pi}{2}$ 处的值分别为 $H_g(0)=1$，$H_g\left(\dfrac{\pi}{2}\right)=\dfrac{1}{2}$，求该滤波器的单位脉冲响应 $h(n)$，要求 $h(n)$ 为偶对称。

（7）已知第一类线性相位滤波器的单位脉冲响应长度为 16，其 16 个频域采样值中前 9 个为：$H_g(0)=12$、$H_g(1)=8.34$、$H_g(2)=3.79$，$H_g(3)\sim H_g(8)=0$，根据第一类线性相位 FIR 滤波器的幅频特性 $H_g(\omega)$ 的特点，求其余 7 个幅频采样值。

（8）已知一个线性相位（实系数）FIR 系统的两个零点为 $z_1=0.8\,\mathrm{e}^{\mathrm{j}\frac{\pi}{2}}$，$z_2=-1$。
① 这个系统还会有其他零点吗？如果有，请逐一写出；
② 这个系统的极点在 z 平面的什么地方？它是稳定系统吗？
③ 该系统的单位脉冲响应 $h(n)$ 的长度是多少？如果这里要求 $H(\mathrm{e}^{\mathrm{j}0})=1$，求解 $h(n)$。
④ 该滤波器是不是线性相位滤波器？若是，请分析滤波器的类型。

（9）已知一个线性相位 FIR 系统有零点 $z=1$，$z=\mathrm{e}^{\mathrm{j}\frac{\pi}{3}}$，$z=\dfrac{3}{5}$，$z=3\,\mathrm{e}^{\mathrm{j}\frac{2}{3}\pi}$。

① 这个系统是否还有其他零点？若有，请写出，若没有请给出理由。
② 写出该系统的系统函数，并说明滤波器的阶数和单位脉冲响应 $h(n)$ 的长度最小为多少。
③ 根据系统配置的零点情况说明该滤波器是否可以用于设计线性相位的低通滤波器。
④ 该系统的极点在哪？系统是否稳定？

（10）试设计一个 FIR 低通滤波器，要求指标为通带截止频率 $\omega_p=(0.5\pi)\,\mathrm{rad}$，阻带起始频率 $\omega_s=(0.54\pi)\,\mathrm{rad}$，阻带最小衰减 $\alpha_s=20\mathrm{dB}$，求 FIR 数字低通滤波器的单位脉冲响应 $h(n)$。

（11）用矩形窗设计线性相位低通 FIR 滤波器，要求过渡带宽度不超过 $\dfrac{\pi}{8}\,\mathrm{rad}$，希望逼近的理想低通滤波器频响函数 $H_d(\mathrm{e}^{\mathrm{j}\omega})$ 为：

$$H_d(\mathrm{e}^{\mathrm{j}\omega})=\begin{cases}\mathrm{e}^{-\mathrm{j}\omega\alpha} & 0\leqslant|\omega|\leqslant\omega_c \\ 0 & \omega_c<|\omega|\leqslant\pi\end{cases}$$

① 求出理想低通滤波器的单位脉冲响应 $h_d(n)$；
② 求出加矩形窗设计的低通 FIR 滤波器的单位脉冲响应 $h(n)$ 的表达式，确定 α 与 N 的关系。

（12）用矩形窗设计线性相位高通 FIR 滤波器，要求过渡带宽度不超过 $\dfrac{\pi}{10}\,\mathrm{rad}$，希望逼近的理想高通滤波器频响函数 $H_d(\mathrm{e}^{\mathrm{j}\omega})$ 为：

$$H_d(\mathrm{e}^{\mathrm{j}\omega})=\begin{cases}\mathrm{e}^{-\mathrm{j}\omega\alpha} & \omega_c\leqslant|\omega|\leqslant\pi \\ 0 & \text{其他}\end{cases}$$

① 求出理想低通滤波器的单位脉冲响应 $h_d(n)$；
② 求出加矩形窗设计的高通 FIR 滤波器的单位脉冲响应 $h(n)$ 的表达式，确定 α 与 N 的关系。
③ N 的取值有什么限制？为什么？

（13）利用窗函数法设计第一类线性相位高通滤波器，3dB 截止频率为 $\omega_c=\left(\dfrac{3\pi}{4}\pm\dfrac{\pi}{16}\right)\mathrm{rad}$，阻带最小衰减 $\alpha_s=50\mathrm{dB}$，过渡带带宽 $\Delta\omega=\dfrac{\pi}{16}$。

（14）利用频域抽样法设计一线性相位 FIR 低通滤波器，给定 $N=21$，通带截止频率 $\omega_c=0.15\pi$。求出 $h(n)$，为了改善其频率响应可采取什么措施？

第7章

数字滤波器的网络结构

数字滤波器是离散时间系统，与模拟滤波器在功能上有相似之处，但在处理技术和方法上却有很大区别。模拟信号处理器由电阻、电容、电感等无源元件或放大器等有源元件组成，用来直接处理模拟信号，数字信号处理系统则是利用通用或专用的计算机，以数值计算的方式对信号进行处理。

为了用计算机或者专用硬件完成对输入信号的处理，必须把系统单位脉冲响应或者系统函数转换成一种算法，按照这种算法对输入信号进行运算。不同的算法直接影响系统的运算效率、速度、复杂程度、成本及运算误差，因此研究实现信号处理算法是一个很重要的问题，而这些算法可以具体地用系统网络结构来表示，这是数字信号处理实现的必要基础。

7.1 系统模拟

离散 LTI 系统的模拟是数学意义上的系统模拟，通过采用延迟器、加法器、常数乘法器等基本单元模拟实际系统，使其与实际系统具有相同的数学模型，以便利用计算机进行模拟仿真，研究参数或输入信号对系统响应的影响。

一个离散 LTI 系统，可以用差分方程来描述，也可以用系统函数 $H(z)$ 来描述，即

$$y(n) = \sum_{i=0}^{M} b_i x(n-i) - \sum_{i=1}^{N} a_i y(n-i) \tag{7.1.1}$$

$$H(z) = \frac{\sum_{i=0}^{M} b_i z^{-i}}{1 + \sum_{i=1}^{N} a_i z^{-i}} = \frac{b_0 + b_1 z^{-1} + \cdots + b_M z^{-M}}{1 + a_1 z^{-1} + \cdots + a_N z^{-N}} \tag{7.1.2}$$

式中，当 $\sum_{i=1}^{M} b_i x(n-i) = 0$，$b_0 \neq 0$ 时是 IIR 滤波器，而 $\sum_{i=1}^{N} a_i y(n-i) = 0$ 时是 FIR 滤波器。以普通差分方程描述的离散 LTI 系统，根据方程结构的不同，定义了各种不同功能。根据不同的数学解析式可以设计出不同的网络结构，只要它们的数学模型相同，系统的网络结构不会影响其输入输出特性。正是这个特点，抽象的数学模型根据实际应用的不同，可以用不同的软件、硬件设计出性能相同、结构各异的系统。

7.1.1 系统的模拟框图

差分方程作为离散 LTI 系统的数学模型，呈现了系统输入和输出之间的运算关系。在差分方程中存在三种基本运算，加法、常数乘法和延迟，这些运算都对应着相应的电路单元，图 7-1 表示系统结构的基本单元。

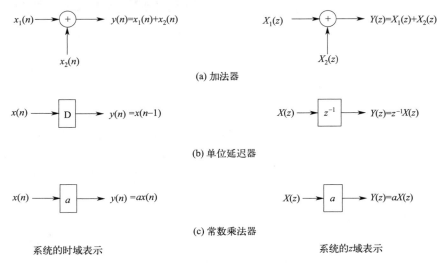

(a) 加法器

(b) 单位延迟器

(c) 常数乘法器

系统的时域表示 　　　　　　　　　　　　　　　系统的z域表示

图 7-1　离散 LTI 系统的时域基本单元图

离散系统的系统结构框图由图 7-1 所示的基本元件构成，其结构形式可以分为时域和 z 域两种。从结构上看是完全相同的，只是延迟器、输入输出的表示有所不同。

用方框图描述系统的结构比差分方程更为直观。对于零状态响应，其时域框图与 z 域框图有相同的形式，如图 7-2 所示。图中中间的主线路上延迟器的个数表示系统的阶数，线路上的箭头方向表示信号的传输方向，一般以输入到输出的方向作为传输的正方向，比例系数为（b）的正向传输支路也称为正向支路，比例系数为（a）的支路与传输正向相反，称为反馈支路。

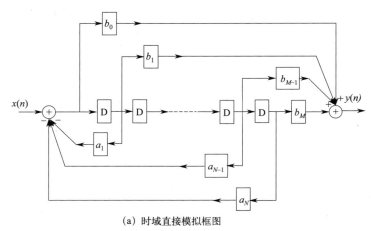

(a) 时域直接模拟框图

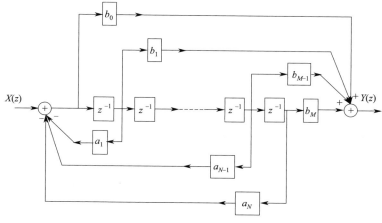

（b）z域直接模拟框图

图 7-2　N 阶离散 LTI 系统模拟结构图

　　系统函数表征了系统的输入输出特性，且是有理分式，运算简便，因而系统模拟常常通过系统函数进行。z 域直接模拟框图与系统函数 $H(z)$ 的对应关系为：系统函数的分子系数与正向支路的常数乘法器比例系数相对应，分母多项式的系数与反馈支路的比例系数相同。应注意，反馈支路输入的方向为负，正向支路输入方向为正。

【例 7.1.1】　设差分方程为：

$$y(n)-2y(n-1)-3y(n-2)=x(n)+4x(n-1)+x(n+2)$$

画出该方程对应的系统模拟结构图。

解：根据差分方程两边 z 变换得到：

$$Y(z)-2z^{-1}Y(z)-3z^{-2}Y(z)=X(z)+4z^{-1}X(z)+z^{-2}X(z)$$

$$\rightarrow H(z)=\frac{Y(z)}{X(z)}=\frac{1+4z^{-1}+z^{-2}}{1-2z^{-1}-3z^{-2}}$$

根据 $H(z)$ 的多项式结构画出对应的系统模拟结构图如图 7-3 所示。

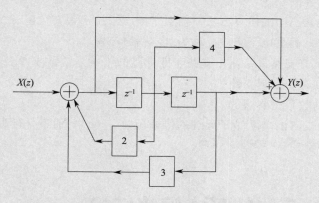

图 7-3　【例 7.1.1】对应的系统模拟结构图

注意：① 尽管是以 z 域系统函数为参考画出的系统模拟图，同样也可以用时域结构表示。

② 反馈支路乘法器的比例为负，支路符号也是负，所以该支路也可以简化为正 2，输入箭头为＋，可理解为反馈支路负负得正。

③ 当支路的比例系数为 1 时，可以省略。

7.1.2　用信号流图表示网络结构

信号流图是用有向线图描述线性方程组变量之间因果关系的一种图，用它来描述系统框图更为简便，并且可以简明地沟通描述系统的方程、系统函数及框图之间的联系，更有利于系统分析和模拟。

系统信号流图表示法如图 7-4 所示。

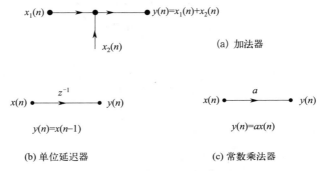

图 7-4　系统信号流图表示法

图 7-4 中，线路上箭头方向表示信号传输方向，箭头上标注 z^{-1} 表示该线路为延迟器，标注 a 或常数表示该线路为常数乘法器，比例系数为箭头所示，也称为增益系数，没有表明增益的，可以默认为 1。支路上的节点在只有一个输入支路时，是普通的电路节点，如果有两个以上输入支路时，可以表示加法器。信号流图能够简明地表示信号输入系统的运算关系，同时也能表示运算的顺序，是数字信号处理系统实现的基础。

不同信号流图代表不同的运算方法，而对于同一系统来说，可以有多种信号流图与之对应。从基本运算考虑，满足以下条件，称为基本信号流图。

① 信号流图中所有支路都是基本支路，即支路的增益是常数或者 z^{-1}；

② 流图环路必须存在延迟支路；

③ 节点和支路的数目是有限的。

如果信号流图中支路的增益是子系统的传输函数 $H(z)$，而不是延迟、比例系数，则不是基本信号流图，不能决定一种具体算法。

7.2　数字滤波器的基本网络结构

一般数字滤波器的网络结构分为两类，即 IIR 滤波器和 FIR 滤波器，两种滤波器的网络结构与它们的数学模型有关，是本章的重点研究内容。

7.2.1　IIR滤波器的基本网络结构

无限长脉冲响应IIR滤波器网络结构有以下特点：

① 系统的单位脉冲响应是无限长的；

② 系统函数 $H(z)$ 在有限 z 平面上有极点存在；

③ 结构上存在输出到输入的反馈，即结构上是递归的。

同一种系统函数 $H(z)$ 可以有多种不同的结构，其基本结构分为：直接型、级联型和并联型。

（1）直接型结构

根据式（7.1.1）表示的离散LTI系统数学模型，将其改写成：

$$\sum_{i=0}^{N} a_i y(n-i) = \sum_{i=0}^{M} b_i x(n-i)$$

式中，系数 a_i 或 b_i 相互独立，且不全为零，一般 $a_0 = 1$。根据差分方程结构直接画出网络结构的信号流图，如图7-5所示。

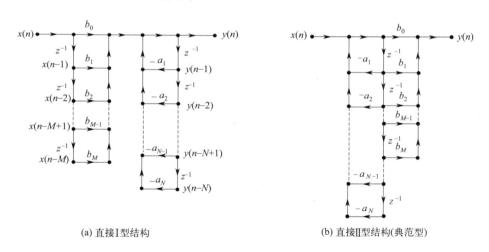

(a) 直接I型结构　　　　　　　　(b) 直接II型结构(典范型)

图7-5　直接型网络结构

图7-5中，图(a)是直接 I 型结构，在结构图中有两条延迟器线路，需要使用 $M+N$ 个延迟器；在输入端，$x(n)$ 每经过一个延迟器延迟一个单位，同样，在输出端，每经过一个延迟器，输出也延迟一个单位；图(b)是将输入输出的两条延迟器线路合并在一起，利用节点引出线路方向不同构成正向、反馈支路，减少了延迟器的使用，简化了网络结构，因此直接 II 型结构也称为典范型结构。

IIR滤波器的直接结构从原理上看是对系统差分方程的一种时域结构表示，但是在本质上，也是对系统函数 $H(z)$ 的体现。只要选择 $H(z)$ 的分母多项式系数 a_i、分子多项式系数

b_i，就能得到所需滤波特性的数字滤波器。

【例 7.2.1】 设 IIR 数字滤波器的系统函数为：

$$H(z) = \frac{4z^2 + 11z - 2}{\left(z - \frac{1}{4}\right)\left(z^2 - z - \frac{1}{2}\right)}$$

求该滤波器的差分方程，并画出直接Ⅰ型、Ⅱ型网络结构图。

解： 根据系统函数的定义：

$$H(z) = \frac{Y(z)}{X(z)} = \frac{4z^2 + 11z - 2}{\left(z - \frac{1}{4}\right)\left(z^2 - z - \frac{1}{2}\right)}$$

将分子分母同时除以 z^2，并将等式转换成多项式方程：

$$\frac{Y(z)}{X(z)} = \frac{4 + 11z^{-1} - 2z^{-2}}{1 - \frac{5}{4}z^{-1} + \frac{3}{4}z^{-2} - \frac{1}{8}z^{-3}}$$

$$\left(1 - \frac{5}{4}z^{-1} + \frac{3}{4}z^{-2} - \frac{1}{8}z^{-3}\right)Y(z) = (4 + 11z^{-1} - 2z^{-2})X(z)$$

方程两边分别进行 z 反变换得：

$$y(n) - \frac{5}{4}y(n-1) + \frac{3}{4}y(n-2) - \frac{1}{8}y(n-3) = 4x(n) + 11x(n-1) - 2x(n-2)$$

根据差分方程，画出系统Ⅰ型、Ⅱ型网络结构如图 7-6 所示。

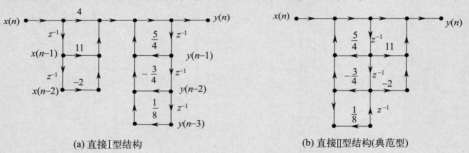

(a) 直接Ⅰ型结构 　　　　　　(b) 直接Ⅱ型结构(典范型)

图 7-6 【例 7.2.1】图

（2）级联型结构

从零极点角度看，IIR 滤波器的系统函数 $H(z)$ 的分子多项式系数 b_i 中每个系数的变化将会影响系统零点分布，同样分母多项式系数 a_i 的变化将影响各系统各极点分布。当系统阶数 N 较高时，这种影响将更大。所以通常很少采用直接形式来实现高阶 IIR 系统，往往通过变换，将高阶 IIR 系统转变成一系列不同组合的一阶、二阶子系统来实现。

设式（7.1.2）所示的系统函数 $H(z)$ 分子分母可以因式分解为如下形式：

$$H(z) = \frac{\sum\limits_{i=0}^{M} b_i z^{-i}}{1 - \sum\limits_{i=1}^{N} a_i z^{-i}} = A \frac{\prod\limits_{r=1}^{M}(1 - c_r z^{-1})}{\prod\limits_{r=1}^{N}(1 - p_r z^{-1})} \qquad (7.2.1)$$

式中，A 为常数；c_r、p_r 分别为系统的零点和极点。一般情况下系数都为实常数，当 c_r 或 p_r 为共轭复数对形式的零极点时，一般将共轭复数的零极点组合成一个二阶多项式，其系数仍为实数。由每个一阶因式或二阶因式组成的子系统记为 $H_{jk}(z)$，则有：

$$H(z) = H_{j1}(z)H_{j2}(z)\cdots H_{jk}(z) \qquad (7.2.2)$$

每个 $H_{jk}(z)$ 子系统的网络结构采用直接Ⅱ型（典范型）结构，常见一阶或二阶网络结构如图 7-7 所示，也称为一阶节或二阶节。

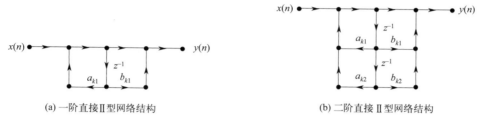

(a) 一阶直接Ⅱ型网络结构　　　　　　(b) 二阶直接Ⅱ型网络结构

图 7-7　一阶和二阶直接Ⅱ型网络结构

级联型网络中，一阶网络决定一个极点、一个零点，二阶网络决定一对极点、一对零点，可以通过分别调整相应的系数，改变零点、极点位置，从而达到改变系统参数的目的。另外，级联结构中后面的网络输出不会流到前面的子系统，运算误差的积累相对直接型也小。

（3）并联型结构

若将级联型形式展开为部分分式，则可得到：

$$H(z) = H_{b1}(z) + H_{b2}(z) + \cdots + H_{bk}(z) \qquad (7.2.3)$$

对应的网络结构为 k 个子系统并联。

并联型网络结构中每个一阶网络决定一个实数极点，每个二阶网络决定一对共轭极点，因此调整极点位置较方便，但调整零点位置不如级联型方便。由于每个子系统是并联的，可以对输入信号同时进行处理，运算速度比直接型和级联型都高；且每个网络的计算都是独立的，误差不会积累，其计算误差最小。

【例 7.2.2】　已知某三阶离散 LTI 系统的系统函数如下，试画出其直接Ⅱ型、级联型和并联型网络结构。

$$H(z) = \frac{3 + 2.4z^{-1} + 0.4z^{-2}}{(1 - 0.6z^{-1})(1 + z^{-1} + 0.5z^{-2})}$$

解：观察题干中系统函数的分子和分母，令分母因式 $1 + z^{-1} + 0.5z^{-2} = 0$，可知其存在一对共轭复数极点，分子因式 $3 + 2.4z^{-1} + 0.4z^{-2} = 0$，可知存在一对共轭复数零点，有理分式进行如下变换：

$$H(z) = \frac{3 + 2.4z^{-1} + 0.4z^{-2}}{(1 - 0.6z^{-1})(1 + z^{-1} + 0.5z^{-2})}$$

$$= \frac{3 + 2.4z^{-1} + 0.4z^{-2}}{1 + 0.4z^{-1} - 0.1z^{-2} - 0.3z^{-3}} \quad (7.2.4)$$

$$= \frac{1}{1 - 0.6z^{-1}} \times \frac{3 + 2.4z^{-1} + 0.4z^{-2}}{1 + z^{-1} + 0.5z^{-2}} \quad (7.2.5)$$

$$= \frac{2}{1 - 0.6z^{-1}} + \frac{1 + z^{-1}}{1 + z^{-1} + 0.5z^{-2}} \quad (7.2.6)$$

由式(7.2.4) 可得到直接Ⅱ型结构如图 7-8(a) 所示。

式(7.2.5) 中令：

$$H_{j1}(z) = \frac{1}{1 - 0.6z^{-1}}, \ H_{j2}(z) = \frac{3 + 2.4z^{-1} + 0.4z^{-2}}{1 + z^{-1} + 0.5z^{-2}}$$

得到：$H(z) = H_{j1}(z)H_{j2}(z)$，构成级联型网络结构如图 7-8(b) 所示。

式(7.2.6) 中令：

$$H_{b1}(z) = \frac{2}{1 - 0.6z^{-1}}, H_{b2}(z) = \frac{1 + z^{-1}}{1 + z^{-1} + 0.5z^{-2}}$$

得到：$H(z) = H_{b1}(z) + H_{b2}(z)$，构成并联型网络结构如图 7-8(c) 所示。

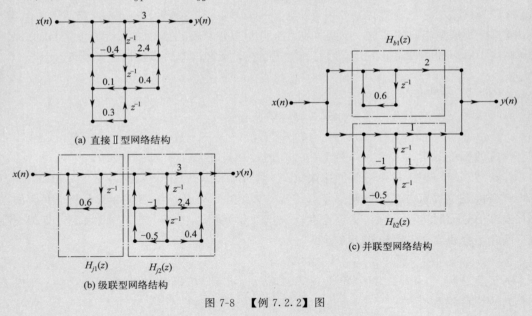

(a) 直接Ⅱ型网络结构

(b) 级联型网络结构

(c) 并联型网络结构

图 7-8　【例 7.2.2】图

7.2.2　FIR 滤波器的基本网络结构

FIR 滤波器的特点是在保证幅度特性的同时，还能实现严格的线性相位特性，在图像处理、数据通信中得到广泛应用。

FIR 滤波器的系统函数和差分方程可以用下列公式表示：

$$H(z) = \sum_{n=0}^{N-1} h(n) z^{-n} \tag{7.2.7}$$

$$y(n) = \sum_{n=0}^{N-1} h(m) x(n-m) \tag{7.2.8}$$

FIR 滤波器的特点如下：

① 系统函数 $H(z)$ 在 $|z| > 0$ 时收敛，只有零点，因此是全零点系统。

② FIR 网络结构只有正向结构，没有反馈，也称为非递归结构。

③ 将 $H(z)$ 的级数形式展开成逐项相加形式：

$$H(z) = h(0) + h(1) z^{-1} + h(2) z^{-2} + \cdots + h(N-1) z^{-(N-1)} \tag{7.2.9}$$

可看出系统的单位脉冲响应 $h(n)$ 在有限个 n 值处不为零，每个 $h(n)$ 的值即为对应延迟器的输出增益。

FIR 滤波器结构可分为直接型、级联型、线性相位结构和频率抽样型。由于 FIR 滤波器是非递归型，因此没有并联型结构。

（1）直接型结构

根据差分方程直接画出的系统网络结构图即直接型结构。此时系统输入输出关系为 $y(n) = h(n) * x(n)$，即输出是输入序列 $x(n)$ 和滤波器单位脉冲响应 $h(n)$ 的卷积运算，因此 FIR 滤波器直接型结构也称为卷积型结构，或根据其结构特点称为横截型结构。FIR 滤波器直接型结构如图 7-9 所示。

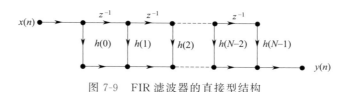

图 7-9 FIR 滤波器的直接型结构

（2）级联型结构

若系统需要控制增益，即需要方便调整零点位置的系统时，常采用级联型实现，即将系统函数 $H(z)$ 进行因式分解，每个因式作为一个子系统并实现：

$$H(z) = H_{j1}(z) H_{j2}(z) \cdots H_{jk}(z)$$

则以此获得的网络结构称为级联型结构。级联型结构的基本阶数也是由一阶和二阶直接型构成，其中二阶结构具有一对共轭复数零点。

FIR 一阶网络结构与二阶网络结构如图 7-10 所示。

（3）线性相位结构

FIR 滤波器最重要的特点之一就是具有精确的线性相位。根据线性相位的条件，线性相位滤波器可分为两类，其中第一类线性相位滤波器的系统单位脉冲响应 $h(n) = h(N-1-n)$，即单位脉冲响应的样值偶对称；而第二类线性相位滤波器的系统单位脉冲响应 $h(n) = -h(N-1-n)$，即单位脉冲响应的样值奇对称。根据 N 个样值前后的对称性，可以得到更简化的线性相位结构。FIR 滤波器的线性相位结构如图 7-11 和图 7-12 所示。

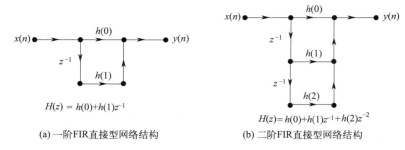

(a) 一阶FIR直接型网络结构   (b) 二阶FIR直接型网络结构

图 7-10　一阶和二阶 FIR 网络结构图

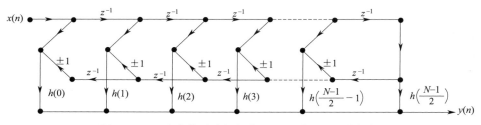

图 7-11　N 为奇数时线性相位 FIR 滤波器的网络结构

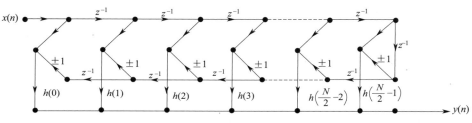

图 7-12　N 为偶数时线性相位 FIR 滤波器的网络结构

当支路参数 ±1 取 +1 时为第一类线性相位滤波器结构；当参数 ±1 取 −1 时为第二类线性相位滤波器结构。

由 FIR 数字滤波器的线性相位结构可以看出，当 N 为偶数时，只需要 $\dfrac{N}{2}$ 个乘法器，当 N 为奇数时，需要 $\dfrac{N+1}{2}$ 个乘法器，与直接型网络结构相比节约了近一半乘法器，是所需乘法次数最少的结构。

【例 7.2.3】 已知系统的单位脉冲响应为：

$$h(n)=\delta(n)+2\delta(n-1)+0.3\delta(n-2)+2.5\delta(n-3)+0.5\delta(n-5)$$

试写出系统的系统函数，并画出其直接型结构。

解： 将 $h(n)$ 进行 z 变换，得到它的系统函数：

$$H(z)=1+2z^{-1}+0.3z^{-2}+2.5z^{-3}+0.5z^{-5}$$

这是一个阶数 $N=6$（偶数）的 FIR 滤波器，参照图 7-9 画出其直接型网络结构如图 7-13 所示。

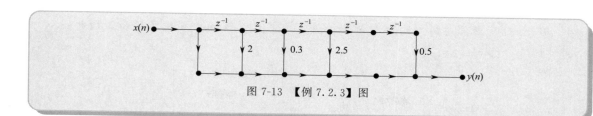

图 7-13 【例 7.2.3】图

【例 7.2.4】 已知 FIR 滤波器的单位脉冲响应为：

① $N=6$；$h(0)=h(5)=1.5$，$h(1)=h(4)=2$，$h(2)=h(3)=3$。

② $N=7$；$h(0)=h(6)=3$，$h(1)=-h(5)=-2$，$h(2)=-h(4)=1$，$h(3)=9$。

试画出它们的线性相位型结构图，并分别说明它们的幅度特性、相位特性各有什么特点。

解：参照图 7-12 画出 $N=6$ 时，对应的线性相位结构图如图 7-14(a) 所示；参照 7-11 画出 $N=7$ 时，对应的线性相位结构图如图 7-14(b) 所示。

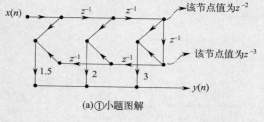

(a)①小题图解

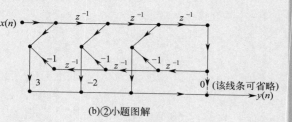

(b)②小题图解

图 7-14 【例 7.2.4】图

【例 7.2.5】 已知 FIR 滤波器的系统函数为 $H(z)=\dfrac{1}{10}(1+2z^{-1}+4z^{-2}+2z^{-3}+z^{-4})$。

① 求 $H(e^{j\omega})$ 的表示式，画出频域幅度特性图；

② 画出乘法次数最少的结构框图。

解：令 $z=e^{j\omega}$，则 $H(e^{j\omega})=\dfrac{1}{10}(1+2e^{-j\omega}+4e^{-j2\omega}+2e^{-j3\omega}+e^{-j4\omega})$

$$=\dfrac{1}{10}e^{-j2\omega}(e^{j2\omega}+2e^{j\omega}+4+2e^{-j\omega}+e^{-j2\omega})$$

$$=\left[\dfrac{2}{5}+\dfrac{2}{5}\cos\omega+\dfrac{1}{5}\cos(2\omega)\right]e^{-j2\omega}$$

$$=|H(e^{j\omega})|e^{-j2\omega}$$

即频域幅度特性为 $|H(e^{j\omega})|=\dfrac{2}{5}+\dfrac{2}{5}\cos\omega+\dfrac{1}{5}\cos(2\omega)$；

当 $\omega=2k\pi$ 时，$|H(e^{j\omega})|=1$；当 $\omega=(2k+1)\pi$ 时，$|H(e^{j\omega})|=0.2$；

当 $\omega=\dfrac{2k+1}{2}\pi$ 时，$|H(e^{j\omega})|=0.2$；其中 k 为整数，幅度谱如图 7-15(a) 所示。

② 题目要求需要的乘法次数最少，应选择采用线性相位直接结构，其结构图如图 7-15（b）所示。

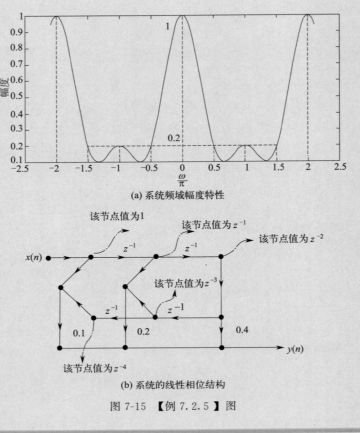

(a) 系统频域幅度特性

(b) 系统的线性相位结构

图 7-15 【例 7.2.5】图

（4）频域抽样结构

频域抽样结构也叫频率采样结构，是一种特殊的模块化结构，将系统函数 $H(z)$ 在 z 平面单位圆上等间隔抽样，得到频率抽样值 $H(k)$，用 $H(k)$ 直接控制频率 $\omega_k = \dfrac{2k\pi}{N}$ 的频率响应。

在 DFT 中，满足频域抽样定理时，可以用 $X(k)$ 的复频域内插公式表示 $X(z)$，则有：

$$H(z) = (1 - z^{-N}) \frac{1}{N} \sum_{k=0}^{N-1} \frac{H(k)}{1 - W_N^{-k} z^{-1}} \tag{7.2.10}$$

式中，$H(k)$ 是频率的抽样值，公式为：

$$H(k) = H(z) \Big|_{z = e^{j\frac{2\pi}{N}k}} = \sum_{n=0}^{N-1} h(n) W_N^{nk}, (k = 0, 1, 2, 3, \cdots, N-1) \tag{7.2.11}$$

$H(k)$ 正好是 $h(n)$ 的离散傅里叶变换 DFT。如果再设：

$$H_c(z) = 1 - z^{-N} \tag{7.2.12}$$

$$H_k(z) = \sum_{k=0}^{N-1} \frac{H(k)}{1 - W_N^{-k} z^{-1}} \qquad (7.2.13)$$

则有：

$$H(z) = \frac{1}{N} H_c(z) H_k(z) \qquad (7.2.14)$$

上式即为 FIR 系统频域抽样结构的解析式。该结构由两个子系统 $H_c(z)$、$H_k(z)$ 级联而成。其中 $H_c(z)$ 是由 N 阶延迟单元所组成的梳状滤波器，它在单位圆上有 N 个等分的零点；$H_k(z)$ 由 N 个一阶系统并联而成，有 N 个极点，分别为 $p_k = W_N^{-k}$，$k = 0,1,2,\cdots,$ $N-1$；两个子系统一个提供零点，另一个提供极点，从而使得 $\omega_k = \frac{2\pi}{N}k$ 处的频响正好等于 $H(k)$，可以精确控制滤波器的频响特性。频域抽样结构中引入了极点，又通过梳状滤波器来平衡极点可能带来的不稳定性，从而保证 FIR 滤波器的稳定特性。频域抽样结构如图 7-16 所示。

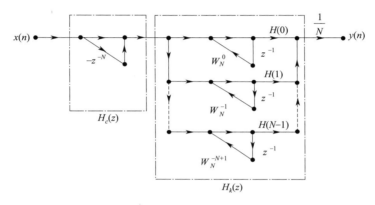

图 7-16　FIR 滤波器频域抽样结构

注意：在图 7-16 中，$H_c(z)$ 的两个支路是同向的，即两个都是正向，而 $H_k(z)$ 每个一阶子系统都具有反馈支路，即两个支路是反向的，极点由这些反馈支路提供。

【例 7.2.6】　已知 FIR 滤波器的 16 个频域抽样值如下：

$$H(0) = 12, H(1) = -3 - j\sqrt{3}, H(2) = 1 + j, H(3) \sim H(13) = 0,$$
$$H(14) = 1 - j, H(15) = -3 + j\sqrt{3}$$

试画出其频域抽样结构，选择 $r = 1$，可采用复数乘法器。

解：由题干可知，该滤波器的阶数为 $N = 16$，根据式 (7.2.7) 写成系统函数的频域抽样结构为：

$$H(z) = (1 - z^{-1}) \frac{1}{16} \sum_{k=0}^{15} \frac{H(k)}{1 - W_{16}^{-k} z^{-1}}$$

画出其结构图如图 7-17 所示。

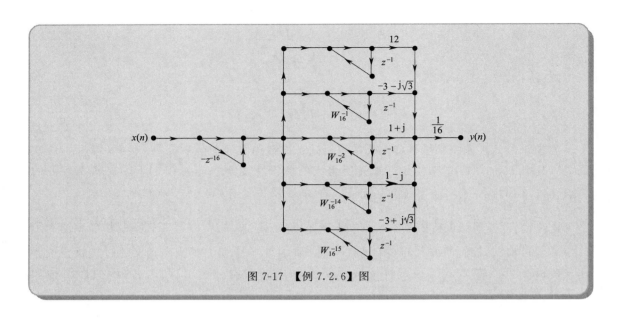

图 7-17 【例 7.2.6】图

式(7.2.7) 所示的频域抽样结构公式有两个缺点，一是子系统 $H_k(z)$ 存在极点，其稳定性是靠 $H_c(z)$ 单位圆上 N 个零点与之相互对消来保证的。因为数字滤波器的字长、量化误差等问题，零极点可能不能完全抵消，从而影响到系统的稳定性。二是所有相乘系数 W_N^{nk} 及 $H(k)$ 一般为复数，用乘法器完成复数乘法运算，不仅运算复杂度高，还因为需要增加存储单元和运算空间而使得硬件成本增加。

第一个缺点解决办法是将零极点向单位圆内收缩一点，收缩到半径为 r 的圆内，取 $r<1$ 且 $r \approx 1$，得到频率抽样结构修正公式如下：

$$H(z) = (1 - r^N z^{-N}) \frac{1}{N} \sum_{k=0}^{N-1} \frac{H_r(k)}{1 - r W_N^{-k} z^{-1}} \tag{7.2.15}$$

式中，$H_r(k)$ 为在半径为 r 的圆上对 $H(z)$ 的 N 点等间隔抽样值，因为 $r \approx 1$，有 $H_r(k) \approx H(k)$。这样，零极点均为 $r e^{j\frac{2\pi}{N}k}$，$k = 0,1,2,\cdots,N-1$。如果由于实际量化误差，零极点不能抵消时，极点的位置仍处在单位圆内，保持系统稳定。

第二个缺点的解决办法是利用实序列的离散傅里叶变换 $H(k)$ 关于 $\frac{N}{2}$ 点共轭对称的特性，即 $H(k) = H^*(k)$，且旋转因子 $W_N^{-k} = W_N^{N-k}$，将 $H_k(z)$ 中具有共轭对称的项合并为一项，记为 $H_{kc}(z)$，合并后的二阶系统的系数均为实数。合并后的二阶网络公式推导如下：

$$
\begin{aligned}
H_{kc}(z) &= \frac{H(k)}{1 - r W_N^{-k} z^{-1}} + \frac{H(N-k)}{1 - r W_N^{-(N-k)} z^{-1}} \\
&= \frac{H(k)}{1 - r W_N^{-k} z^{-1}} + \frac{H^*(k)}{1 - r(W_N^{-k})^* z^{-1}} \\
&= \frac{b_{0k} + b_{1k} z^{-1}}{1 + a_{1k} z^{-1} + a_{2k} z^{-2}}
\end{aligned}
\tag{7.2.16}
$$

上式中系数的计算公式为：

$$\begin{cases} b_{0k} = 2\text{Re}[H(k)] \\ b_{1k} = -2\text{Re}[rH(k)W_N^{-k}] \\ a_{1k} = -2r\cos\left(\dfrac{2\pi}{N}k\right) \\ a_{2k} = r^2 \end{cases} \qquad k = 1,2,3,\cdots,\dfrac{N}{2}-1 \qquad (7.2.17)$$

合并后的二阶网络实系数 a_{0k}、a_{1k} 取代了对应两条共轭复数支路的系数 $H(k)$、$H(N-k)$，其结构图如图 7-18 所示。

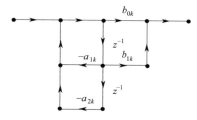

图 7-18　实数乘法器实现的二阶频域抽样结构

【例 7.2.7】 已知 FIR 滤波器的 16 个频域抽样值如下：

$$H(0)=12,\ H(1)=-3-\text{j}\sqrt{3},\ H(2)=1+\text{j},\ H(3)\sim H(13)=0,$$
$$H(14)=1-\text{j},\ H(15)=-3+\text{j}\sqrt{3}$$

试画出其频率抽样结构，选择 $r=0.9$，要求采用实数乘法器实现，系数保留 2 位小数。

解： 因为要求采用实数乘法器实现，先要将具有共轭对称的复数项进行合并，本例中有两对支路需要合并，下面分别计算支路合并后的系数，根据系数计算公式有：

① 对于 $H(1)=-3-\text{j}\sqrt{3}$ 及其共轭对称项 $H(15)=-3+\text{j}\sqrt{3}$，此时 $k=1$，计算合并需要的四个系数为：

$$b_{01}=2\text{Re}[H(1)]=2\text{Re}[-3-\text{j}\sqrt{3}]=-6$$

$$b_{11}=-2\text{Re}[0.9H(1)W_{16}^{-1}]=-2\text{Re}\left[0.9(-3-\text{j}\sqrt{3})\left(\cos\frac{\pi}{8}+\text{j}\sin\frac{\pi}{8}\right)\right]\approx-6.18$$

$$a_{11}=-2r\cos\left(\frac{2\pi}{N}k\right)=-2\times0.9\times\cos\frac{\pi}{8}\approx-1.66$$

$$a_{21}=r^2=(0.9)^2=0.81$$

② 对于 $H(2)=1+\text{j}$ 及其共轭对称项 $H(14)=1-\text{j}$，此时 $k=2$，计算合并需要的四个系数为：

$$b_{02}=2\text{Re}[H(2)]=2\text{Re}[1-\text{j}]=2$$

$$b_{12}=-2\text{Re}[0.9H(2)W_{16}^{-2}]=-2\text{Re}\left[0.9(1+\text{j})\left(\cos\frac{2\pi}{8}+\text{j}\sin\frac{2\pi}{8}\right)\right]\approx-2.55$$

$$a_{12}=-2r\cos\left(\frac{2\pi}{N}k\right)=-2\times0.9\times\cos\left(\frac{2\pi}{8}\right)\approx-1.27$$

$$a_{22}=r^2=(0.9)^2=0.81$$

另外，由于系统选择了修正系数 $r=0.9$，则子系统

$$H_c(z)=1-r^N z^{-N}=1-0.19z^{-16}$$

根据上述计算数据及频率抽样结构修正式(7.2.12)，写出系统函数为：

$$H(z)=(1-r^N z^{-N})\frac{1}{N}\sum_{k=0}^{N-1}\frac{H_r(k)}{1-rW_N^{-k}z^{-1}}$$

$$=(1-r^{16}z^{-16})\frac{1}{16}\left[\frac{H(0)}{1-rW_{16}^{-0}z^{-1}}+\frac{b_{01}+b_{11}z^{-1}}{1+a_{11}z^{-1}+a_{21}z^{-2}}+\frac{b_{02}+b_{12}z^{-1}}{1+a_{12}z^{-1}+a_{22}z^{-2}}\right]$$

$$=(1-0.19z^{-16})\frac{1}{16}\left(\frac{12}{1-0.9z^{-1}}+\frac{-6-6.18z^{-1}}{1-1.66z^{-1}+0.81z^{-2}}+\frac{2-2.55z^{-1}}{1-1.27z^{-1}+0.81z^{-2}}\right)$$

根据上式画出所求网络结构如图 7-19 所示。

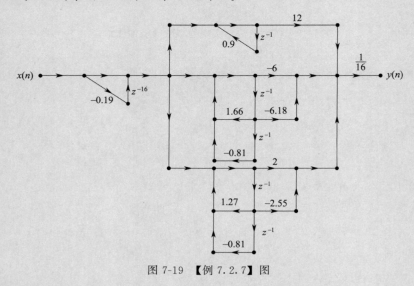

图 7-19 【例 7.2.7】图

7.3 数字信号处理的实现

数字信号处理可以用软件实现，也可以用硬件实现。

若一个系统的系统函数用硬件实现，是对输入信号进行实时处理，其数学模型是输入序列与系统的单位脉冲响应做卷积和运算，即输出 $y(n)=x(n)*h(n)$，硬件完成的是实时的、时域的运算过程。软件实现是指在计算机上执行数字信号处理的程序。对于一个用常系数差分方程表示的离散线性时不变系统，将表示系统差分方程的递推求解过程用计算机软件编程实现，就是一种系统的软件实现方式。如果已知系统单位脉冲响应，信号输入系统，需要通过编程实现输入序列与系统单位脉冲响应的卷积和，卷积和的结果才是系统输出软件实现结果。软件实现的方法相对于硬件方法来说，其优点在于既可以采用时域方法也可以采用

变换域方法，比硬件系统实现更灵活。但是其缺点是软件实现要经过存储、运算等步骤，实时性比硬件实现要差，并且采用不同的运算原理来模拟系统实现，其实际性能是不同的。下面通过一个例题来说明。

【例 7.3.1】 某信号中包含两个频率成分，$f_1=5\text{Hz}$，$f_2=20\text{Hz}$，初始相位分别为 $45°$ 和 $60°$，信号幅度均为 1，长度为 100 点。试用窗函数法设计 FIR 低通滤波器，消除 f_2 的信号分量。滤波器采样频率为 100Hz，通带截止频率为 10Hz，阻带截止频率为 15Hz，通带衰减为 3dB，阻带衰减为 60dB。

① 用窗函数法设计符合题意的 FIR 滤波器，试画出该滤波器的幅频曲线和相频曲线。

② 比较滤波器前后信号在时域和频域上的变化，若采用卷积和运算算法实现滤波处理，画出滤波器输出的时域频域波形。

③ 对比采用滤波器实现和用卷积和运算实现的信号处理输出的时域波形，总结数字信号处理实现的实时性规律。

解： ① 由题意知，阻带衰减为 60dB，窗函数应选择布莱克曼窗。求出滤波器参数如下。

截止频率：

$$\omega_c=2\pi\frac{10}{100}=0.2\pi$$

过渡带：

$$B_t=2\pi\frac{15-10}{100}=0.1\pi$$

滤波器单位脉冲响应长度为：

$$N=\left[\frac{11\pi}{B_t}\right]=110$$

$$\tau=\frac{N-1}{2}=54.5$$

则窗函数为：

$$w_{Bl}(n)=\left[0.42-0.5\cos\left(\frac{2\pi}{N-1}n\right)+0.08\cos\left(\frac{4\pi}{N-1}n\right)\right]R_N(n)$$

$$=\left[0.42-0.5\cos\left(\frac{2\pi}{109}n\right)+0.08\cos\left(\frac{4\pi}{109}n\right)\right]R_{110}(n)$$

题干要求设计的是低通滤波器，即：

$$h_d(n)=\frac{\sin\left[\omega_c(n-\tau)\right]}{\pi(n-\tau)}=\frac{\sin\left[0.2\pi(n-54.5)\right]}{\pi(n-54.5)}$$

所以滤波器的单位脉冲响应为：

$$h(n)=w_{Hm}(n)h_d(n)$$

$$=\frac{\sin\left[0.2\pi(n-54.5)\right]}{\pi(n-54.5)}\left[0.42-0.5\cos\left(\frac{2\pi}{109}n\right)+0.08\cos\left(\frac{4\pi}{109}n\right)\right]R_{110}(n)$$

② MATLAB 的 fir1 函数仿真滤波器处理信号，如图 7-20 所示，其中：

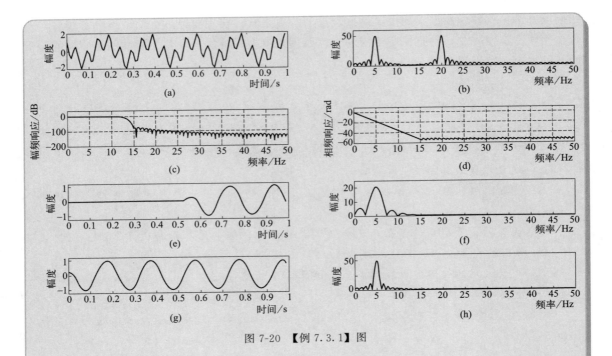

图 7-20 【例 7.3.1】图

图(a) 为原始信号的时域波形，是由两个频率组成的余弦信号；

图(b) 为输入信号频谱，在题设的采样频率下，用 FFT 求出，可以明显看到两个谱峰，分别对应频率 5Hz 和 20Hz；

图(c) 和图(d) 是滤波器的幅频响应和相频响应；

图(e) 是采用 filter 函数实现对输入信号的处理后系统的输出波形；

图(f) 是输出信号频谱，另一个频率 20Hz 已经被抑制了，说明该滤波器很好地实现了题目所要求的低通滤波器功能；

图(g) 是通过时域卷积和运算实现滤波；

图(h) 是卷积法输出信号的频谱。由于用于计算的数据长度约为原数据长度的 2 倍，所以卷积数据的幅度比原来高很多。在仿真时着重于实现对频率的辨识，使用 MATLAB 库函数实现仿真只是为了更明显地观察到波峰，并没有考虑更多工程实际中对功率的一些匹配计算，因而频谱幅度大小与实际信号的大小是不匹配的。

③ 图(e) 中显示输出信号是在 0.5s 之后才出现完整波形，这个延迟就是由系统群时延 τ 引起的；图(g) 是采用卷积函数 conv 实现的滤波效果，采用卷积和方法实现滤波，系统产生的数据长度为数据长度与滤波器长度之和，即 $100+(110-1)=209$，前面的一段数据为无效数据，直接删除，所以获得的有效数据没有延迟。

数字信号处理实现的实时性规律总结如下：对于实时系统，因为数据处理需要时间，系统延迟不可避免；如果是非实时系统，可以在计算时将无效数据删除，从而获得无延迟的数据。

（1）已知系统的差分方程如下所示：

$$y(n)=\frac{3}{4}y(n-1)-\frac{1}{8}y(n-2)+x(n)+\frac{1}{3}x(n-1)$$

式中，$x(n)$ 和 $y(n)$ 分别表示系统的输入和输出。试分别画出系统的直接型、级联型、并联型结构。

（2）已知一数字系统的系统函数为：

$$H(z)=\frac{z^3}{(z-0.4)(z^2-0.6z+0.2)}$$

试分别画出该系统的直接型、级联型和并联型结构，要求使用实系数。

（3）用级联型实现以下系统函数：

$$H(z)=\frac{(z^2+z+2)(z^2-0.4z+1)}{(z^2-0.3z+0.8)(z^2+0.9z+0.8)}$$

试问如果要求采用实系数实现，一共能构造多少种级联网络？

（4）已知系统的单位脉冲响应为：

$$h(n)=\delta(n)+2\delta(n-1)+0.3\delta(n-2)+0.25\delta(n-3)+0.5\delta(n-5)$$

试写出系统的系统函数 $H(z)$，并画出其直接型结构和线性相位结构系统流图。

（5）已知 FIR 数字滤波器的系统函数为：

$$H(z)=(z+1)(z^2-2z+2)$$

试分别画出系统的直接型和级联型结构。

（6）已知 FIR 滤波器系统函数在 z 域单位圆上 16 点等间隔抽样，得到频域抽样值为：
$H(0)=12$，$H(3)\sim H(13)=0$，$H(1)=-3-\mathrm{j}\sqrt{3}$，$H(2)=1+\mathrm{j}$，$H(14)=1-\mathrm{j}$，$H(15)=-3+\mathrm{j}\sqrt{3}$。

试画出器频域抽样结构，取修正半径为 $r=0.9$，要求用实数乘法器。

（7）设某 FIR 滤波器的系统函数为：

$$H(z)=\frac{1}{6}(1+3z^{-1}+5z^{-2}+3z^{-3}+z^{-4})$$

试分别画出系统的线性相位结构。

第 8 章

实用数字信号处理
分析与设计

8.1 LMS 自适应滤波器消除心电信号中的工频干扰

数字信号处理技术在生物医学工程领域的应用十分广泛。用于诊断心脏病的主要技术之一是心电图，利用数字信号处理技术可以对心电信号进行自动滤波、分析和识别等工作，以辅助医生对患者病情进行判断和治疗。人体心电信号常常受到电源引起的工频干扰，它会对心电信号的识别和分析产生严重的影响，因此需要对其频率进行估计并将其滤除。

对心电信号中的工频干扰进行滤除通常有以下几种方法：

① 海宁滤波器　由于工频干扰在心电信号中是高频噪声，因此可通过平滑滤波器进行低通滤波噪声消除。海宁滤波器是一个简单的 FIR 平滑滤波器，一般阶数较低，过渡带较宽，虽然消除了工频干扰，但也抑制了过渡带中的有效频率成分；

② 窗函数法设计的 FIR 带阻滤波器　采用窗函数法设计一个 FIR 带阻滤波器，在消除工频干扰的同时尽量保留心电信号中的有用频率成分，具体方法可参照窗函数法设计 FIR 滤波器部分；

③ 自适应滤波器　当工频干扰的中心频率有漂移时，上述两种滤波器的滤波效果会受到一定影响，可以设计一个自适应滤波消噪系统来进行消除。

下面主要介绍采用自适应滤波器消除心电信号中的工频干扰噪声的原理与实现。

8.1.1 LMS 自适应滤波器的设计原理

自适应滤波消噪系统的一般结构如图 8-1 所示，其中自适应滤波器由参数可调的数字滤波器和调整滤波器系数的自适应算法两部分构成。

图 8-1 中，消噪系统的输入信号为有用信号 $S(n)$ 和噪声信号 $N(n)$ 之和，参考信号 $R(n)$ 作为自适应滤波器的输入，仅与噪声信号 $N(n)$ 相关，通过自适应滤波算法调整可调数字滤波器的系数，从而改变自适应滤波器的输出 $Y(n)$，在最小均方误差准则下得到 $N(n)$ 的一个最佳估计值，将此估计值和输入信号相减，从而较好地消除输入信号中的噪声。

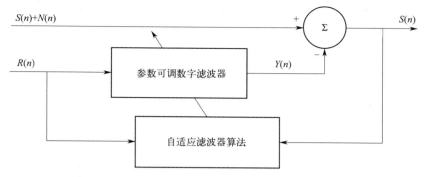

图 8-1　自适应滤波消噪系统

消噪系统中加法器的输出为 $e(n)=S(n)+N(n)-Y(n)$，均方误差的估计为：

$$E\left[e^2(n)\right]=E\left[S^2(n)\right]+E\{[N(n)-Y(n)]^2\}+2E\{S(N)[N(n)-Y(n)]\} \qquad (8.1.1)$$

由于 $S(n)$ 与 $R(n)$ 及 $N(n)$ 均不相关，因此均方误差的最小值为：

$$E\left[e^2(n)\right]=E\left[S^2(n)\right]+E\{[N(n)-Y(n)]^2\} \qquad (8.1.2)$$

通过调整自适应滤波器系数，当 $Y(n)\to N(n)$ 时，输出的均方误差最小，此时系统输出十分接近输入信号中的有用成分 $S(n)$。这种通过调整均方误差来反复改变滤波器系数的方法称为最小均方（Least Mean Square，LMS）算法。

8.1.2　LMS 自适应滤波算法消除工频干扰

根据 8.1.1 节所述，自适应滤波器原理可以对心电信号中的工频干扰进行消除。输入信号 $S(n)$ 包含心电信号及工频干扰，参考信号 $R(n)$ 包含参考噪声，通过自适应 LMS 算法对 $R(n)$ 进行自适应加权调节，输出信号同主通道的输入信号相减来消除心电信号中的工频干扰。

实验程序一共分三段：第一段（2～7 行）设置参数，读入包含噪声的心电信号和参考

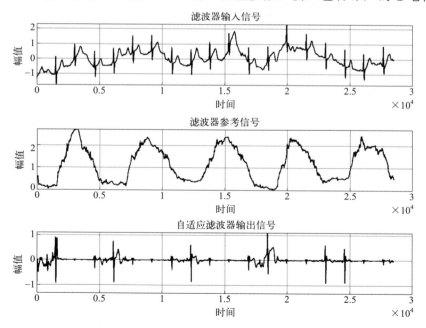

图 8-2　LMS 自适应滤波消除心电工频干扰

信号，心电信号由多通道生理信号采集设备 Biopac 通过织物电极采集；第二段（8～19 行）将心电信号和参考信号输入 LMS 自适应滤波器，根据 LMS 自适应算法对参考输入信号进行调节，得到工频信号的最佳估计值，将其与心电信号相减得到系统输出；第三段（20～41 行）分别绘制出自适应滤波消噪系统的心电信号、参考信号和消噪后的输出信号，各信号波形图如图 8-2 所示。程序清单如下：

```
clc;clear all;
x=load('D:47k-ECG-4. mat');
ECG=-x. data(:,5);%心电信号
ECG1=-x. data(:,6);%参考信号
inSignal=ECG(80420:108920);
refSignal=ECG1(79500:108000);
L=length(inSignal);
p=16;
scale=0.01;
W(p)=0;%权值向量
r(p)=0;%向量最新参考值
for i=1:length(inSignal)
r(1)=refSignal(i);
y(i)=W * r';%Estimated error
outSignal(i)=inSignal(i)-y(i);
W=W + scale * outSignal(i) * r;
r=circshift(r,[0,1]);
end
outSignal=outSignal';
% 绘制滤波器输入信号
figure(1)
subplot(3,1,1);
plot(inSignal);grid;
ylabel('幅值');
xlabel('时间');
title('{滤波器输入信号}');
subplot(3,1,2);
plot(refSignal);grid;
ylabel('幅值');
xlabel('时间');
title('{滤波器参考信号}');
% 绘制自适应滤波器输出信号
subplot(3,1,3);
plot(outSignal);grid;
```

```
ylabel('幅值');
xlabel('时间');
title('{自适应滤波器输出信号}');
% 绘制参考信号
figure(2)
plot(1:L,refSignal,'b',1:L,inSignal,'g',1:L,outSignal,'r');grid;
title('{参考信号(蓝)、输入信号(绿)、输出信号(红)}');
```

8.2 数字信号处理在双音拨号系统中的应用

双音多频（Dual Tone Multi Frequency，DTMF）信号是音频电话中的拨号信号，最早由美国 AT&T 贝尔公司实验室研制，并用于电话通信中。这种信号制式具有很高的拨号速度，且容易进行自动监测识别，很快就代替了原有的脉冲计数拨号制式。除了在电话呼叫信号中使用外，DTMF 还广泛地使用在交互式控制应用中，例如电话银行、电子邮件甚至家电远程控制应用中，用户可以从电话机发送 DTMF 信号来做菜单选择。虽然随着网络技术的发展，当代 DTMF 很少用于拨号，但是采取类似 DTMF 的方法，能传送一些编码信息，被应用于自动工程及远程定位发送坐标信息。

DTMF 信号系统是一个典型的小型信号处理系统。在发送端用数字方法产生 DTMF 信号，并对其进行发送和传输。在接收端先用 A/D 转换器将接收到的 DTMF 信号转换成数字信号，再对其进行检测和解码。为了提高系统的检测效率并降低存储空间，下文采用戈泽尔（Goertzel）算法作为检测和解码算法，该算法既可以用硬件(专用芯片)实现，也可以用软件实现。下面首先介绍 DTMF 信号的产生过程和检测算法，然后进行 DTMF 信号系统的模拟仿真实验。

8.2.1 双音多频信号（DTMF）的产生

（1）DTMF 信号的特征

DTMF 信号共有 8 个频率点，分成高频群和低频群，低频群有四个频率：679Hz，770Hz，852Hz 和 941Hz；高频群也有四个频率：1209Hz，1336Hz，1477Hz 和 1633Hz。一个高频信号和一个低频信号叠加组成一个组合信号，代表一个数字。例如数字 1 采用 697Hz 和 1209Hz 两个频率，信号用 $\sin(2\pi f_1 t) + \sin(2\pi f_2 t)$ 表示，其中 $f_1 = 679$Hz，$f_2 = 1209$Hz。这样 8 个频率形成 16 种不同的双频信号，10 个数字键 0～9 及 6 个功能键，即：*，#，A，B，C，D。具体号码以及符号对应的频率如表 8-1 所示。

表 8-1 双频拨号的频率分配

	1209Hz	1336Hz	1477Hz	1633Hz
697Hz	1	2	3	A
770Hz	4	5	6	B
852Hz	7	8	9	C
941Hz	*	0	#	D

表 8-1 中任意两个频率都不互为谐波关系，即表中任意一个频率都不等于其他任意两个频率之和或之差。这样设置可以保证在拨号时不发生传输错误，防止因非线性失真或其他原因产生不需要的频率，以提高对语言或杂音引起的虚假信号的防护能力。

（2）DTMF 信号的产生

对于时间连续的 DTMF 信号可以用 $\sin(2\pi f_1 t)+\sin(2\pi f_2 t)$ 来进行表示，f_1 和 f_2 可以对照 8-1 来进行选择，f_1 代表低频群中的一个频率，f_2 代表高频群中的一个频率。为了更方便、高效，发送端采用数字方法产生 DTMF 信号，规定用 8kHz 对 DTMF 信号进行采样，采样后得到时域离散信号为：

$$x(n)=\sin\frac{2\pi f_1 n}{8000}+\sin\frac{2\pi f_2 n}{8000} \tag{8.2.1}$$

根据上式产生序列 $x(n)$ 的方法有两种，计算法和查表法。虽然用计算法直接计算 $x(n)$ 的序列值较容易，但在工程应用中会消耗一定的计算时间和计算资源。查表法则是预先将 $x(n)$ 的各序列值计算出来，提前存入存储器中，运行时只需要根据要求按顺序取出即可。查表法虽然需要占用一定的存储空间，但相较于计算法来说处理时间少。

采用 8kHz 对 DTMF 信号进行采样，即 125ms 输出一个序列值，该序列经过 A/D 转换后即可获得连续时间的 DTMF 信号。

8.2.2　DTFM 信号的检测和 DFT 参数选择

（1）DTMF 信号的检测

主要任务是对接收到的 DTMF 信号进行检测，通过检测到的两个正弦波的频率判断对应的十进制数字或者符号。接收端采用数字的方法来实现检测，因此首先要将接收到的 DT-MF 信号通过 A/D 转换器转换成数字信号，再进行检测。

检测的方法有两种，一种是用一组滤波器提取 DTMF 信号所含有的两个音频频率，根据两个滤波器的输出结果判断相应的数字或符号。另一种是用 DFT 或其快速算法 FFT 对 DTMF 信号进行频谱分析，由信号的幅度谱判断信号的两个频率，从而确定相应的数字或符号。当检测的音频数目较少时，用滤波器组实现更合适。FFT 是 DFT 的快速算法，但当 DFT 的变换区间较小时，FFT 快速算法的效果并不明显，而且还要占用很多内存，因此不如直接用 DFT 合适。目前实现 DTFT 谱分析的有效算法是 Goertzel 算法。Goertzel 算法的本质是 DFT 线性滤波方法，它的复杂度更低。在仿真软件 MATLAB 的信号处理工具箱中，可以直接调用 Goertzel 函数来计算 N 点 DFT 的几个目标频点值。

（2）检测 DTMF 信号的 DFT 参数选择

采用 DFT 对 DTMF 信号进行检测，实际上是对 DTMF 信号的频谱分析，在这一过程中需要确定三个参数：采样频率、DFT 的变换点数 N 及需要对信号进行观察的时间长度 T_p。对信号频谱分析也有三个要求：频谱分析的分辨率、谱分析的频谱范围、检测频率的准确性。

① 频谱分析的分辨率　在高频群和低频群中，频率间隔最小的是 697Hz 和 770Hz，最

小间隔为 73Hz，因此可确定谱分辨率为 $F_0 = 73$Hz，对信号的观察时间 $T_{p\min} = \dfrac{1}{F_0} = 13.7$ms，要求按键时间大于 40ms。

② 谱分析的频谱范围　要检测的信号频率范围是 697～1633Hz，但考虑到存在语音干扰，除了检测这 8 个频率外，还要检测它们的二次倍频的幅度大小，波形正常且干扰小的正弦波的二次倍频是很小的，如果发现二次谐波很大，则不能确定这是 DTMF 信号。这样，频谱分析的频率范围为 697～3266Hz。按照采样定理，最高频率不能超过折叠频率，即 $0.5F_s \geqslant 3622$Hz，由此要求最小的采样频率应为 $F_s \geqslant 7.24$kHz。因为数字电话系统的国际标准采样率为 $F_s = 8$kHz，所以直接使用国标规定的 8kHz 也是满足频谱分析范围要求的。

因此选择谱分析的参数为 $T_{p\min} = 13.7$ms，$F_s = 8$kHz，算出 DFT 最小点数为 $N_{\min} = T_{p\min} \cdot F_s \approx 110$。

③ 检测频率的准确性　序列的 N 点 DFT 是对序列频谱函数在 $0 \sim 2\pi$ 区间的 N 点等间隔采样，如果是一个周期序列，截取周期序列的整数倍周期，进行 DFT，其采样点刚好在周期信号的频率上，DFT 的幅度最大处就是信号的准确频率。

相应的模拟域采样点频率为 $f_k = \dfrac{F_s k}{N} (k = 0,1,2,\cdots,N-1)$，希望选择一个合适 N，使用该公式算出的 f_k 能接近要检测的频率，或者用 8 个频率中的任一个频率 f'_k 代入公式 $f'_k = \dfrac{F_s k}{N}$ 中时，得到的 k 值最接近整数值。经过分析研究认为 $N = 205$ 是最好的。按照 $F_s = 8$kHz，$N = 205$，算出 8 个基频及其二次谐波对应的 k 值见表 8-2。

表 8-2　8 个基频及其二次谐波对应的 k 值

8 个基频 /Hz	最近的整数 k 值	DFT 的 k 值	二次谐波 /Hz	最近的整数 k 值	DFT 的 k 值
697	17.861	18	1394	35.024	35
770	19.531	20	1540	38.692	39
852	21.833	22	1704	42.813	43
941	24.113	24	1882	47.285	47
1209	30.981	31	2418	60.752	61
1336	34.235	34	2672	67.134	67
1477	37.848	38	2954	74.219	74
1633	41.846	42	3266	82.058	82

8.2.3　双音多频信号产生和检测的仿真实验

双音多频信号的产生与检测仿真实验在 MATLAB 环境下进行，编写仿真程序，运行程序，送入 6 位电话号码，程序自动产生每一位号码数字相应的 DTMF 信号，并送出双频声音，再用 DFT 进行谱分析，显示每一位号码数字的 DTMF 信号的 DFT 幅度谱，按照幅度谱的最大值确定对应的频率，再按照频率确定每一位对应的号码数字，最后输出 6 位电话号码。

实验程序一共分四段：第一段（2～7 行）设置参数，并读入 6 位电话号码；第二段（8～20 行）根据键入的 6 位电话号码产生时域离散 DTMF 信号，并连续发出 6 位号码对应的双音频声音；第三段（22～25 行）对时域离散 DTMF 信号进行频率检测，并画出幅度谱；第四段（26～33 行）根据幅度谱的两个峰值，分别查找并确定输入 6 位电话号码。根据程序中的注释很容易分析编程思想和处理算法。程序清单如下：

```
clear all;clc;
tm＝[1,2,3,65;4,5,6,66;7,8,9,67;42,0,35,68];％DTMF 信号代表的 16 个数
N＝205;
K＝[18,20,22,24,31,34,38,42];
f1＝[697,770,852,941];％行频率向量
f2＝[1209,1336,1477,1633];％列频率向量
TN＝input('键入 6 位电话号码＝');％输入 6 位数字
TNr＝0;％接收端电话号码初值为零
for l＝1:6;
    d＝fix(TN/10^(6-l));
    TN＝TN-d＊10^(6-l);
    for p＝1:4;
        for q＝1:4;
            if tm(p,q)＝＝abs(d);break,end％检测码相符的列号 q
        end
        if tm(p,q)＝＝abs(d);break,end％检测码相符的行号 p
    end
    n＝0:1023;％为了发声,加长序列
    x＝sin(2＊pi＊n＊f1(p)/8000)＋sin(2＊pi＊n＊f2(q)/8000);％构成双频信号
    sound(x,8000);％发出声音
    pause(0.1)
    ％接收检测端的程序
    X＝goertzel(x(1:205),K＋1);％用 Goertzel 算法计算 8 点 DFT 样本
    val＝abs(X);％列出 8 点 DFT 向量
    subplot(3,2,1);
    stem(K,val,'.');grid;xlabel('k');ylabel('|X(k)|')％画出 DFT(k)幅度
    axis([10 50 0 120])
    limit＝80;％
    for s＝5:8;
        if val(s)＞limit,break,end％查找列号
    end
    for r＝1:4;
        if val(r)＞limit,break,end％查找行号
    end
```

```
            TNr=TNr+tm(r,s-4)*10^(6-l);
end
disp('接收端检测到的号码为:')%显示接收到的字符
disp(TNr)
```

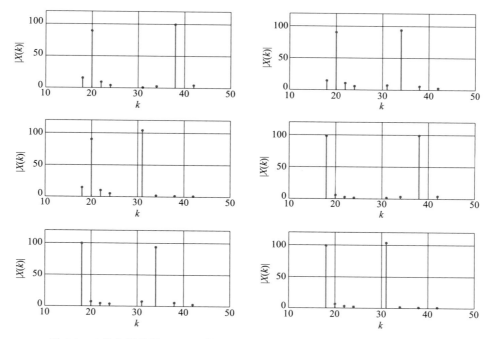

图 8-3 6 位电话号码 654321 的 DTMF 信号在 8 个近似基频点的 DFT 幅度

运行程序,根据窗口提示键入 6 位数字 654321,按回车键后可听见 6 位数字对应的 DTMF 信号的声音,输出 6 幅对应的频谱图如图 8-3 所示。例如左上角第一幅图中,在 $k=$ 20 和 $k=38$ 两点出现峰值,所以对应第一位号码数字 6。最后窗口显示检测到的数字为 654321。

参考文献

［1］　潘矜矜，潘丹青．数字信号处理从入门到进阶（配视频）．北京：化学工业出版社，2023.

［2］　高西全，丁玉美．数字信号处理．第 4 版．西安：西安电子科技大学出版社，2018.

［3］　程佩青．数字信号处理教程．第 5 版．北京：清华大学出版社，2017.

［4］　吴镇扬．数字信号处理．第 3 版．北京：高等教育出版社，2016.

［5］　冀振元．数字信号处理基础及 MATLAB 实现．第 3 版．哈尔滨：哈尔滨工业大学出版社，2020.

［6］　艾伦 V. 奥本海姆．离散时间信号处理．李玉柏，等译．原书第 3 版·精编版．北京：机械工业出版社，2017.

［7］　马建辉．新工科背景下专业课程思政教学指南．武汉：华中科技大学出版社，2022.

［8］　胡广书．数字信号处理题解及电子课件．北京：清华大学出版社，2014.

［9］　［美］B. A. Shenoi 著．数字信号处理与滤波器设计．白文乐，等译．北京：机械工业出版社，2018.

［10］　刘学李．两弹一星精神．北京：中共党史出版社，2020.

［11］　Luis F. Chaparro 著．信号与系统-使用 MATLAB 分析与实现．宋琪译．北京：清华大学出版社，2017.

［12］　袁世英，姚道金，等．数字信号处理．成都：西南交通大学出版社，2020.